北京理工大学“双一流”建设精品出版工程

Gas Jet Dynamics

燃气射流动力学

姜 毅 蒲鹏宇 程李东 牛钰森◎编著

北京理工大学出版社
BEIJING INSTITUTE OF TECHNOLOGY PRESS

内 容 简 介

本书第 1 章通过日常生活中的各种射流现象，引导读者认识射流的本质，理解燃气射流的特有性质。第 2 章主要讲述气体动力学基本理论，介绍气体流动的基本性质，根据流体动力学守恒定律构建控制方程。第 3 章主要讲述燃气射流动力学基本理论，从喷管内的燃气射流流动入手，逐步引入超声速燃气射流中常见的激波与膨胀波等概念，并分析不同流动状态下的燃气射流结构。第 4 章主要讲解燃气射流数值计算的基本理论，针对可压缩流动，构建绝热无黏理想气流的黎曼求解器，并将此扩展到多维黏性可压缩流动中。第 5 章介绍发射工程中的燃气射流动力学问题及其分析方法，帮助读者将理论与实践相结合。

本书主要作为航天发射与火箭推进专业研究生入门教材，重点在于建立读者对燃气射流的基本概念，并介绍燃气射流分析的基本方法。

图书在版编目（CIP）数据

燃气射流动力学 / 姜毅等编著. —北京：北京理工大学出版社，2021.5（2022. 6重印）
ISBN 978-7-5682-9701-1

Ⅰ. ①燃…　Ⅱ. ①姜…　Ⅲ. ①燃气燃烧-射流动力学　Ⅳ. ①TK16

中国版本图书馆 CIP 数据核字（2021）第 066983 号

出版发行 / 北京理工大学出版社有限责任公司
社　　址 / 北京市海淀区中关村南大街 5 号
邮　　编 / 100081
电　　话 /（010）68914775（总编室）
（010）82562903（教材售后服务热线）
（010）68944723（其他图书服务热线）
网　　址 / http://www.bitpress.com.cn
经　　销 / 全国各地新华书店
印　　刷 / 廊坊市印艺阁数字科技有限公司
开　　本 / 787 毫米×1092 毫米　1/16
印　　张 / 14
彩　　插 / 4
字　　数 / 328 千字
版　　次 / 2021 年 5 月第 1 版　2022 年 6 月第 2 次印刷
定　　价 / 58.00 元

责任编辑 / 张海丽
文案编辑 / 张海丽
责任校对 / 周瑞红
责任印制 / 李志强

图书出现印装质量问题，请拨打售后服务热线，本社负责调换

前言

PREFACE

燃气射流动力学教学主要面向航天发射技术与航空宇航推进技术相关专业，目前本课程所采用的教材内容过于偏向理论，所采用的工程分析方法停留在早期简化分析阶段，缺乏对主流数值计算分析方法的介绍。在实际的研究生培养过程中发现，学生在学完课程后仍需要花费大量时间熟悉燃气射流动力学分析的基本方法，且对于燃气射流基本性质的理解不够深入。种种迹象表明，原有的教材内容陈旧，已无法满足当前的教学需求。为此，我们对燃气射流动力学教材进行了重新编写，删除了一部分对于燃气射流的简化工程分析方法，增加了对于气体动力学基础理论的详细介绍以及目前主流的燃气射流数值计算基本理论，并依据航天发射技术实验室多年来的工程经验，通过实际案例讲解工程中燃气射流分析的基本方法，旨在夯实基础，紧跟时代，求真务实。本书为北京理工大学 2020 年“特立”系列教材。

本书第 1 章通过日常生活中的各种射流现象，引导读者认识射流的本质，并理解燃气射流的特有性质。在此基础上，简要介绍燃气射流问题的研究方法。第 2 章主要讲述气体动力学基本理论，首先介绍气体流动的基本性质，包括气体动力学研究选取的基本研究对象、基本研究参数，区分理想流体与黏性流体、牛顿流体与非牛顿流体、层流与湍流、可压缩流体与不可压缩流体等。之后，介绍气体动力学的数学描述方法，根据流体动力学守恒定律构建控制方程，最终提炼出便于燃气射流数值计算程序编写的控制方程通用形式。第 3 章主要讲述燃气射流动力学基本理论，从喷管内的燃气射流流动入手，介绍一维定常等熵流动，分析燃气在拉瓦尔喷管内的流动特性。随后介绍超声速燃气射流中常见的激波与膨胀波，并分析不同流动状态下的燃气射流结构，简要介绍燃气射流的流动不稳定现象。第 4 章主要讲解燃气射流数值计算的基本理论，从偏微分方程组的数值解法出发，针对可压缩流动，介绍黎曼问题与 Godunov 重构方法，以此构建绝热无黏理想气流的黎曼求解器。随后利用该求解器，讲述准一维喷管流动数值解法，并将此扩展到多维黏性可压缩流动中。最后，介绍燃气射流仿真中常用的湍流模型，以及采用商业软件进行燃气射流数值计算的方法。第5章以前4章内容为基础，介绍发射工程中的燃气射流动力学问题及其分析方法，帮助读者将理论与实践相结合。

本书编写工作主要依托于北京理工大学航天发射技术实验室多年来的理论与实践，并参考了国内外众多对于燃气射流动力学的研究成果。教材内容由北京理工大学航天发射技术实验室姜毅教授主持并负责编写，书中各章节由多名实验室成员参与完成。其中第1章与第2章由北京理工大学宇航学院航天发射技术课题组博士生蒲鹏宇参与完成，第3章由北京理工大学宇航学院姜毅教授负责编写，第4章由课题组博士生程李东参与完成，第5章由北京理工大学宇航学院博士后牛钰森参与完成。

非常感谢北京理工大学宇航学院航天发射技术实验室杨昌志、贾启明、王志浩、陈麒齐、赵子熹等研究生同学对书籍中的理论校验以及内容审阅校对工作的支持。

编　者

2020年10月

目 录
CONTENTS

第1章
燃气射流动力学基本概念

燃气射流动力学是流体力学的一个分支，主要研究火箭导弹发射时，火箭发动机喷管喷出的高温高速燃气射流流动规律及其对周围设施和环境的影响。在20世纪早期，随着喷气推进技术的出现，人们开始对从火箭发动机等喷出的高温高速的燃气射流现象有了直观上的认识。根据容器内与周围环境的压强比，燃气射流可以分为亚声速燃气射流和超声速燃气射流。从物理现象来说，亚声速燃气射流与超声速燃气射流存在明显差异，后者在射流核心区能够看到明显的激波−膨胀波交替出现的波系结构。而对于超声速燃气射流，过膨胀状态与欠膨胀状态下的波系结构又有所不同。可见，燃气射流包含许多有趣而又复杂的物理现象。

工程实践中，人们主要关注火箭发动机产生的燃气射流对火箭导弹发射性能、火箭运载能力、导弹红外信号以及周围设备和环境的影响。首先，火箭导弹发射过程中，燃气射流会对发射系统的结构与设备产生较大的机械冲击与热力学烧蚀。为了防止结构设备被燃气射流损坏，需要设计燃气射流排导。其次，一部分弹射发射的导弹需要在空中进行点火，而点火高度决定了燃气射流对地面人员与设备的影响。最后，在火箭导弹飞行的过程中，不同的燃气射流会产生不同的尾迹，对应不同的红外信号特征，影响其隐身能力。总结起来，燃气射流问题主要分为两类：一类是研究燃气射流现象的流动规律，另一类是研究燃气射流对环境的影响作用。

早期研究燃气射流问题时（20世纪80年代前），和流体力学的其他分支的模式相同，研究方法主要是在总结试验现象的基础上，提出一些经验计算模型和公式。典型方法有射流积分法与射流自模性，这两种方法适用于对自由燃气射流的理论分析。而由于燃气射流对环境的影响较为复杂，主要采用的是试验方法。20世纪80年代后，随着计算机技术水平的迅速发展，计算流体力学得到迅猛发展，使人们可以在假设越来越少的条件下从理论上对燃气射流现象进行计算研究。同时，随着测试技术的高速发展，如今可以对燃气射流对周围环境的影响进行可靠的直接测量和间接测量，这为研究燃气射流问题提供了更加有力的手段。

1.1 燃气射流现象

1.1.1 射流的基本概念

水从消防水龙头射出，空气从打气筒中冲出，针剂从注射器的针头中压出以及喷灌农田的水从喷头中射出等，如此这般形式的流体流动统称作“射流”。它们与流体的一般流动不同之处在于它们具有喷射成一束的流动特点。

在《理论流体动力学》（L.M.米尔恩－汤姆森著）中，这样描述射流：忽略外力，并假设做二维运动的液体以自由流线 μ_1、μ_2（图 1.1）为界，这些流线将流动平面分成 *A*、*B*、*C* 三个区域，运动的液体占据区域 *B*。如果 *A*、*C* 中没有液体，*B* 中的流动则为射流。同理，对于燃气射流而言，则是在 *A*、*C* 中可以有静止的或异速流动的气体。

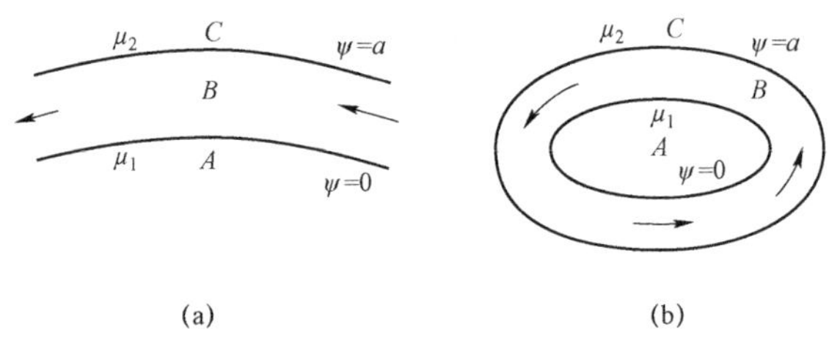

图 1.1　射流的界定（ψ —流函数）

（a）无限延伸型；（b）封闭型

综上所述，射流的一般定义为：孔口、管口、喷嘴和缝隙等出路靠压差或外力推动而流出的流体、气体和粉末等流动介质且喷射成束的流动形态。

射流流出后不受固体边界的限制，而在某一空间中自由扩张的喷射流动称为自由射流。严格地说，当环境空间中的介质温度、密度与射流介质的温度、密度相同时，才能称为自由射流。而当空间介质静止不动时，该射流称为自由淹没射流；当空间介质非静止时，则称自由伴随流射流。

1.1.2　工程中的射流现象

射流在工程中的出现和应用是非常广泛的。诸如农田喷灌水射流，消防喷枪水射流，石油化工喷射泵（蒸汽、液体、气体等）射流，航空航天器发动机喷气射流等。由于射流在各个工业技术领域中大量出现，我们把这种现象称为“工程中的射流现象”。

工程中的各种射流，都是带有一定能量的，有的甚至带有非常巨大的能量，如大推力运载火箭的发动机射流。这些能量有的被白白放弃掉，有的被完全用来做“活”，也有的只被用了一部分，情况很不一样。但也有共同的方面，那就是凡是射流被射出，它都同时产生与其所获作用力相等的反作用力，只是人们对这两种力的利用侧重点有所不同罢了。此外，绝大多数射流，随着它的产生都伴有分贝数较高或很高的射流噪声。这就是说，射流在其被利用的同时，还会造成一定的环境污染；如果是高温热射流，还有可能对周围的环境设备造成一定的热损、热蚀。所以有时要在利用射流的地方，同时考虑一些声防护和热防护措施。

如果按本身所负有的功能使命，射流大致可以分成以下几个大类。

1. 用来产生推力的喷气射流

在航空航天技术领域中，大量使用火箭发动机、涡轮喷气发动机、冲压喷气发动机等反作用式喷气式发动机。这些发动机所喷出的射流，从力学的观点来看，都是作为一种受力载体而被使用的。当它们流出喷口以前，先是燃烧、受压缩，而后施行膨胀，在此整个过程中，一方面它们作为受力载体把发动机燃烧室里加给它们的力承受下来，形成了运动；另一方面它们同时又把所承受的力即时地反作用于施力体，于是就产生了推力。常见的燃气射流如图 1.2 所示。

（a）

（b）

图 1.2　常见的燃气射流

（a）飞机发动机产生的燃气射流；（b）火箭发动机产生的燃气射流

此外，在日常生活中，用喷气反作用力产生直线或旋转运动的装置或儿童玩具也不少见。

2. 用来产生前作动力的喷射流

在采煤工业生产中有一种剥离煤层的方法用到高压水射流；在许多机械工业生产中，有一种清除油污碎屑的方法用到高压喷射流（空气或水混合液等）；以及农田喷灌水射流，消防水射流，气焊、气割喷射流，冶金工业生产中的氧气顶（底）吹射流等。这些射流，从力学、热学的观点来看，都是作为一种施力、施热载体而被使用的。它们在高压室内所承受的压力经管道、喷嘴（口）以较高的速度喷射出去，有的则需点燃，然后或近或远地完成像以上所列述的各种工作。这些射流本身都是一些工作介质。虽然在它们喷射的同时，也给喷射装置以反作用力，但这不像前述的那样，目的是获得推力射流本身是无用的，而是为了获得工作射流。

3. 作为引射工作介质的引射流

前述喷气式发动机的喷气射流，在流出喷口后就废弃了。但在许多高性能飞机的喷气发动机上已广泛采用了引射喷管（nozzle）。引射喷管是利用喷气流作为引射流，外部加装引射套管而构成。这种喷管由于主流（喷气射流）的引射作用带动一次环流从主流气柱与引射套管之间流过。次流对主流起气垫作用，约束主流的膨胀。通过调节次流流量可以控制主流的流通截面积，使其达到或接近完全膨胀，借以提高总推力，其增益可高达 15%。

其他如工业流体机械中作为无动力机械的气体增压装置——引射器，也是根据引射流的引射作用而构设的；航空工业中应用的引射风洞也是如此。这种引射流如果从力学的观点来看，它既不同于在产生推力后被排放走的喷气射流，也不同于完全用来产生前作动力的喷射流，它能将部分能量传递给周围的流体介质而获得某种效能。

另外，在现代飞机的增升装置中有一种叫吹（喷）气襟翼的，如图 1.3 所示。飞机在起飞和降落时，为缩短滑跑距离装有襟翼，以达到在低速下增加升力的目的。但襟翼的放下有可能引发机翼尾部的气流分离，而吹气襟翼利用了吹气流的引射卷吸作用，可避免气流发生分离。

此外，如通风机、吸尘器、石油工业中用的混合引射器等，都可以用引射流来完成其功能。

引射器的结构原理示意图如图 1.4 所示，图中 A 为引射流，B 为被引射流。

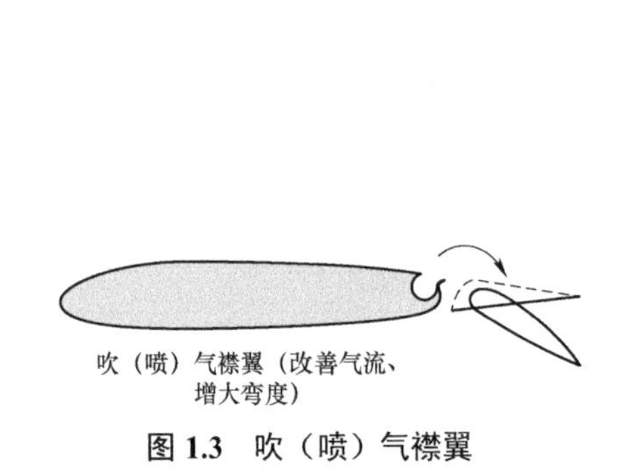

图 1.3　吹（喷）气襟翼

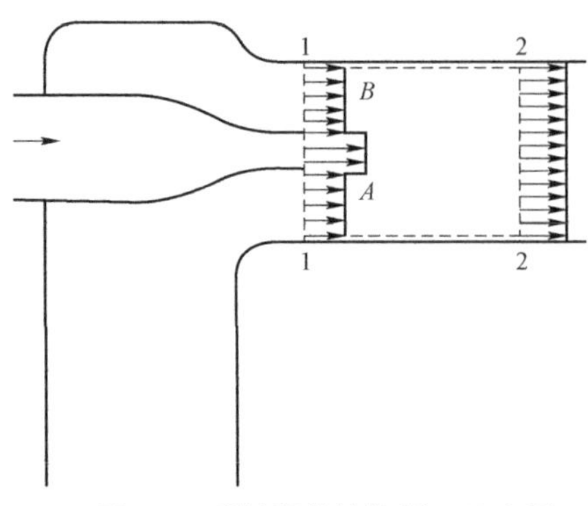

图 1.4　引射器的结构原理示意图

4. 液体燃料雾（膜）化射流

在热动力机械中，液体燃料的雾化一般都是使液体燃料高压通过喷嘴而形成雾化射流，而且一般都是旋转射流。雾化燃料与氧化介质掺混后可燃烧得较为完全。这种雾化射流需要根据特殊要求设计出各型喷嘴才能形成。离心式喷嘴示意图如图 1.5 所示。

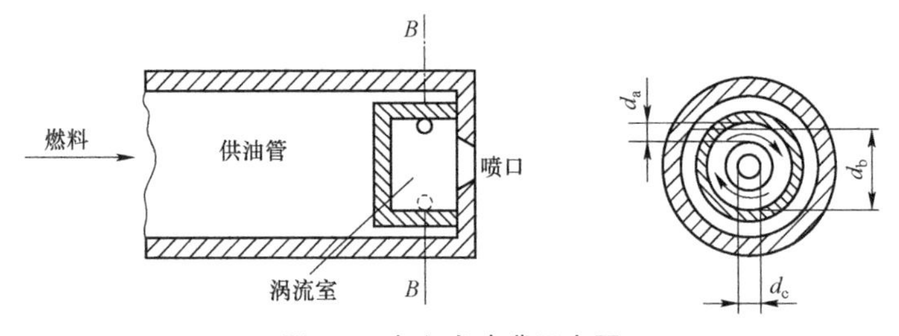

图 1.5　离心式喷嘴示意图

5. 附壁射流

在射流控制技术（一般称射流技术）中，当气（液）射流从射流元（器）件的喷嘴喷出时，若喷嘴两侧的壁板对称（symmetry）设置，则可形成附于两侧壁的射流，如图 1.6（a）所示；如果侧壁不对称，哪怕是微小的不对称，都会形成附于单侧壁的射流，如图 1.6（b）所示；它们统称为附壁射流。射流技术正是利用射流的附壁效应及其“切换”（控制射流流动的方向，按规定要求改变射流贴附侧壁叫射流的切换）技术制成各种借以产生控制信号的射流控制元件和射流阀，再将它们做成各种控制系统。

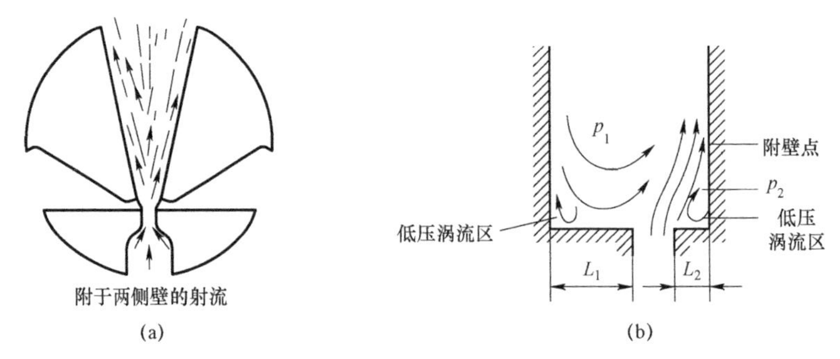

图 1.6　附壁射流

（a）两侧附壁射流；（b）低压涡流区

在热力机械中，某些高温零部件有时采用低温薄膜冷却方式，这时需要从被冷却零部件的壁面（wall）上沿斜切方向开孔，并从该孔向外喷射冷却液，冷却液在其周围流动工质的作用下，溶敷于零部件表面而完成其冷却作用，以保护零部件的表面免受热荷或热冲击损伤。

本小节介绍了工程中的很多形态的射流现象，目的是说明射流这一物质运动形态有很多实际工程应用价值，同时也能看出射流的运动形式多种多样，它们的动力学的研究内容是相当丰富的。不过本书只着重研究火箭发动机产生的燃气射流的基本理论与研究方法，结合具体工程问题深入理解理论内容。

1.1.3　燃气射流的主要特征

通常情况下，我们将从火箭发动机或涡轮喷气发动机喷出的高温高速的气体流动称为燃气射流。燃气射流主要有以下几个方面的特征。

（1）气体流动速度高。在大多数情况下燃气射流为超声速，对于火箭发动机而言，出口处的燃气速度多在 2 个马赫数以上；对于涡轮喷气发动机，多数情况燃气速度也在 1 个马赫数以上。此时燃气射流内部会产生激波-膨胀波交替出现的复杂波系结构。

（2）气流温度高。火箭发动机和涡轮喷气发动机都是通过燃烧产生动力，喷出的气体温度较高。对于火箭发动机，喷口处温度一般在 1 000 ℃以上；而对于涡轮喷气发动机，一般也在 500 ℃以上。

（3）复燃现象。在有些情况下，由于燃气喷出发动机喷口后，气体内仍包含一些未燃烧完的可燃成分，因此，喷出后还要和周围的氧化成分（如空气中的氧气等）进行二次燃烧；或燃气本身就包括燃烧剂和氧化剂，在喷出发动机喷口后继续燃烧。

（4）流动不稳定性。燃气射流与周围环境之间存在速度与密度差，由小扰动理论分析得知，此时在射流与环境气体交界面出会产生明显的流动不稳定性，在现象上反映为燃气射流与周围环境的混合边界层随时间变化，具有明显的瞬态脉动特性。

（5）气—固两相流动。为了增大固体火箭发动机的推力，有时会向固体推进剂加入铝粉等，此时喷出的燃气射流会含有固体颗粒；使用液氧煤油作为推进剂的液体火箭发动机燃烧时会产生炭黑颗粒。

（6）辐射现象。燃气喷出发动机后温度很高，且燃气中通常含有 H_2O 、 CO_2 、CO 等强辐射气体以及熔融铝粒子、炭黑等辐射颗粒，这些强辐射气体和辐射颗粒在高温条件下会产生较强的热辐射，对周围的设备与结构进行加热。

（7）气动噪声。燃气射流的不稳定性及其湍流流动使得射流压力场存在脉动，这种压力脉动相当于声源。由于这种脉动杂乱无章，因此产生的声音实际上是包含各种频率的噪声。气动噪声可能会导致发射设备中的精密仪器被振动破坏。

（8）引射。燃气射流与周围环境存在较强的剪切作用，这种剪切会加速射流周围流场使其随射流流动。引射使得周围空气源源不断地流向燃气射流，进而增强了燃气射流与周围空气的混合，可以有效降低燃气射流的温度与速度。

可以说，燃气射流是一种非常复杂的流动现象，在具体研究过程中，可以抓住关心的主要问题，忽略次要因素，进行重点研究。

1.2 燃气射流问题的研究方法

燃气射流的研究方法主要包括理论分析和试验两种途径，在具体问题的研究上，往往需要两种方法相互配合进行。

在燃气射流动力学发展的早期，除一些极其简单或被高度简化的射流问题可找到理论计算方法外，一般以试验为主来解决燃气射流流场的参数估计及其对流对物体与周围环境的作用。随着航空航天科技的发展，燃气射流问题已经到了急需解决的时候，迫使人们不得不在某些限定条件下经过大量简化，提出一些较为系统的工程计算方法，这往往会使计算精度降低，为弥补此缺陷，工程上往往需要辅以较多的试验对计算的结果进行修正，这种方法一般称为燃气射流的工程计算方法。随着计算机技术和计算流体力学的高度发展，燃气射流的某些问题已经可以用数值方法来计算求解，这使得求解问题的范围不断地扩大，而且计算的精度也在不断地提高。

目前燃气射流的研究方法主要是采用数值计算，所以采用合适的分析模型和数值方法研究更符合燃气射流实际情况的流场仍然是重要的研究课题。数值计算的优点在于能够获取整个流场各个位置处的流场参数，且研究成本较低；缺点在于仿真结果受计算模型影响较大，容易出现非物理结果。随着计算流体力学与计算机技术的发展，时至今日，针对复杂几何外形的燃气射流流场分析已经可以实现，对于受燃气射流影响的各壁面压强分布的计算精度已经能够满足工程需求。

研究燃气射流的另一种方法是试验。该方法的好处是对于简单问题能够更为真实地反映实际情况；缺点在于成本较高，数据采集具有较大的局限性，且对于复杂问题有时难以通过试验反映实际情况。随着试验测试技术的发展，人们已经可以通过高精度传感器来实现对燃气射流参数（如温度、压力和噪声等）进行直接测量，同时，也可以采用如红外热像仪、光学测量等方法来实现对燃气射流的间接测量等。然而，对于燃气射流直接冲击的极端环境区域，准确的试验测量仍然存在着较大的挑战。

第2章
气体动力学基本理论

2.1　气体流动基本性质

燃气射流动力学的主要研究对象是由喷管喷出的燃气流体，因此其流动规律必然遵循气体动力学基本理论。本章的主要目的是从气体流动性质、气体动力学控制方程等方面入手，使读者对于燃气射流动力学背后的理论框架有一个基本的认识。本章讲述内容属于气体动力学通用基础，不局限于燃气射流动力学问题。

2.1.1　连续性假设与流体微团

现实中的物质都是由原子和分子构成的。然而，气体动力学研究者们通常并不关心具体的微观过程，而是更为在意气体本身的宏观特性。为了避免烦琐的基于统计学的分子动力学分析，人们提出了连续性假设。该假设认为在宏观尺度下，流体及其物理参数在空间上的分布是连续的。换句话说，我们可以运用微积分等数学工具对气体动力学过程进行分析。该假设极大地简化了气体动力学分析过程，具有极其重要的意义。

当然，作为假设，必然有其适用条件。既然是连续性假设，那么自然而然，只有当流体分子之间的间距足够小时，基于连续性假设进行的分析才能够与实际情况较为接近。而对于分子间距较大的情况，则偏差较大。可以想象，在仅有两个流体分子的情况下，连续性是无从谈起的。那么，究竟什么情况下可以应用连续性假设呢？人们一般采用克努森数进行区分，其定义为

$$K_n = \frac{\lambda}{L} \tag{2.1}$$

其中，λ 为分子平均自由程（气体分子在两次碰撞之间可能经过的分子自由程的平均值）；L 为流场特征尺寸。当 $K_n < 0.001$ 时，可以认为流体是连续的，此时流体宏观参数满足分子动力学统计平均特性。

建立起连续性假设之后，我们可以通过微积分对气体动力学进行数学描述。在数学上，微分对应着无穷小。然而，对于实际的流体，当我们取其中无穷小的一团进行研究时，其特征尺寸已经远远小于连续性假设成立需要满足的尺寸。因此，我们并不能简单地取数学上无穷小的一团流体作为研究对象。我们需要选取这样的一团流体：数学上足够小，能够近似表达微分；物理上足够大，能够反映分子动力学统计平均特性。这样的一团流体称为流体微团，是流体动力学的基本研究对象。

2.1.2 流体动力学基本参数

建立连续性假设与流体微团概念之后，还需要对流体微团的物理性质进行描述。其中最主要的物理量有密度、压强、温度等。

1. 密度

流体的密度定义为流体微团单位体积的质量，即 $\rho=\dfrac{\delta m}{\delta\omega}$。

2. 压强

流体的压强定义为流体微团单位面积上所承受的正压力，即 $p=\dfrac{Fn}{S}$。

3. 温度

流体的温度反映了流体微团中的流体分子平均动能。对于单原子分子气体，每个分子的平均动能为 $E_t=\dfrac{2}{3}k_B T$，其中 k_B 为玻尔兹曼常数。

2.1.3 理想流体与黏性流体

黏性源于流体内部发生相对运动而引起的内部相互作用。

流体相对于固体最大的不同在于不能承受切应力，即若流体内部存在剪切力，则流体必定发生流动而无法维持原状。在运动时，相邻两层流体之间既存在相对运动，又存在对这种相对运动的抵抗。这一特性称为流体的黏性，这种抵抗力称为黏性应力。

黏性大小依赖于流体的性质，并显著地随温度而变化。实验表明，黏性应力的大小与黏性及相对速度成正比。当流体的黏性较小（如空气和水的黏性都很小）、运动的相对速度也不大时，所产生的黏性应力比起其他类型的力（如惯性力）可忽略不计。此时，我们可以近似地把流体看成是无黏性的，称为无黏流体，也叫作理想流体。而对于有黏性的流体，则称为黏性流体。显然，理想流体对于切向变形没有任何抗拒能力。应该强调指出，真正的理想流体在实际中是不存在的，它只是实际流体在某种条件下的一种近似模型。

此外，黏性会随着温度等外界因素而变化。对于气体而言，一般情况下，随着温度升高，气体分子之间的碰撞逐渐增强，黏性逐渐增大。由于燃气射流存在较强的剪切运动，因此一般将其看作黏性流体进行研究。

2.1.4 牛顿流体与非牛顿流体

依据黏性切应力与速度变化率的关系，黏性流体又分为牛顿流体与非牛顿流体。顾名思义，这个关系又是牛顿研究得出的。牛顿认为，流体的黏性切应力与速度变化率（应变率）是存在明确关系的。为了找出这种关系，他设计了一个实验，如图 2.1 所示。在两个平行的平板中间薄层中夹入黏性流体，下平板保持静止，上平板以速度 V_m 运动。牛顿认为此处夹层足够薄，里面流体的切向速度沿厚度方向呈线性分布，且不同位置的流体内剪切力与流体和壁面之间的剪切力相等。

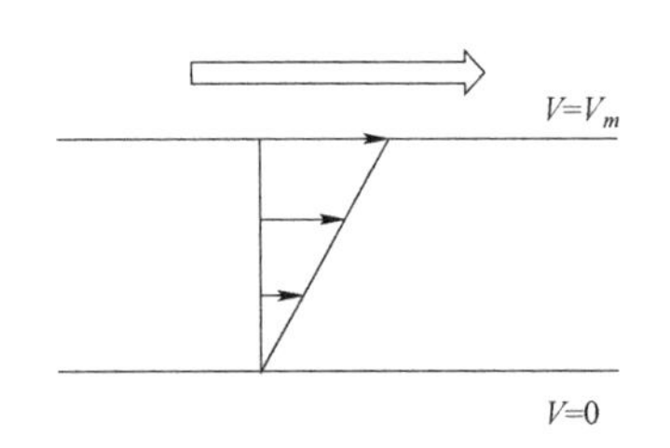

图 2.1 牛顿切应力实验

根据实验测得的壁面剪切力，牛顿最后总结出流体的黏性切应力与速度变化率之间的关系：

$$\tau = \mu \frac{\partial V}{\partial l} \tag{2.2}$$

其中，τ 为黏性切应力；l 为厚度方向的坐标分量；μ 为动力黏性系数。即根据牛顿的结果，黏性切应力与速度变化率成正比。这一规律称为牛顿黏性定律。然而，实际上，牛顿黏性定律仅仅对一部分流体成立。满足牛顿黏性定律的流体称为牛顿流体，如空气、燃气、水等；反之则称为非牛顿流体，如橡胶、水泥、血液等。

2.1.5　层流与湍流

自然界中的流体流动状态主要有两种形式，即层流和湍流。在许多中文文献中，湍流也被称为紊流。层流是指流体在流动过程中，相互剪切的两层之间没有相互掺混的流动状态。湍流指的是相互剪切的两层流体之间存在相互的掺混，流场中有不同尺度的涡。这里的涡即人们日常生活中见到的各种涡旋，或者说具有一定尺度的旋转流动。与稳定的层流相比，湍流具有明显的瞬态脉动特性。所谓的湍流，本质上是流场中各种涡的变换运动，即流动的剪切形成大涡，大涡会破碎成小涡，小涡又继续破碎，最后达到分子尺度被流体黏性耗散掉。这一过程称为涡的串迭，具有传递质量、动量与能量的作用。一般说来，湍流是普遍的，而层流则属于个别情况。

对于圆管内的流动状态，雷诺曾经做过实验。雷诺发现，圆管内的流动状态与圆管直径、流体黏性以及流动速度有关，即 Reynolds 数（也称雷诺数）：$Re = ud/\nu$。其中，u 为液体流速；ν 为运动黏性系数；d 为管径。运动黏性系数与动力黏性系数的关系为 $\nu = \mu/\rho$。根据实验结果，当 $Re \leqslant 2\,300$ 时，管流一定为层流；$Re \geqslant 8\,000$ 时，管流一定为湍流；当 $2\,300 < Re < 8\,000$，流动处于层流与湍流间的过渡区。雷诺数本质上反映了流体惯性力与黏性力之比，换句话说，流动之所以分为层流与湍流，就在于流动的惯性力与黏性力的相对大小不同。在黏性力不变的情况下，惯性力越强，流场的湍流越强。湍流的存在会导致相互剪切的两层流体之间的质量、动量与能量传输加快，使得整个流场更快地趋向于均一（如果整体上有这个趋势的话）。例如，化工领域为了保证反应物配比恒定，通常会控制反应物流量不变，而通过控制湍流强度（turbulence intensity）来改变反应物之间的混合速度，进而控制反应速率。

对于燃气射流而言，由于其流速较快，因此一般来说燃气射流都是湍流流动。而湍流发生的位置，主要在燃气射流与周围空气之间的强剪切层（混合边界层）内。在火箭导弹发射领域，许多情况下我们并不关注混合边界层内具体的湍流流动，而是关注湍流对时均流动的传输增强效应。因此，我们在计算发射中的燃气射流流场时，往往将湍流流动简化为某一种模型，忽略其瞬态特性，只考虑其对时均流动的影响。

2.1.6　流体传热与传质

除了黏性外，流体还具有传热与传质特性。当流体中存在着温度差时，温度高的地方将向温度低的地方传送热量，这种现象称为传热。流体中的传热涉及热传导、对流与热辐射。其中，热传导是由于分子无规则热运动传递能量，对流是由于一团流体宏观运动传递热量，热辐射是由于温度升高后电子能级跃迁释放电磁波传递能量。同样地，当流体混合物中存在着组元的浓度差时，浓度高的地方将向浓度低的地方输送该组元的物质，这种现象称为传质。

传质主要涉及物质扩散与对流，其基本机理与传热过程中的热传导和对流类似。

2.1.7 可压流体与不可压流体

根据流体密度 ρ 是否随压强变化，流体分为可压与不可压两大类。当流体密度 ρ 不随压强变化时，流体为不可压流体，否则为可压流体。人们通常用可压缩性来衡量物质是否可压，定义为

$$\beta = -\frac{1}{v}\frac{\mathrm{d}v}{\mathrm{d}p} \tag{2.3}$$

其中，v 为物质的比容，即单位质量物质所占有的体积，与密度 ρ 互为倒数。将式（2.3）中的比容替换为流体密度，则可压缩性又可以表示为

$$\beta = \frac{1}{\rho}\frac{\mathrm{d}\rho}{\mathrm{d}p} \tag{2.4}$$

实际上，所有的物质或多或少都是可压缩的。然而，不同物质的可压缩性差别较大，对于可压缩性较小的物质，一般可以近似认为是不可压缩的。通常认为空气是可压流体，水是不可压流体。同时，气体的可压缩性与气体的流动状态有关。有些可压流体在特定的流动条件下，可以按不可压流体对待。有时，也称可压缩流动与不可压流动。需要注意的是，可压缩流动与不可压流动在数值计算上的处理方法有所不同。通常情况下，分析燃气射流需要将其视为可压流体。

2.1.8 定常流动与非定常流动

根据流场中各点物理量（如速度、压力、温度等）是否随时间变化，将流动分为定常与非定常两大类。当流场物理量不随时间变化，即 $\frac{\partial()}{\partial t}=0$ 时，为定常流动；当流场物理量随时间变化，即 $\frac{\partial()}{\partial t}\neq 0$，则为非定常流动。定常流动也称为恒定流动，或稳态流动；非定常流动也称为非恒定流动、非稳态流动，或瞬态流动。值得注意的是，定常流动与非定常流动是针对整个流场而言的，对于具体的某一团流体，其内部的物理量必然是随时间变化的。这里只提出两种流动的基本概念，学习 2.2.1 小节之后，读者会对这一问题有更深的理解。

对于燃气射流而言，射流边界的不稳定性使得燃气射流流场本身是非定常的。然而，这种非定常特性主要表现为流动物理量的脉动特性，而工程中主要关注其时均特性，因此可以将燃气射流流场近似看作是定常流动。这样，我们就可以降低由于非定常流动计算而产生的计算开销。

2.2 气体动力学控制方程

流体流动要受物理守恒定律的支配，基本的守恒定律包括质量守恒定律、动量守恒定律、能量守恒定律。如果流动包含不同成分（组元）的混合或相互作用，系统还要遵守组分守恒定律。控制方程是这些守恒定律的数学描述。气体动力学是流体动力学针对气体的特化，因此其中的基本理论与流体动力学是基本一致的。本节首先从流体动力学的数学描述方法与研

究对象出发，建立关于拉格朗日描述、欧拉描述、控制体等概念。之后，简略推导并给出这些基本的守恒定律所对应的控制方程。最后，针对燃气射流动力学涉及的可压缩气体流动，引入理想气体状态方程对控制方程组进行封闭。关于气体动力学控制方程的详细推导过程，可以参考 John D.Anderson 的《计算流体力学基础及其应用》。

2.2.1　流体动力学的描述方法

世间的流体运动千姿百态，变化多端。要定量地研究气体运动的规律，首先要对气体运动进行描述。对于气体运动的描述，主要有两种方法。一种是拉格朗日描述。是的，这是一位和牛顿一样伟大而又“阴魂不散”的力学大师。拉格朗日认为，流体的描述应该针对流场中的一团团流体，每一团流体都有自己的特性。流体团之间不能传递质量，但是可以传递动量和能量，即每一个流体团都是一个封闭系统。只要我们盯住流场中每一团流体的运动变化，就能够描述整个流场。这自然是可以的，也符合多数人的直觉。或者说，这种描述很像理论力学中的质点系。由于拉格朗日描述的研究对象是一个个封闭系统，每个系统的质量不变，因此可以直接应用守恒定律，得到对应的控制方程。不同时刻的流体团如图 2.2 所示。

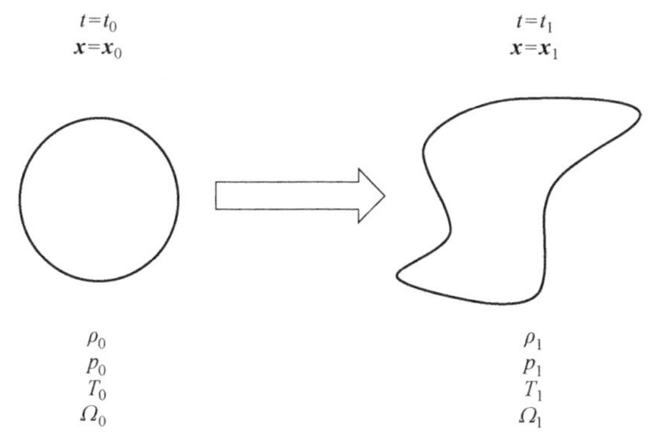

图 2.2　不同时刻的流体团

虽然拉格朗日描述容易理解，也符合我们对事物的直觉，但是在具体使用时却存在诸多不便。对于生活中的许多流体动力学问题，人们往往并不关注流体中每个流体团的运动特性，而是关注不同时刻流场参数的空间分布。比如，我们洗完头之后用吹风机把头发吹干，并不关心具体哪一团流体在不同时刻究竟去了哪里，而是关注不同时刻头发周围空气的温度和速度分布。或者说，我们盯住的是某一个空间区域，而不是具体的哪一团流体。

基于这种想法，欧拉（没错，又是一个熟悉的名字）提出了著名的欧拉描述。欧拉认为，我们应该将流体流动的空间划分成若干个具有固定形状、固定位置的控制体，通过观察每一控制体内部的流体参数随时间的变化来描述整个流体的流动。这种描述方法本质上建立了一个物理场，即不同时刻、不同空间位置，对应着不同的流场参数。同一个控制体内，不同时刻对应着不同的流体团，如图 2.3 所示。

拉格朗日描述和欧拉描述是针对同一个问题的两种描述方法，因此，二者之间必然存在着一定的转换关系。为了方便推导，我们选取某一个流体微团作为我们的研究对象，如图 2.4 所示。该流体微团在 t 到 $t+\mathrm{d}t$ 时间段内从控制体 A 运动到了控制体 B，空间位置从 $\boldsymbol{x}$ 变为 $\boldsymbol{x}+\mathrm{d}\boldsymbol{x}$，对应的流体微团的参数 ϕ 变为 $\phi+\mathrm{d}\phi$。由于两个时刻流体微团分别与两个微元控制体重合，因此，流体微团内参数ϕ的变化$d\phi$应该等于两个微元控制体内参数ϕ的差。那么，哪些因素会导致两个控制体内的参数ϕ发生变化？首先，流场中不同位置的流场参数ϕ是不同的，即使流场中ϕ的分布不随时间变化，单纯移动位置也会使得对应的ϕ不同。其次，一般而言，流场中各个位置的ϕ实际上是随时间变化的，即使位置不动，同一位置不同时刻的ϕ也不同。可见，控制体内的流场参数会随着不同时刻流场的分布和控制体在流场中所处的位置发生变化。

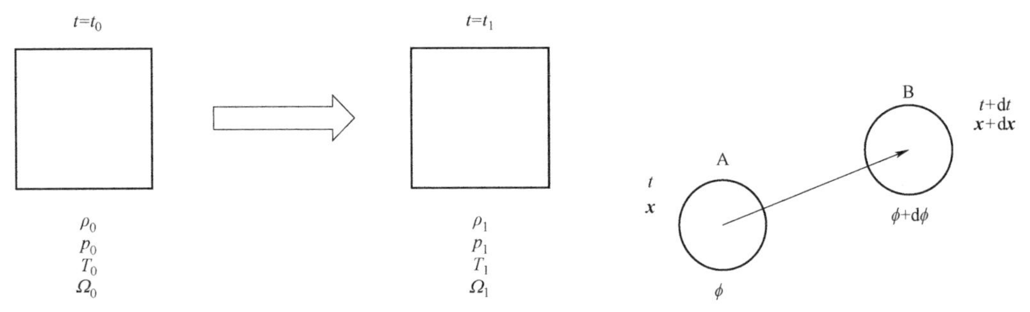

图 2.3　不同时刻同一控制体内的流体参数

图 2.4　同一流体微团的运动

根据上述分析，在三维笛卡儿坐标系下，可以使用时间t与 3 个空间坐标（x，y，z）总共 4 个自变量描述微元控制体内参数ϕ的差异。我们可以得到

$$d\phi=\frac{\partial\phi}{\partial t}dt+\frac{\partial\phi}{\partial x}dx+\frac{\partial\phi}{\partial y}dy+\frac{\partial\phi}{\partial z}dz \tag{2.5}$$

其中，方程左端为流体微团内参数ϕ的变化量；右端为$t+dt$时刻控制体 B 与t时刻控制体 A 内的参数ϕ的差值。式（2.5）在数学形式上表现为全导数与偏导数的关系，说明拉格朗日描述与欧拉描述在物理本质与数学形式上都具有十分紧密的关系。对式（2.5）进行简单变形后可以得到

$$\frac{d\phi}{dt}=\frac{\partial\phi}{\partial t}+\frac{\partial\phi}{\partial x}\frac{dx}{dt}+\frac{\partial\phi}{\partial y}\frac{dy}{dt}+\frac{\partial\phi}{\partial z}\frac{dz}{dt} \tag{2.6}$$

进一步将空间坐标对时间的导数转换为流动速度分量可得

$$\frac{d\phi}{dt}=\frac{\partial\phi}{\partial t}+u_x\frac{\partial\phi}{\partial x}+u_y\frac{\partial\phi}{\partial y}+u_z\frac{\partial\phi}{\partial z} \tag{2.7}$$

其中，u_x、u_y、u_z分别为x、y、z三个方向的速度分量；$\frac{d\phi}{dt}$为物质导数，又叫随体导数，描述流体微团内参数ϕ对时间的变化率。

值得注意的是，初学者往往会将$\frac{d\phi}{dt}$与$\frac{\partial\phi}{\partial t}$混淆。前者指的是**同一个流体微团**内变量$\phi$随时间的变化率，后者指的是**同一个控制体内**变量ϕ随时间的变化率。当然，一开始对概念有所疑惑很正常，对于这些疑惑的思考有助于读者加深对流体力学概念的理解，为今后的学习奠定坚实的基础。

2.2.2　质量守恒方程

任何流动问题都必须满足质量守恒定律。为了避免方程形式对坐标系的依赖，我们首先

来推导积分形式的守恒方程，然后得到其微分形式。

基于不同的描述方法，质量守恒定律有不同的表示。在拉格朗日描述下，如图 2.5 所示，由于作为研究对象的流体团是封闭系统，质量守恒表述为流体团质量不变，假设该流体团此时刚好与某一控制体重合，则有

$$\frac{\mathrm{d}}{\mathrm{d}t}\int_{CV}\rho\mathrm{d}\Omega=0 \tag{2.8}$$

其中，ρ 为流体密度。

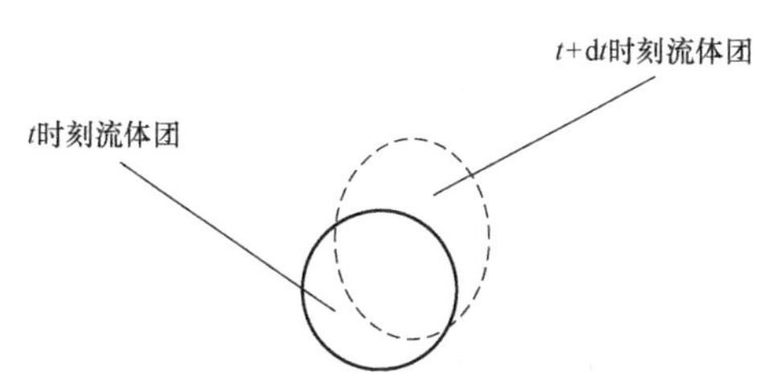

图 2.5　同一团流体不同时刻质量不变

而在欧拉描述下，如图 2.6 所示，质量守恒表示为单位时间控制体内流体质量的增加量，等于流入控制体内的流体质量，即

$$\frac{\partial}{\partial t}\int_{CV}\rho\mathrm{d}\Omega=\int_{S}-\rho\boldsymbol{V}\cdot\mathrm{d}\boldsymbol{S} \tag{2.9}$$

其中，$\boldsymbol{V}$ 为流体速度矢量；$\mathrm{d}\boldsymbol{S}$ 为控制体表面的微元面积矢量，方向垂直于表面向外。由于控制体不随时间变化，因此可以将式（2.9）左端的求导运算放入积分中，同时对式（2.9）右端应用高斯定理，可以得到

$$\int_{CV}\frac{\partial\rho}{\partial t}\mathrm{d}\Omega=\int_{CV}-\nabla\cdot(\rho\boldsymbol{V})\mathrm{d}\Omega \tag{2.10}$$

其中，∇ 为 nabla 算子，在三维笛卡儿坐标系下，定义为$\nabla=\frac{\partial}{\partial x}\boldsymbol{i}+\frac{\partial}{\partial y}\boldsymbol{j}+\frac{\partial}{\partial z}\boldsymbol{k}$。nabla 算子后面乘标量相当于求标量的梯度，后面点乘矢量相当于求矢量的散度，后面叉乘矢量相当于求矢量的旋度。将式（2.10）移项后得

$$\int_{CV}\left(\frac{\partial\rho}{\partial t}+\nabla\cdot(\rho\boldsymbol{V})\right)\mathrm{d}\Omega=0 \tag{2.11}$$

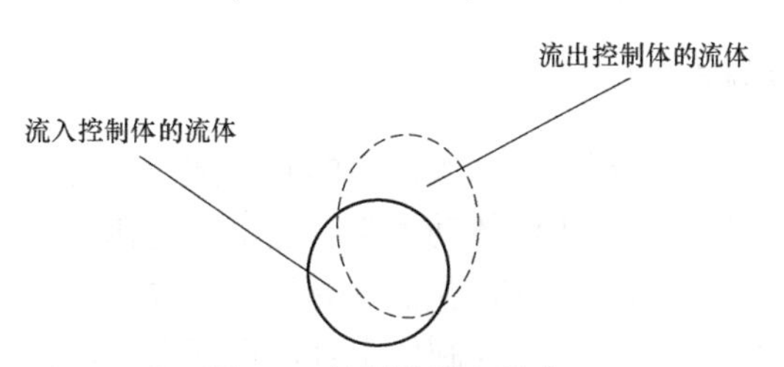

图 2.6　控制体流入流出

式（2.11）即欧拉描述下积分形式的质量守恒方程。

下面来推导微分形式的质量守恒方程。首先推导拉格朗日描述下的微分形式。对于式（2.8），由于流体团的体积随时间变化，因此无法直接将方程左边对时间的求导运算与积分运算交换次序。为了便于理解，我们首先取流体微团（而不是流体团）作为研究对象，可以得到

$$\frac{\mathrm{d}(\rho\delta\Omega)}{\mathrm{d}t}=0 \tag{2.12}$$

其中，$\delta\Omega$ 为流体微团的体积。将式（2.12）展开后整理可得

$$\frac{\mathrm{d}\rho}{\mathrm{d}t}+\frac{1}{\delta\Omega}\frac{\mathrm{d}(\delta\Omega)}{\mathrm{d}t}\rho=0 \tag{2.13}$$

根据散度的数学定义，我们可以得到

$$\frac{\mathrm{d}\rho}{\mathrm{d}t}+\rho\nabla\cdot\boldsymbol{V}=0 \tag{2.14}$$

接下来推导欧拉描述下的微分形式。由于式（2.11）对任意控制体成立，因此，对于微元控制体也必然成立，由此可得欧拉描述下质量守恒方程的微分形式

$$\frac{\partial\rho}{\partial t}+\nabla\cdot(\rho\boldsymbol{V})=0 \tag{2.15}$$

至此，两种描述下的微分形式的质量守恒方程都已得到。然而，虽然我们可以用同样的方法得到动量守恒方程与能量守恒方程，但是它们在形式上不够简化直观。为此，我们需要在后面的推导中利用质量守恒方程对其进行简化。将式（2.14）与式（2.15）结合并确保量纲一致可得

$$\frac{\mathrm{d}\rho}{\mathrm{d}t}+\rho\nabla\cdot\boldsymbol{V}=\frac{\partial\rho}{\partial t}+\nabla\cdot(\rho\boldsymbol{V}) \tag{2.16}$$

由于 nabla 算子本质上仍然是求导运算，因此可以运用求导的乘法法则：

$$\nabla\cdot(\rho\boldsymbol{V})=\rho\nabla\cdot\boldsymbol{V}+\boldsymbol{V}\cdot\nabla\rho \tag{2.17}$$

最后将式（2.17）代入式（2.16）并整理后可得

$$\frac{\mathrm{d}\rho}{\mathrm{d}t}=\frac{\partial\rho}{\partial t}+\boldsymbol{V}\cdot\nabla\rho \tag{2.18}$$

式（2.18）具有十分重要的意义，它构建了流体微团与控制体密度变化率之间的关系。实际上，将参数 ρ 直接代入式（2.7）中的参数 ϕ 可以得到相同的关系式。这里用不同的方法推导，有助于加深读者对于两种描述方法的理解。

2.2.3　动量守恒方程

动量守恒定律也是任何流动系统都必须满足的基本定律。对于宏观物体运动，动量守恒定律与牛顿第二定律是一致的。对于流体动力学问题，该定律可表述为：流体团动量对时间的变化率等于流体团所受合外力。首先，我们推导积分形式的动量守恒方程。取某一流体团为研究对象，假设该流体团刚好与某一控制体重合，根据定义，有

$$\frac{\mathrm{d}}{\mathrm{d}t}\int_{CV}\rho u_i\mathrm{d}\Omega=F_i \tag{2.19}$$

其中，u_i 为速度 $\boldsymbol{V}$ 的第 i 个分量；F_i 为合外力的第 i 个分量。下面我们来分析一下流体团所受外力都有哪些。首先，我们根据力的作用方式，将合外力分为表面力与体积力。顾名思义，表面力即作用在流体团表面的力，包括压力、黏性力；体积力即作用在整个流体团体积上的力，包括重力、惯性力等。由于体积力相对简单，因此后面的推导过程中忽略体积力，仅考虑表面力的影响。

在 i 方向上，流体团所受压力为

$$F_{p,i}=-\left(\int_S p\mathrm{d}\boldsymbol{S}\right)\cdot\boldsymbol{n}_i \tag{2.20}$$

其中，p 为流体团表面压强；$\mathrm{d}\boldsymbol{S}$ 为流体团表面面积矢量微元；$\boldsymbol{n}_i$ 为 i 方向的单位向量。

黏性力的形式略微复杂，为

$$F_{v,i}=\left(\int_S \hat{\boldsymbol{T}}\mathrm{d}\boldsymbol{S}\right)\cdot\boldsymbol{n}_i \tag{2.21}$$

其中，$\hat{\boldsymbol{T}}$ 为黏性力张量。黏性力张量是一个二阶张量，数学上表示为一个方矩阵，矩阵中的每一个分量表示一个黏性应力，记为 τ_{ij}，其中 i 表示黏性应力的作用面法线方向；j 表示黏性应力的方向。在三维笛卡儿坐标系下，黏性力张量可以表示为

$$\hat{\boldsymbol{T}}=\begin{bmatrix}\tau_{xx} & \tau_{yx} & \tau_{zx}\\ \tau_{xy} & \tau_{yy} & \tau_{zy}\\ \tau_{xz} & \tau_{yz} & \tau_{zz}\end{bmatrix} \tag{2.22}$$

对式（2.20）和式（2.21）使用高斯定理，最终可以得到

$$\frac{\mathrm{d}}{\mathrm{d}t}\int_{CV}\rho u_i\mathrm{d}\Omega=\int_{CV}\left(-\frac{\partial p}{\partial x_i}+\sum_{j=1}^{N}\frac{\partial\tau_{ji}}{\partial x_j}\right)\mathrm{d}\Omega \tag{2.23}$$

下面来推导微分形式的动量守恒方程。选择某一流体微团作为研究对象，假设该流体微团刚好与某一微元控制体重合，则有

$$\frac{\mathrm{d}(\rho\delta\Omega u_i)}{\mathrm{d}t}=\left(-\frac{\partial p}{\partial x_i}+\sum_{j=1}^{N}\frac{\partial\tau_{ji}}{\partial x_j}\right)\delta\Omega \tag{2.24}$$

由于流体微团质量不随时间变化，因此式（2.24）可以化为

$$\rho\frac{\mathrm{d}u_i}{\mathrm{d}t}=-\frac{\partial p}{\partial x_i}+\sum_{j=1}^{N}\frac{\partial\tau_{ji}}{\partial x_j} \tag{2.25}$$

实际上，式（2.25）已经是微分形式的动量守恒方程。然而，通过观察不难发现，式中既有全导数又有偏导数，即方程左右两端描述方法上存在分歧。为了统一形式，对方程左端代入式（2.7）后得

$$\rho\frac{\mathrm{d}u_i}{\mathrm{d}t}=\rho\frac{\partial u_i}{\partial t}+\rho\boldsymbol{V}\cdot\nabla u_i \tag{2.26}$$

再次利用求导乘法法则，可以得到

$$\rho\frac{\mathrm{d}u_i}{\mathrm{d}t}=\frac{\partial(\rho u_i)}{\partial t}+\nabla\cdot(\rho u_i\boldsymbol{V})-u_i\left(\frac{\partial\rho}{\partial t}+\nabla\cdot(\rho\boldsymbol{V})\right) \tag{2.27}$$

根据式（2.15），方程右端最后一项为 0（质量守恒），则有

$$\rho \frac{\mathrm{d}u_i}{\mathrm{d}t} = \frac{\partial(\rho u_i)}{\partial t} + \nabla \cdot (\rho u_i \boldsymbol{V}) \tag{2.28}$$

最后，我们可以得到

$$\frac{\partial(\rho u_i)}{\partial t} + \nabla \cdot (\rho u_i \boldsymbol{V}) = -\frac{\partial p}{\partial x_i} + \sum_{j=1}^{N} \frac{\partial \tau_{ji}}{\partial x_j} \tag{2.29}$$

式（2.29）即统一形式后的微分形式动量守恒方程。

2.2.4 能量守恒方程

能量守恒定律是包含热交换的流动系统必须满足的基本定律。该定律可表述为：流体团中能量的增加率等于进入流体团的净热流量加上外力对流体团做功之和。该定律实际是热力学第一定律：

$$\Delta E = Q + W \tag{2.30}$$

按照惯例，首先推导积分形式的能量守恒方程。依然选取之前的流体团作为研究对象。在此之前，首先要分析一下流体团所具有的能量。流体团的总能量应为其动能与内能之和，即

$$E = E_k + E_i \tag{2.31}$$

$$E = \int_{CV} \left(\frac{1}{2} |\boldsymbol{V}|^2 + e_i \right) \cdot \mathrm{d}m \tag{2.32}$$

其中，e_i 为单位质量流体的内能。

由于流体团是封闭系统，因此在忽略辐射的情况下，流体团与外界的传热方式只有热传导。宏观平衡态热传导一般遵循傅里叶导热定律，该定律认为单位时间单位面积由于热传导传递的热量与当地的温度梯度成正比。如果定义单位时间单位面积流过的热量为热流密度 q，则有

$$q = -k(\nabla T \cdot \boldsymbol{n}) \tag{2.33}$$

其中，T 为温度；k 为热导率；$\boldsymbol{n}$ 为单位面积的单位法向矢量。据此，我们定义热流密度矢量为

$$\boldsymbol{q} = -k\nabla T \tag{2.34}$$

流体团表面总的传热速率为

$$Q = -\int_S \boldsymbol{q} \cdot \mathrm{d}\boldsymbol{S} \tag{2.35}$$

应用高斯定理可得

$$Q = \int_{CV} \nabla \cdot (k \nabla T) \mathrm{d}\Omega \tag{2.36}$$

接下来，考虑外力对流体团做功的功率。忽略体积力，外力做功的功率为

$$W = \int_S -p \mathrm{d}\boldsymbol{S} \cdot \boldsymbol{V} + W_v \tag{2.37}$$

其中，W_v 为黏性力功率。考虑到黏性力做的功较为复杂，这里暂时先不给出其具体形式。由此，可以得到积分形式的能量守恒方程：

$$\frac{\mathrm{d}}{\mathrm{d}t}\int_{CV}\left(\frac{1}{2}|V|^2+e_i\right)\cdot\mathrm{d}m=\int_{CV}\nabla\cdot(k\nabla T)\mathrm{d}\Omega+\int_{S}(-p\boldsymbol{V}\cdot\mathrm{d}\boldsymbol{S})+W_v \tag{2.38}$$

对式（2.38）右端积分项运用高斯定理，最后整理得到：

$$\frac{\mathrm{d}}{\mathrm{d}t}\int_{CV}\left(\frac{1}{2}|V|^2+e_i\right)\cdot\mathrm{d}m=\int_{CV}\nabla\cdot(k\nabla T)\mathrm{d}\Omega-\int_{CV}\nabla\cdot(p\boldsymbol{V})\mathrm{d}\Omega+W_v \tag{2.39}$$

下面来推导微分形式的能量守恒方程。和之前一样，取流体微团作为研究对象，对积分形式的能量守恒方程运用积分中值定理并取极限。流体微团的总能量可以表示为

$$\rho\delta\Omega\left(\frac{1}{2}|V|^2+e_i\right) \tag{2.40}$$

外界传入流体微团的热量为

$$\nabla\cdot(k\nabla T)\delta\Omega \tag{2.41}$$

外力对流体微团做功功率为

$$-\nabla\cdot(p\boldsymbol{V})\delta\Omega+w_v\delta\Omega \tag{2.42}$$

其中，w_v 为黏性力对单位体积流体微团做功的功率，与黏性应力张量 $\boldsymbol{T}$ 以及速度 $\boldsymbol{V}$ 有关。由此，可以得到

$$\rho\delta\Omega\frac{\mathrm{d}\left(\frac{1}{2}|V|^2+e_i\right)}{\mathrm{d}t}=\nabla\cdot(k\nabla T)\delta\Omega-\nabla\cdot(p\boldsymbol{V})\delta\Omega+w_v\delta\Omega \tag{2.43}$$

化简后得

$$\rho\frac{\mathrm{d}\left(\frac{1}{2}|V|^2+e_i\right)}{\mathrm{d}t}=\nabla\cdot(k\nabla T)-\nabla\cdot(p\boldsymbol{V})+w_v \tag{2.44}$$

式（2.44）即微分形式的能量守恒方程。我们可以进一步将式中的全导数转换成偏导数：

$$\rho\frac{\mathrm{d}\left(\frac{1}{2}|V|^2+e_i\right)}{\mathrm{d}t}=\rho\frac{\partial\left(\frac{1}{2}|V|^2+e_i\right)}{\partial t}+\rho\boldsymbol{V}\cdot\nabla\left(\frac{1}{2}|V|^2+e_i\right) \tag{2.45}$$

同样，结合求导的乘法法则和质量守恒定律，式（2.45）可以化为

$$\rho\frac{\mathrm{d}\left(\frac{1}{2}|V|^2+e_i\right)}{\mathrm{d}t}=\frac{\partial\left[\rho\left(\frac{1}{2}|V|^2+e_i\right)\right]}{\partial t}+\nabla\cdot\left[\rho\boldsymbol{V}\left(\frac{1}{2}|V|^2+e_i\right)\right] \tag{2.46}$$

将式（2.46）代入式（2.44）可得

$$\frac{\partial\left[\rho\left(\frac{1}{2}|V|^2+e_i\right)\right]}{\partial t}+\nabla\cdot\left[\rho\boldsymbol{V}\left(\frac{1}{2}|V|^2+e_i\right)\right]=\nabla\cdot(k\nabla T)-\nabla\cdot(p\boldsymbol{V})+w_v \tag{2.47}$$

式（2.47）即为统一形式后的微分形式能量守恒方程。

最后，式（2.47）中的黏性力功率 w_v 留给读者自行推导，这里只给出结果：

$$w_v = \nabla \cdot (\hat{\boldsymbol{T}} \boldsymbol{V}) \tag{2.48}$$

其中，$\hat{\boldsymbol{T}}$ 为黏性应力张量。这样，式（2.45）可以写为

$$\frac{\partial \left[\rho \left(\frac{1}{2} |V|^2 + e_i \right) \right]}{\partial t} + \nabla \cdot \left[\rho \boldsymbol{V} \left(\frac{1}{2} |V|^2 + e_i \right) \right] = \nabla \cdot (k \nabla T) - \nabla \cdot (p \boldsymbol{V}) + \nabla \cdot (\hat{\boldsymbol{T}} \boldsymbol{V}) \tag{2.49}$$

2.2.5 流体本构关系式

目前为止，我们推导得出了积分形式与微分形式的守恒方程。其中，微分形式的控制方程组为

$$\frac{\partial \rho}{\partial t} + \nabla \cdot (\rho \boldsymbol{V}) = 0 \tag{2.50}$$

$$\frac{\partial (\rho u_i)}{\partial t} + \nabla \cdot (\rho u_i \boldsymbol{V}) = -\frac{\partial p}{\partial x_i} + \sum_{j=1}^{N} \frac{\partial \tau_{ji}}{\partial x_j} \tag{2.51}$$

$$\frac{\partial \left[\rho \left(\frac{1}{2} |V|^2 + e_i \right) \right]}{\partial t} + \nabla \cdot \left[\rho \boldsymbol{V} \left(\frac{1}{2} |V|^2 + e_i \right) \right] = \nabla \cdot (k \nabla T) - \nabla \cdot (p \boldsymbol{V}) + w_v \tag{2.52}$$

显然，在三维笛卡儿坐标系下，控制方程共有 5 个（1 个质量守恒方程，3 个动量守恒方程，1 个能量守恒方程），而未知的变量有 ρ、u_x、u_y、u_z、p、τ_{ij}（9 个）、e_i、T，共 16 个。显然，目前得到的控制方程组是不封闭的。显然，在三大守恒定律之外，还有一些其他的物理规律需要遵循。

本小节主要介绍本构关系式。从 2.1.4 小节中可以知道，对于牛顿流体，在平行剪切流动中满足

$$\tau_{yx} = \mu \frac{\mathrm{d}u}{\mathrm{d}y} \tag{2.53}$$

这是一种线性关系。对于一般的流动，由于流体的黏性并不局限于某一个方向的剪切，因此式（2.53）并不恒成立。尽管如此，对于牛顿流体，黏性应力与速度梯度之间仍然满足一定的线性关系。而这种线性关系，实质上是包含在流体的本构关系中的。所谓流体的本构关系，指的是对于某种流体物质，其应力张量 $\boldsymbol{\sigma}$ 与应变率张量 $\boldsymbol{S}$ 之间的关系。在三维笛卡儿坐标系下，二者分别定义为

$$\boldsymbol{\sigma} = -p\boldsymbol{I} + \hat{\boldsymbol{T}} \tag{2.54}$$

$$\boldsymbol{S} = \begin{bmatrix} S_{xx} & S_{xy} & S_{xz} \\ S_{yx} & S_{yy} & S_{yz} \\ S_{zx} & S_{zy} & S_{zz} \end{bmatrix} \tag{2.55}$$

其中，$\boldsymbol{I}$ 为单位矩阵；$\hat{\boldsymbol{T}}$ 为黏性应力张量，$S_{ij} = \frac{1}{2}\left(\frac{\partial u_j}{\partial x_i} + \frac{\partial u_j}{\partial x_i} \right)$，$i, j = x, y, z$。显然，应变率张量是一个对称矩阵，有

$$S_{xx} = \frac{\partial u_x}{\partial x} \tag{2.56}$$

$$S_{xy} = S_{yx} = \frac{1}{2}\left(\frac{\partial u_y}{\partial x} + \frac{\partial u_x}{\partial y}\right) \tag{2.57}$$

$$S_{xz} = S_{zx} = \frac{1}{2}\left(\frac{\partial u_z}{\partial x} + \frac{\partial u_x}{\partial z}\right) \tag{2.58}$$

$$S_{yy} = \frac{\partial u_y}{\partial y} \tag{2.59}$$

$$S_{yz} = S_{zy} = \frac{1}{2}\left(\frac{\partial u_z}{\partial y} + \frac{\partial u_y}{\partial z}\right) \tag{2.60}$$

$$S_{zz} = \frac{\partial u_z}{\partial z} \tag{2.61}$$

对于各向同性的牛顿流体，其本构关系式为

$$\boldsymbol{\sigma} = (-p + \lambda\nabla \cdot \boldsymbol{V})\boldsymbol{I} + 2\mu\boldsymbol{S} \tag{2.62}$$

结合式（2.54）和式（2.62）可得

$$\hat{\boldsymbol{T}} = (\lambda\nabla \cdot \boldsymbol{V})\boldsymbol{I} + 2\mu\boldsymbol{S} \tag{2.63}$$

其分量形式为

$$\tau_{ij} = \mu\left(\frac{\partial u_j}{\partial x_i} + \frac{\partial u_j}{\partial x_i}\right) + \lambda\nabla \cdot \boldsymbol{V}\delta_{ij} \tag{2.64}$$

其中，μ 为动力黏性系数；λ 为第二黏性系数。当 $i = j$ 时，$\delta_{ij} = 1$，否则 $\delta_{ij} = 0$。显然，各向同性牛顿流体的黏性应力张量也是对称矩阵，有

$$\tau_{ij} = \tau_{ji} \tag{2.65}$$

如果认为式（2.64）黏性系数为常数（实际上至少是温度的函数），那么已经建立了黏性应力与速度的关系。这样，就可以将控制方程中的黏性应力用速度梯度代替。事实上，单纯从封闭控制方程的角度来说，本构关系讲到这里就可以了。接下来，我们额外介绍一些关于流体本构关系的其他知识。

首先，定义体积黏性系数：

$$\kappa = \lambda + \frac{2}{3}\mu \tag{2.66}$$

代入式（2.62）可得

$$\boldsymbol{\sigma} = (-p + \kappa\nabla \cdot \boldsymbol{V})\boldsymbol{I} + 2\mu\boldsymbol{S} - \frac{2}{3}\mu(\nabla \cdot \boldsymbol{V})\boldsymbol{I} \tag{2.67}$$

如果流体微团时刻保持热力学平衡，则 $\kappa = 0$，此时有

$$\lambda = -\frac{2}{3}\mu \tag{2.68}$$

实际情况下，对于任意一个封闭的热力学系统，从热力学非平衡态转换为热力学平衡态

都需要一定的时间，不可能瞬时完成。因此，式（2.68）实际上是针对恢复平衡时间远小于流场特征时间尺度时的一种近似。这一近似是由 Stokes 提出的，没错，就是大家在学习流体力学时时常出现的那个名字。我们推导的流体力学控制方程组，也叫 Navier-Stokes（NS）方程。

前面的推导都是限定在各向同性的牛顿流体。对于各向异性的牛顿流体，各个方向的动力黏性系数是不同的，即

$$\boldsymbol{\mu}=\begin{bmatrix}\mu_{xx} & \mu_{xy} & \mu_{xz}\\ \mu_{yx} & \mu_{yy} & \mu_{yz}\\ \mu_{zx} & \mu_{zy} & \mu_{zz}\end{bmatrix} \tag{2.69}$$

而对于非牛顿流体，其本构关系是非线性的。尽管我们依然可以得到形如式（2.64）的关系式，但是动力黏度系数不再是与应变率张量无关的量，而是应变率张量的函数。

2.2.6 状态方程与理想气体

通过 2.2.5 小节本构关系式的推导，我们去掉了控制方程组中的未知量τ_{ij}。这样，还剩下ρ、u_x、u_y、u_z、p、e_i、T 7 个未知量。显然，还需要两个额外的关系式。

我们知道，对于一个处于热力学平衡状态的封闭系统，其温度T、压强p和密度ρ存在一定的关系。对于气体，这种关系尤为明显。此外，单位质量某物质的内能e_i与该物质的压强p和温度T直接相关，一般情况下温度越高、内能越大。描述这两种关系的方程称为状态方程，即

$$f_1(\rho,p,T)=0 \tag{2.70}$$

$$f_2(e_i,p,T)=0 \tag{2.71}$$

燃气射流动力学研究的气体通常处于温度足够高、压强足够低的工作范围内。这种情况下，可以认为流场中的气体是理想气体。所谓理想气体包含两个层面。

一是热力学理想气体，即满足理想气体热力学状态方程：

$$p=\rho RT \tag{2.72}$$

其中，R为气体常数，其与普适气体常数R_u的关系为

$$R=\frac{R_u}{M_w} \tag{2.73}$$

其中，M_w为气体的摩尔质量，$R_u\approx 8\,314.4$ J/（mol • K）。

二是热能理想气体，即理想气体的比内能只是温度的函数，对应的状态方程为

$$e_i=\int_0^T C_v(T)\mathrm{d}T \tag{2.74}$$

其中，C_v为气体的定容比热；T为温度，开尔文（K）。当C_v变化不大时，可以近似得到

$$e_i=C_vT \tag{2.75}$$

这样，我们就又建立了两个方程。现在，一共有 7 个方程、7 个未知量，也就是说，流体力学控制方程组现在是封闭的。如果以ρ、u_x、u_y、u_z、T作为待求解变量，并假设C_v为定

值，则控制方程组可以表示为

$$\frac{\partial \rho}{\partial t}+\nabla \cdot (\rho \boldsymbol{V})=0 \tag{2.76}$$

$$\frac{\partial(\rho u_i)}{\partial t}+\nabla \cdot (\rho u_i \boldsymbol{V})=-\frac{\partial p}{\partial x_i}+\sum_{j=1}^{N}\frac{\partial}{\partial x_j}\left(\mu\left(\frac{\partial u_i}{\partial x_j}+\frac{\partial u_j}{\partial x_i}\right)\right) \tag{2.77}$$

$$\frac{\partial\left[\rho\left(\frac{1}{2}|V|^2+C_v T\right)\right]}{\partial t}+\nabla \cdot \left[\rho \boldsymbol{V}\left(\frac{1}{2}|V|^2+C_v T\right)\right]=\nabla \cdot (k\nabla T)-\nabla \cdot (p\boldsymbol{V})+\nabla \cdot (\hat{\boldsymbol{T}}\boldsymbol{V}) \tag{2.78}$$

需要注意的是，理想气体仅仅是对真实气体在温度不太低、压强不太高的条件下的一种近似。实际上，热力学参数 ρ，p，T 之间的关系并非这样简单，气体的比内能 e_i 也不仅仅是温度 T 的函数，同时也是压强 p 的函数。大家在今后学习各种模型时，要注意其适用范围。

2.2.7 控制方程的通用形式

目前为止，我们已经通过推导得到了流体动力学控制方程组。细心的读者可能已经观察到了，式（2.76）～式（2.78）在形式上具有某些共同点：方程的左边都是 $\frac{\partial(\rho\phi)}{\partial t}+\nabla \cdot (\rho\phi \boldsymbol{V})$ 的形式，而方程右边似乎有某些和梯度、散度相关的量。有的人可能会想，是不是方程右边也可以转换成相同的形式？方程中具有相同形式的各项是不是代表了某些物理含义？

我们先不给出问题的答案，首先带大家了解一下什么是输运方程。所谓输运方程，指的是对于流场中任意输运参数 ϕ，都应满足

$$\frac{\partial(\rho\phi)}{\partial t}+\nabla \cdot (\rho\phi \boldsymbol{V})=\nabla \cdot (\varGamma_\phi \nabla\phi)+S_\phi \tag{2.79}$$

其中，各项具有不同的物理含义。

（1）时间项：$\frac{\partial(\rho\phi)}{\partial t}$，表示控制体中输运量 ϕ 随当地流场非定常变化而产生的变化。

（2）对流项：$\nabla \cdot (\rho\phi \boldsymbol{V})$，表示由于流体流入/流出控制体表面导致控制体内输运量 ϕ 的变化。

（3）扩散项：$\nabla \cdot (\Gamma_\phi \nabla\phi)$，表示由于 ϕ 的梯度产生的扩散作用导致的 ϕ 的变化。

（4）源项：S_ϕ，表示由于控制体内源（汇）释放（吸收）导致的 ϕ 的变化。

也就是说，输运方程实际上描述的是控制体内各种变化率之间的关系。

回到式（2.76）～式（2.78），我们有理由猜想，流体力学控制方程组也应该满足输运方程的形式。例如，我们认为 $\phi=1$，$\Gamma_\phi=0$，$S_\phi=0$，则质量守恒方程(2.76)满足输运方程(2.79)。反观动量守恒方程与能量守恒方程，虽然方程左端满足输运方程的形式，但是右端似乎没有明确的散度项与源项。为了进一步验证我们之前的猜想，需要对式（2.77）与式（2.78）进行变形。这里的思路是，根据时间项确定输运量，然后寻找对应的对流项与扩散项，剩余部分作为源项。

对于动量守恒方程，我们以 u_i 为输运量，为了获得扩散项，可以把动量守恒方程（2.77）右端最后一项拆开并用 nabla 算子表示：

$$\sum_{j=1}^{N}\frac{\partial}{\partial x_j}\left(\mu\left(\frac{\partial u_i}{\partial x_j}+\frac{\partial u_j}{\partial x_i}\right)\right)=\nabla\cdot(\mu\nabla u_i)+\sum_{j=1}^{N}\frac{\partial}{\partial x_j}\left(\mu\frac{\partial u_j}{\partial x_i}\right) \tag{2.80}$$

考虑体积力并将式（2.80）代入式（2.77）后得到

$$\frac{\partial(\rho u_i)}{\partial t}+\nabla\cdot(\rho u_i \boldsymbol{V})=\nabla\cdot(\mu\nabla u_i)-\frac{\partial p}{\partial x_i}+\sum_{j=1}^{N}\frac{\partial}{\partial x_j}\left(\mu\frac{\partial u_j}{\partial x_i}\right)+f_{g,i} \tag{2.81}$$

这样，式（2.81）中$\nabla\cdot(\mu\nabla u_i)$就是我们需要的扩散项，其余部分为源项。

接下来，我们需要处理能量守恒方程（2.78）。首先，我们在式（2.81）左端代入式（2.46），在方程左右两边乘上u_i，对i求和并运用复合积分定理可以得到

$$\rho\frac{\mathrm{d}\left(\frac{1}{2}u_i^2\right)}{\mathrm{d}t}=-\left(\frac{\partial(pu_i)}{\partial x_i}-p\frac{\partial u_i}{\partial x_i}\right)+u_i\nabla\cdot(\mu\nabla u_i)+u_i\frac{\partial}{\partial x_j}\left(\mu\frac{\partial u_j}{\partial x_i}\right)+u_i f_{g,i} \tag{2.82}$$

方程倒数第 2、3 项实际上是u_i与黏性力部分的乘积，我们重新写作

$$u_i\left[\nabla\cdot(\mu\nabla u_i)+\frac{\partial}{\partial x_j}\left(\mu\frac{\partial u_j}{\partial x_i}\right)\right]=u_i\frac{\partial\tau_{ji}}{\partial x_j} \tag{2.83}$$

下面，我们对式（2.82）中的下标i求和。实际上，引入 Einstein 记法后可以省去求和符号，得到

$$\rho\frac{\mathrm{d}\left(\frac{1}{2}|\boldsymbol{V}|^2\right)}{\mathrm{d}t}=-\left(\frac{\partial(pu_i)}{\partial x_i}-p\frac{\partial u_i}{\partial x_i}\right)+u_i\frac{\partial\tau_{ji}}{\partial x_j}+u_i f_{g,i} \tag{2.84}$$

同时，考虑体积力并将式（2.45）代入式（2.78）左端可得

$$\rho\frac{\mathrm{d}\left(\frac{1}{2}|\boldsymbol{V}|^2+C_v T\right)}{\mathrm{d}t}=\frac{\partial}{\partial x_i}\left(k\frac{\partial T}{\partial x_i}\right)-\frac{\partial}{\partial x_i}(pu_i)+\frac{\partial}{\partial x_j}(\tau_{ji}u_i)+u_i f_{g,i} \tag{2.85}$$

将式（2.84）与式（2.85）相减后整理得

$$\rho C_v\frac{\mathrm{d}T}{\mathrm{d}t}=\frac{\partial}{\partial x_i}\left(k\frac{\partial T}{\partial x_i}\right)-p\frac{\partial u_i}{\partial x_i}+\tau_{ji}\frac{\partial u_i}{\partial x_j} \tag{2.86}$$

将式（2.86）左端展开并整理得

$$\frac{\partial(\rho T)}{\partial t}+\nabla\cdot(\rho T\boldsymbol{V})=\frac{\partial}{\partial x_i}\left(\frac{k}{C_v}\frac{\partial T}{\partial x_i}\right)-\frac{p}{C_v}\frac{\partial u_i}{\partial x_i}+\frac{\tau_{ji}}{C_v}\frac{\partial u_i}{\partial x_j} \tag{2.87}$$

显然，式（2.87）满足输运方程形式。对比式（2.85）与式（2.86）可以发现，我们所做的工作实际上是利用动量守恒方程从能量守恒方程中去掉了动能部分，相应地，表面力做的总功也只剩下了由于流体微团变形产生的膨胀功，而体积力做功对内能没有影响。

我们把考虑体积力后整理成输运方程形式的控制方程组以表 2.1 的形式列出。

表 2.1　控制方程组各输运项

方程	时间项	对流项	扩散项	源项
质量守恒方程	$\frac{\partial \rho}{\partial t}$	$\nabla \cdot (\rho \boldsymbol{V})$	0	0
动量守恒方程	$\frac{\partial (\rho u_i)}{\partial t}$	$\nabla \cdot (\rho u_i \boldsymbol{V})$	$\nabla \cdot (\mu \nabla u_i)$	$-\frac{\partial p}{\partial x_i}+\sum_{j=1}^{N}\frac{\partial}{\partial x_j}\left(\mu \frac{\partial u_j}{\partial x_i}\right)+f_{g,i}$
能量守恒方程	$\frac{\partial (\rho T)}{\partial t}$	$\nabla \cdot (\rho T \boldsymbol{V})$	$\frac{\partial}{\partial x_i}\left(\frac{k}{C_v}\frac{\partial T}{\partial x_i}\right)$	$-\frac{p}{C_v}\frac{\partial u_i}{\partial x_i}+\frac{\tau_{ji}}{C_v}\frac{\partial u_i}{\partial x_j}$

经过上述分析，我们知道，输运方程（2.79）实质上就是流体力学控制方程的通用形式。然而，我们不禁要问，既然控制方程组已经封闭，为什么还要如此辛苦地将各个方程转换成输运方程这样的统一形式呢？当然，更为深刻地理解方程中各部分代表的物理含义肯定是原因之一。实际上，更为直接的目的是对控制方程组进行数值求解——这并不属于燃气射流动力学本身的理论内容。感兴趣的读者可以阅读计算流体力学相关书籍，相信你会恍然大悟。

第3章
燃气射流动力学基本理论

从本章开始，我们将逐步了解燃气射流动力学的基本物理现象及其背后的机理，并学习如何分析喷管内部流动、燃气射流状态。由于燃气射流动力学主要面向航空航天领域，因此，我们主要探讨航空航天领域中常用的拉瓦尔喷管产生的燃气射流。

本章将从准一维定常可压缩气体流动开始，介绍并分析拉瓦尔喷管内的燃气流动。以此作为基础，讲述燃气射流中的激波、膨胀波等基础知识。最后，分析并给出不同流动状态下的燃气射流结构特点，作为工程中燃气射流问题的分析基础。

3.1 准一维定常流动控制方程

首先，我们来思考为什么需要有燃气射流。以火箭为例，火箭发动机的主要功能是产生推力推动火箭加速运动。为了产生推力，火箭发动机需要向后喷出燃气。根据动量守恒定律，火箭发动机向后喷出燃气的同时会获得燃气对火箭发动机向前的推力。显然，单位时间内喷出的燃气的动量越大，发动机获得的推力也就越大。为了尽可能提高发动机的推力，我们需要增大发动机喷出的燃气流量和速度。

工程上通常采用改变燃气流动面积的方式调节燃气的流量和速度，实现这一功能的部件叫作喷管。图3.1与图3.2分别为收缩喷管与扩张喷管，沿喷管轴向不同位置对应不同的喷管截面面积。为了分析喷管内燃气的流动规律，我们假设喷管内的流动参数在同一轴截面上是一致的。换句话说，我们认为流动参数只沿轴向变化。同时，我们认为流动是定常的，即各个截面上的参数不随时间变化。这样的流动模型称为准一维定常流动，是为了分析变截面喷管内部定常流动特性所提出的简化模型。

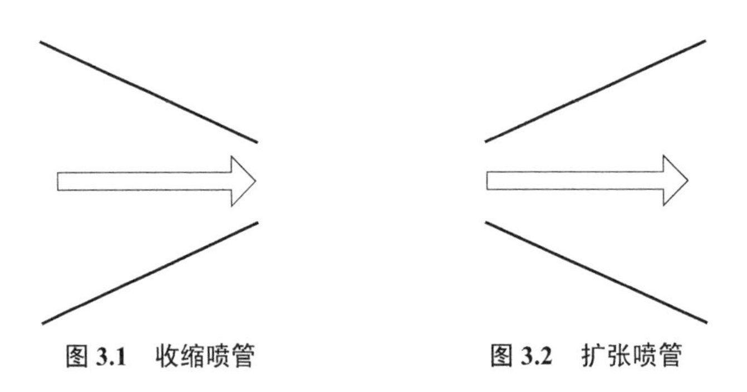

图3.1 收缩喷管　　图3.2 扩张喷管

下面，我们以收缩喷管为例，建立不同轴向位置流动参数之间的关系。为了简化分析，我们把由多种气体组分混合而成的燃气认为是某种等效的单一组分气体并且忽略其中的化学反应，同时假设流动是无黏的，并忽略流体之间的热传导。之所以做此假设，一方面是因为化学反应与黏性力的关系较为复杂；另一方面是因为化学反应、黏性力和热传导对于准一维定常流动的整体变化趋势没有太大的影响。选取图 3.3 所示的控制体，根据质量守恒定律，流出控制体的气体质量等于流入的质量，因此我们可以得到

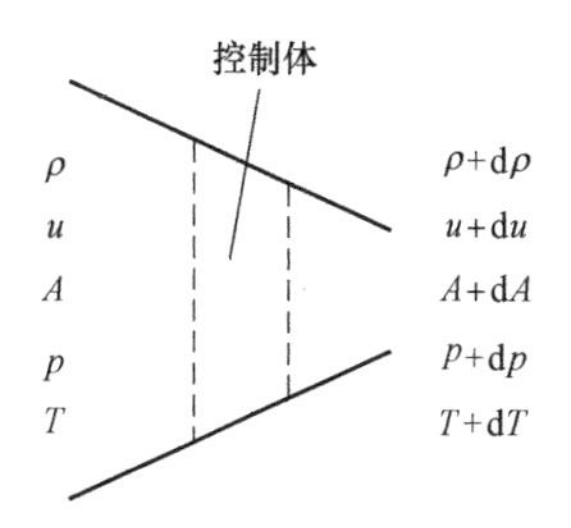

图 3.3 变截面准一维定常流动

$$\rho uA = (\rho + \mathrm{d}\rho)(u + \mathrm{d}u)(A + \mathrm{d}A) \tag{3.1}$$

其中，A 为当前轴向位置对应截面的面积。将式（3.1）展开并忽略二阶及以上小量可得

$$\mathrm{d}(\rho uA) = 0 \tag{3.2}$$

此即

$$\rho uA = \mathrm{const} \tag{3.3}$$

同样，根据第 2 章中推导动量守恒方程的方法，我们选取与控制体重合的流体微团作为研究对象。由于流场是定常的，因此流体微团动量的变化等于控制体流出的动量减去流入的动量。由动量守恒定律，可以得到

$$\mathrm{d}(\rho uA \cdot u) = -\mathrm{d}(pA) - (-p\mathrm{d}A) \tag{3.4}$$

其中，方程右端的第一项为控制体流体界面上的压力，第二项为控制体壁面边界上的压力在轴向的投影。式（3.4）化简后可得

$$u\mathrm{d}(\rho uA) + \rho uA\mathrm{d}u = -A\mathrm{d}p \tag{3.5}$$

结合式（3.2）可得

$$\rho u\mathrm{d}u = -\mathrm{d}p \tag{3.6}$$

同理，由能量守恒定律得

$$\mathrm{d}\left[\rho uA \cdot \left(\frac{1}{2}u^2 + e_i\right)\right] = -\mathrm{d}(puA) \tag{3.7}$$

注意，壁面的压力是不做功的。式（3.7）可以进一步变形为

$$\mathrm{d}\left(\frac{1}{2}u^2 + e_i\right) = -\frac{\mathrm{d}p}{\rho} - \frac{p}{\rho uA}\mathrm{d}(uA) \tag{3.8}$$

这里，我们定义一个新的物理量——比焓：

$$h = e_i + \frac{p}{\rho} \tag{3.9}$$

比焓描述了单位质量流体微团的内能与其极限膨胀做功能力之和。这样，式（3.8）可以化为

$$\mathrm{d}\left(\frac{1}{2}u^2 + h\right) = \mathrm{d}\frac{p}{\rho} - \frac{\mathrm{d}p}{\rho} - \frac{p}{\rho uA}\mathrm{d}(uA) \tag{3.10}$$

进一步整理可得

$$\mathrm{d}\left(\frac{1}{2}u^2+h\right)=-\frac{p}{\rho}(\mathrm{d}\ln\rho)+\mathrm{d}[\ln(uA)] \tag{3.11}$$

根据式（3.2），方程右端为 0，因此有

$$\mathrm{d}\left(\frac{1}{2}u^2+h\right)=0 \tag{3.12}$$

上面的推导中我们并没有规定面积变化量 dA 的正负。实际上，上面的方程对于扩张喷管也是成立的。

如前所述，式（3.6）与式（3.12）成立的条件是无黏、绝热的。下面我们将证明二者是等价的。式（3.6）可以变为

$$\mathrm{d}\left(\frac{1}{2}u^2\right)=-\frac{\mathrm{d}p}{\rho} \tag{3.13}$$

进一步变形可得

$$\mathrm{d}\left(\frac{1}{2}u^2+h\right)=\mathrm{d}e_i+p\mathrm{d}\frac{1}{\rho} \tag{3.14}$$

由热力学第一定律可知，封闭系统吸入的热量等于其内能的增加量加上系统**对外膨胀所做的功**，即

$$\delta q=\mathrm{d}e_i+p\mathrm{d}\frac{1}{\rho} \tag{3.15}$$

即

$$\mathrm{d}\left(\frac{1}{2}u^2+h\right)=\delta q \tag{3.16}$$

对于绝热过程，$\delta q=0$，即

$$\mathrm{d}\left(\frac{1}{2}u^2+h\right)=0 \tag{3.17}$$

可见，对于无黏、绝热的准一维定常流动而言，其能量守恒方程与动量守恒方程是等价的。

3.2 声速与马赫数

通过上面的推导，我们得到了无黏、绝热传导条件下的准一维定常流动控制方程组：式（3.2）、式（3.6）与式（3.12）。接下来，我们需要将得到的方程用于分析喷管内燃气流动。根据我们的直观感受，喷管的截面面积 A 对喷管内流动的影响较大。不同喷管出口截面面积对应不同的速度，即对应不同的推力。为此，我们首先来分析喷管截面面积与速度之间的关系。对于不可压流体有

$$uA=\mathrm{const} \tag{3.18}$$

此时速度 u 随着流动面积 A 增大而减小。然而，燃气在喷管中的流动属于可压缩流动，针对不可压流动得到的这一关系并没有很强的指导意义。可压缩流动的速度 u 不仅与流动面积 A 有关，还与流体密度 ρ 有关。可见，可压缩流动的速度随流动面积的变化规律并不像想象中

那样简单。想要得到可压缩流动参数随截面面积变化的规律，我们需要针对可压缩流动的特点引入一些新的概念。

生活中存在着各种各样的声音：鸟儿的鸣叫、寺院的钟声、飞机起飞的轰鸣等。这些声音是如何产生的呢？以寺院的钟声为例，我们敲钟给钟一个扰动，这个扰动对应着钟各个位置应力、密度和速度的变化。同时，钟又会将这个扰动传递给周围的空气，并借由空气传到人们的耳朵里。声音本质上是一种机械波，与传播介质的可压缩性有关。为了定量描述声波传播的快慢，我们定义声速 a 为声波相对于传播介质的速度，即微小扰动在静止介质中传播的速度。下面，选用一个简单的模型来分析声波的传播速度。

图 3.4 显示了等截面管道中，声波在可压缩气体介质中的传播过程。以管道为参考系，声波在管道中从左向右匀速传播。声波传播经过的区域，对应的流动参数会发生改变。我们关注的重点在于声波传播的速度与波前与波后流动参数之间的关系。为此，我们以声波为参考系，并选取图 3.5 所示的控制体。我们使得选取的控制体的左右两端无限趋近于声波位置，这样就可以忽略壁面对控制体内流体的传热与剪切力。根据质量守恒定律，我们可以得到

$$(\rho+\mathrm{d}\rho)(a-\mathrm{d}u)=\rho a \tag{3.19}$$

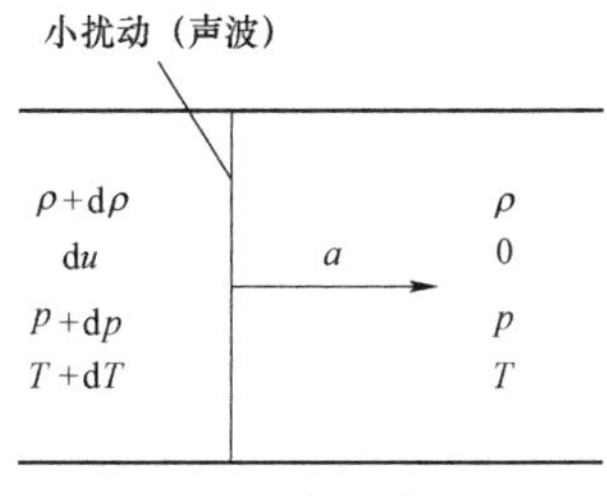

图 3.4 声波传播

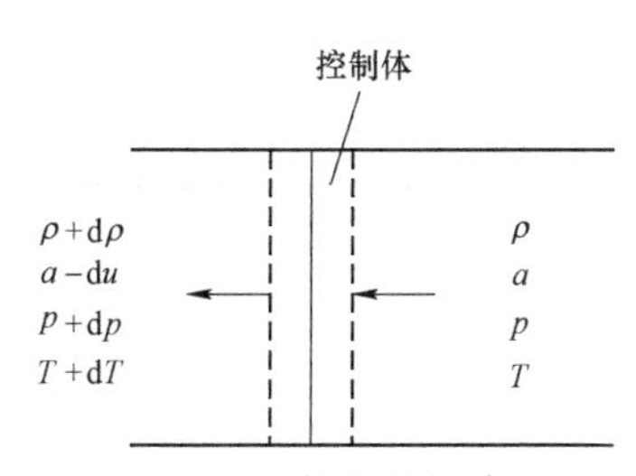

图 3.5 控制体的选取

展开并忽略二阶小量：

$$\mathrm{d}u=\frac{a}{\rho}\mathrm{d}\rho \tag{3.20}$$

由动量守恒定律可得

$$\rho a[(a-\mathrm{d}u)-a]=p-(p+\mathrm{d}p) \tag{3.21}$$

整理后可得

$$\mathrm{d}u=\frac{1}{\rho a}\mathrm{d}p \tag{3.22}$$

结合式（3.20）与式（3.22），消去 $\mathrm{d}u$，最后整理得到

$$a=\sqrt{\frac{\mathrm{d}p}{\mathrm{d}\rho}} \tag{3.23}$$

式（3.23）即为可压缩气体中声速的表达式。

如前所述，声波的传播与介质的可压缩性有关。为了更为明确地揭示这一关系，我们将式（2.3）与式（3.23）联立可得

$$\beta=\frac{1}{\rho a^2} \tag{3.24}$$

或

$$a=\sqrt{\frac{1}{\rho\beta}} \tag{3.25}$$

由式（3.24）与式（3.25）可以看出，密度和声速越大的介质，其可压缩性越弱；相反，密度越小、可压缩性越弱的介质，其声速越大。这一结论与我们日常生活中的经验是一致的，例如，声音在钢铁中的传播速度就远大于空气。

对于处于静止状态的气体，声速能够很好地衡量其可压缩性。而对于流动的可压缩气体，其密度 ρ 与其流动状态有关，即不同的流动状态下，气体的可压缩性是不同的。为了更好地衡量流动气体的可压缩性，我们引入一个新的无量纲参数——马赫数 Ma，定义为

$$Ma=\frac{u}{a} \tag{3.26}$$

根据 Ma 不同，可以将流体的流动划分为亚声速流动（$Ma<1$）与超声速流动（$Ma>1$）。

3.3 变截面准一维定常流动

3.3.1 变截面定常流动关系式

介绍了声速与马赫数后，让我们重新回到变截面准一维定常流动上来。我们的目的是要利用声速和马赫数进一步分析流动参数随截面面积的变化规律，为此，将质量守恒方程（3.2）变形为

$$\frac{1}{\rho uA}\mathrm{d}(\rho uA)=0 \tag{3.27}$$

展开后得

$$\frac{\mathrm{d}\rho}{\rho}+\frac{\mathrm{d}u}{u}+\frac{\mathrm{d}A}{A}=0 \tag{3.28}$$

代入式（3.6）可得

$$\frac{1}{\rho}\mathrm{d}\rho\left(1-\frac{1}{u^2}\frac{\mathrm{d}p}{\mathrm{d}\rho}\right)+\frac{1}{A}\mathrm{d}A=0 \tag{3.29}$$

代入式（3.23）与式（3.26）可得

$$\frac{(1-Ma^2)}{Ma^2}\frac{\mathrm{d}\rho}{\rho}=\frac{\mathrm{d}A}{A} \tag{3.30}$$

同理可得

$$(Ma^2-1)\frac{\mathrm{d}u}{u}=\frac{\mathrm{d}A}{A} \tag{3.31}$$

$$(1-Ma^2)\mathrm{d}p=\rho u^2\frac{\mathrm{d}A}{A} \tag{3.32}$$

注意，式（3.30）～式（3.32）成立的前提是无黏、绝热。

式（3.30）～式（3.32）描述了流动参数 ρ、u、p 与流动面积 A 之间的变化关系，而这一变化关系由马赫数 Ma 决定。对于亚声速流动，$Ma<1$，随着流动面积增大，流体的密度、压强和温度增大，速度减小；对于超声速流动，$Ma>1$，随着流动面积增大，流体的密度、压强和温度减小，速度增大。也就是说，以 $Ma=1$ 为分界，不同 Ma 下流动参数随流动面积的变化是相反的。

3.3.2　一维定常等熵流动关系式

虽然式（3.30）～式（3.32）可以描述不同马赫数下流动参数之间的定性关系，但是由于我们目前还没有建立声速 a 与流动参数之间的代数关系，因此难以做进一步定量分析。为此，我们需要引入等熵假设，进一步简化流动分析。

首先，我们来回顾一下什么是熵。熵是一个热力学概念，用于描述系统的无序程度。熵越大，系统的无序程度越大，系统越混乱。而系统的有序与无序，涉及热力学第二定律。根据热力学第二定律，一个孤立系统总是自发地从有序变为无序，而不能自发地从无序变为有序。换句话说，一个孤立系统必然是熵增的。如果我们用 S 表示系统的熵，则对于孤立系统的任意物理过程必然有 $\mathrm{d}S\geqslant 0$。对于气体流动，我们通常采用单位质量流体微团的熵（比熵）s。

接下来，我们来介绍等熵过程。顾名思义，所谓等熵过程就是在某个热力学过程中，系统的熵不发生变化，即 $\mathrm{d}S=0$。对于气体流动来说，等熵过程意味着流体微团的状态在这个过程中是绝热可逆的，即流体微团之间没有传热且同一流体微团内部机械能不会向内能转化，同时流体微团在整个热力学变化过程中必须保持热力学平衡。等熵过程只是一个理想过程，实际气体流动过程中必然是熵增的。导致气流熵增的因素有黏性力、传热以及非平衡过程（如激波）等。因此，对于一个流体微团，其等熵流动必然是绝热、无黏且保持热力学平衡的。如前所述，式（3.30）～式（3.32）成立的条件是绝热、无黏，换句话说，对于准一维等熵流动，式（3.30）～式（3.32）是成立的。

下面我们来推导等熵流动关系式。以流体微团作为研究对象，根据热力学第一定律，系统吸入的热量等于系统**内能**的增加量加上系统对外做的**膨胀功**［结合从式（2.83）到式（2.84）的推导过程，思考一下膨胀功与压力做的总功之间的区别］，即

$$\delta q=\mathrm{d}e_i+\delta w \tag{3.33}$$

对于无黏流动，膨胀功仅由压力产生

$$\delta w=p\mathrm{d}\frac{1}{\rho} \tag{3.34}$$

将式（3.34）代入式（3.33）后得

$$\delta q=\mathrm{d}e_i+p\mathrm{d}\frac{1}{\rho} \tag{3.35}$$

其中，δq 为该系统在该过程中吸入的热量。这里，我们代入比焓 h 的定义后可得

$$\delta q = \mathrm{d}h - \frac{1}{\rho}\mathrm{d}p \tag{3.36}$$

假设在这一过程中，流体微团始终保持热力学平衡状态，那么对于理想气体，$\mathrm{d}h = C_p \mathrm{d}T$，$p = \rho RT$，其中 C_p 为定压比热，与气体常数 R 的关系为

$$C_p = \frac{k}{k-1}R \tag{3.37}$$

其中，k 为比热比，定义为

$$k = \frac{C_p}{C_v} \tag{3.38}$$

对于绝热过程，有

$$\delta q = 0 \tag{3.39}$$

将式（3.39）代入式（3.36）可得

$$\frac{k}{k-1}\frac{\mathrm{d}T}{T} = \frac{\mathrm{d}p}{p} \tag{3.40}$$

整理后得

$$\frac{p}{T^{\frac{k}{k-1}}} = \mathrm{const} \tag{3.41}$$

代入理想气体状态方程后，还可以得到

$$\frac{\rho}{T^{\frac{1}{k-1}}} = \mathrm{const} \tag{3.42}$$

$$\frac{p}{\rho^k} = \mathrm{const} \tag{3.43}$$

式（3.41）～式（3.43）称为绝热关系式。套用克劳修斯熵的定义，单位质量封闭系统在**可逆过程**中的熵增 $\mathrm{d}s$ 可以表示为

$$\mathrm{d}s = \frac{\delta q}{T} \tag{3.44}$$

因此，绝热可逆过程意味着

$$\mathrm{d}s = 0 \tag{3.45}$$

实际上，上述推导中是以单一组分气体作为流动介质的，因此没有涉及流体微团之间由于组分浓度产生的质量扩散，并且忽略了流体内部的化学反应、热辐射等过程。此时，绝热、无黏且热力学平衡的流动过程与等熵过程是等价的。换句话说，式（3.41）～式（3.43）只有在等熵条件下才是成立的，因此，式（3.41）～式（3.43）也称为等熵关系式。

下面，我们来运用得到的等熵关系式建立等熵流动中同一个流体微团在 1、2 两个不同状态下流动参数之间的关系。首先，我们来推导等熵流动条件下声速的代数表达式。将式（3.43）代入式（3.23）有

$$a = \sqrt{kRT} \tag{3.46}$$

即对于理想气体等熵流动，声速只与当地的比热比、气体常数和温度有关。有了声速的代数表达式，我们就可以利用马赫数 Ma 对等熵流动做进一步的分析。

接下来，将式（3.12）应用于同一等熵过程中的 1、2 两个状态，有

$$h_1 + \frac{1}{2}u_1^2 = h_2 + \frac{1}{2}u_2^2 \tag{3.47}$$

对于定压比热 C_p 为定值的流体，有

$$C_p T_1 + \frac{1}{2}kRT_1 Ma_1^2 = C_p T_2 + \frac{1}{2}kRT_2 Ma_2^2 \tag{3.48}$$

整理后可得

$$\frac{T_1}{T_2} = \frac{1 + \frac{k-1}{2}Ma_2^2}{1 + \frac{k-1}{2}Ma_1^2} \tag{3.49}$$

代入等熵关系式后可以得到

$$\frac{p_1}{p_2} = \left(\frac{1 + \frac{k-1}{2}Ma_2^2}{1 + \frac{k-1}{2}Ma_1^2} \right)^{\frac{k}{k-1}} \tag{3.50}$$

$$\frac{\rho_1}{\rho_2} = \left(\frac{1 + \frac{k-1}{2}Ma_2^2}{1 + \frac{k-1}{2}Ma_1^2} \right)^{\frac{1}{k-1}} \tag{3.51}$$

将式（3.49）代入式（3.46）可得

$$\frac{a_1}{a_2} = \left(\frac{1 + \frac{k-1}{2}Ma_2^2}{1 + \frac{k-1}{2}Ma_1^2} \right)^{\frac{1}{2}} \tag{3.52}$$

式（3.49）～式（3.52）描述了等熵流动过程中两个不同状态之间的流动参数关系。

将式（3.46）与式（3.30）和式（3.32）结合，可以得到

$$\frac{(1 - Ma^2)}{Ma^2}\frac{\mathrm{d}T}{T} = (k-1)\frac{\mathrm{d}A}{A} \tag{3.53}$$

同理，我们可以得到马赫数随流动面积的变化：

$$(Ma^2 - 1)\frac{\mathrm{d}Ma}{Ma} = \left(1 + \frac{k-1}{2}Ma^2\right)\frac{\mathrm{d}A}{A} \tag{3.54}$$

根据比热比 k 的定义，恒有 $k > 1$，因此，对于亚声速流动，随着流动面积增大，温度升高，马赫数减小；对于超声速流动，随着流动面积增大，温度降低，马赫数增大。显然，对于收缩喷管，管内的流动速度和马赫数沿流动方向逐渐增大，但是马赫数最大只能到 1。

3.3.3 滞止状态、最大速度状态与临界状态

在我们开启 3.3.4 小节之前，首先需要了解准一维等熵喷管流动中常见的几个概念：**滞止状态，最大速度状态，临界状态**。

1. 滞止状态

滞止状态指的是流体微团通过某一等熵过程达到的速度为 0 的状态。所谓的等熵过程，既可以是实际存在的等熵过程，也可以是假想的等熵过程。换句话说，只要在这一过程中满足等熵关系式即可。假设流场中任意流体微团当前的流动参数为ρ、p、T、a，滞止状态下的流动参数为滞止密度ρ_0，滞止压强（总压）p_0，滞止温度（总温）T_0与滞止声速a_0，则根据等熵流动关系式，有

$$\frac{T_0}{T}=1+\frac{k-1}{2}Ma^2 \tag{3.55}$$

$$\frac{a_0}{a}=\left(1+\frac{k-1}{2}Ma^2\right)^{\frac{1}{2}} \tag{3.56}$$

$$\frac{p_0}{p}=\left(1+\frac{k-1}{2}Ma^2\right)^{\frac{k}{k-1}} \tag{3.57}$$

$$\frac{\rho_0}{\rho}=\left(1+\frac{k-1}{2}Ma^2\right)^{\frac{1}{k-1}} \tag{3.58}$$

此外，我们可以引入一个新的物理量：总焓h_0，定义为流体微团通过等熵过程达到滞止状态时的焓。根据一维等熵流动能量方程，有

$$h_0=h+\frac{1}{2}u^2 \tag{3.59}$$

2. 最大速度状态

最大速度状态指的是流体微团通过等熵过程所能达到的速度最大的状态，即流体微团的焓全部转化为动能。此时，最大速度u_{max}为

$$\frac{1}{2}u_{max}^2=h+\frac{1}{2}u^2 \tag{3.60}$$

实际上，最大速度状态也是不可能达到的，因为物体的温度永远不可能为 0，即物体的内能不可能完全转化为动能。因此，最大速度状态只是一个理论上的极限值，其主要用于衡量流体微团动能的大小。

3. 临界状态

临界状态以收缩喷管准一维等熵流动为例，随着截面面积A减小，流动速度u增大，流体微团的温度T必然减小，当地声速a也相应减小，流动马赫数Ma增大。当Ma增大到 1 时，当地速度与当地声速相等，即$u=a$。此时的流动状态称为临界状态，对应的截面称为流动截面，对应的流动参数称为临界参数，一般记为ρ^*、p^*、T^*、a^*、u^*。

3.3.4　马赫数与气体可压缩性

如前所述，马赫数是衡量气体可压缩性的关键参数。但是，之前的章节里并没有对这一点做出定量说明。现在，我们有了等熵关系式这一强有力的工具。对于等熵流动，将式（3.46）代入式（3.24）中，可以得到

$$\beta=\frac{1}{\rho\cdot kRT}=\frac{1}{kp} \tag{3.61}$$

结合式（3.57）可以得到

$$\beta=\frac{\left(1+\frac{k-1}{2}Ma^2\right)^{\frac{k}{k-1}}}{kp_0} \tag{3.62}$$

由于等熵流动中 p_0 不变，因此可压缩性 β 只与马赫数 Ma 有关，且马赫数越大、气体可压缩性越强。因此，马赫数可以作为流动气体可压缩性的划分依据。将 β 随 Ma 的变化用曲线表示出来，如图 3.6 所示。从图 3.6 中可以看出，当马赫数较小时，流体可压缩性变化较小，此时可以近似认为流体是不可压的。马赫数越大，可压缩性随马赫数的增长趋势越明显。根据这一规律，人们按照马赫数对气体流动进行了划分。

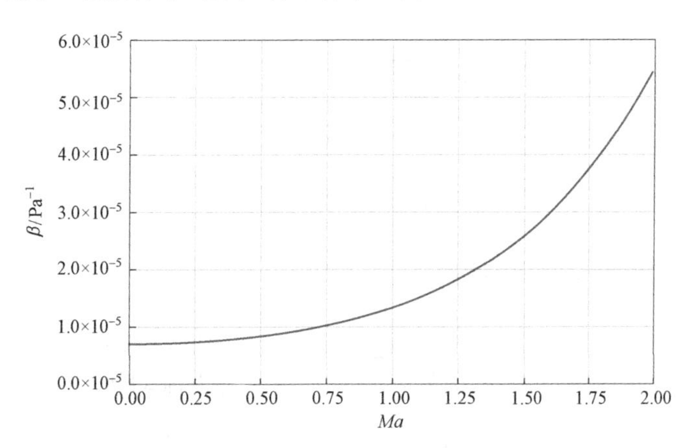

图 3.6　可压缩性随马赫数变化

（1）不可压流动：$Ma\leqslant0.3$。

（2）可压缩亚声速流动：$0.3<Ma\leqslant0.75$。

（3）跨声速流动：$0.75<Ma\leqslant1.2$。

（4）超声速流动：$1.2<Ma\leqslant5.0$。

（5）高超声速流动：$Ma>5.0$。

3.4　拉瓦尔喷管内燃气流动特性

根据前面的分析，我们建立了准一维等熵流动的流动参数关系式，对喷管内燃气流动规律进行了定性与定量分析。接下来，我们将目前得到的结果应用到实际的火箭发动机喷管内

流动中。

3.4.1 拉瓦尔喷管的定义

对于以燃气作为推进工质的火箭发动机而言，其燃气产生于燃烧室内推进剂的燃烧。因此，燃烧室内的燃气具有高温、高压特性。同时，由于燃烧室较为封闭，因此燃气的流动速度较低，即此时的燃气处于亚声速状态。为了对燃烧室产生的燃气进行加速，显然，我们需要让燃气沿收缩喷管流出。然而，根据前面的分析，收缩喷管只能将燃气加速到 $Ma=1$。为了获得更大的推力，我们需要将燃气加速到超声速状态。直觉告诉我们，在收缩喷管后面紧接一个扩张喷管可能是这个问题的解决方案。事实证明，这是一个成本低廉而又十分有效的方法。实际上，这正是瑞典工程师拉瓦尔（Laval）提出的**拉瓦尔喷管**，如图 3.7 所示。其中，拉瓦尔喷管收缩段与扩张段之间的过渡区域称为喷管的**喉部**（throat）。

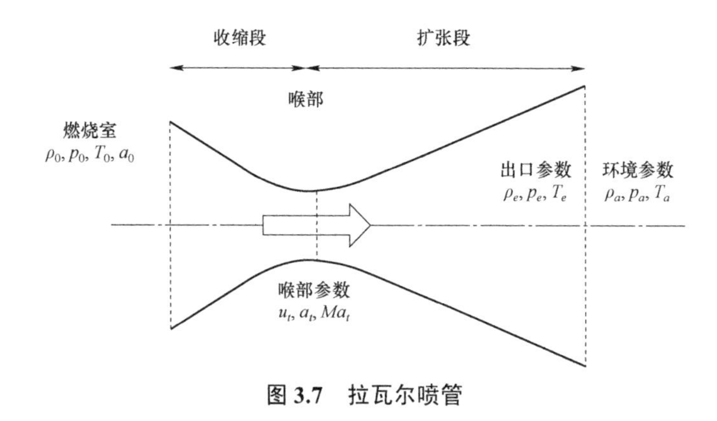

图 3.7 拉瓦尔喷管

3.4.2 拉瓦尔喷管内流动状态

那么，是不是有拉瓦尔喷管之后，就能获得我们想要的最大推力了呢？答案是否定的。喷管推力的大小与喷管内燃气的流动状态有关，而喷管内流动状态除了由喷管本身的形状（型面）决定以外，还要受到燃烧室内燃气总压 p_0 和喷管外环境压强 p_a 之间比值 $\frac{p_0}{p_a}$ 的影响。

为了便于分析，我们假设燃气在燃室内处于滞止状态，并认为喷管喉部只是一个流动截面，同时除激波外喷管内所有流动都是准一维定常等熵的。我们通过不断减小 p_a 来改变 p_0 与 p_a 之间的相对大小，可以将喷管内的流动分为不同的状态。

（1）$\frac{p_0}{p_a}=1$。显然，此时喷管内无流动。

（2）$1<\frac{p_0}{p_a}<\left(\frac{p_0}{p_a}\right)_1$。此时，环境压强略小于燃烧室总压，喷管内的流动为亚声速流动，喷管出口内外两侧压强相等，即 $p_e=p_a$。

（3）$\frac{p_0}{p_a}=\left(\frac{p_0}{p_a}\right)_1$。此时，喷管喉部 $u_t=a_t$，$Ma_t=1$，喷管喉部达到临界状态，燃气流过

喷管喉部后仍然保持亚声速流动并在扩张段减速，且 $p_e = p_a$。此后，随着 $\frac{p_0}{p_a}$ 逐渐增大，喉部将始终保持 $Ma_t = 1$。

（4）$\left(\frac{p_0}{p_a}\right)_1 < \frac{p_0}{p_a} < \left(\frac{p_0}{p_a}\right)_2$。此时，喷管喉部下游出现了一部分超声速区域。然而，此时喷管外部环境压强相对于喷管总压还不够小，因此在扩张段膨胀加速的燃气受到阻挡后产生正激波（这里直接使用激波的概念，在后面的 3.5 节会详细讲解），越过正激波后流动重新变为亚声速并在扩张段剩余部分减速。激波前的流动与激波后的流动都是各自等熵的，但是穿过激波的过程并不等熵。随着 $\frac{p_0}{p_a}$ 增大，激波逐渐被推向喷管下游。

（5）$\frac{p_0}{p_a} = \left(\frac{p_0}{p_a}\right)_2$。此时，喷管内的正激波刚好被推到喷管出口位置，喷管出口外侧压强高于内侧压强，即 $p_e < p_a$。

（6）$\left(\frac{p_0}{p_a}\right)_2 < \frac{p_0}{p_a} < \left(\frac{p_0}{p_a}\right)_3$。此时，喷管出口处的正激波弱化为斜激波，并且随着 $\frac{p_0}{p_a}$ 增大，激波逐渐减弱。

（7）$\frac{p_0}{p_a} = \left(\frac{p_0}{p_a}\right)_3$。此时，喷管内的激波被完全推出喷管，整个喷管内部恢复了等熵流动状态。在这一状态下，喷管的推力达到理论最大值，称为喷管的**设计状态**。喷管出口内外两侧压力相等，即 $p_e = p_a$。此后，p_e 不再随 p_a 减小而减小。

（8）$\frac{p_0}{p_a} > \left(\frac{p_0}{p_a}\right)_3$。此时，燃气在喷管内未充分膨胀，在喷管出口附近形成了扇形的膨胀波，使得 $p_e > p_a$。

实际上，拉瓦尔喷管内的燃气流动状态不仅仅会影响喷管推力，还会影响燃气喷出喷管后形成的射流。后面在介绍燃气射流流动特性时会详细介绍。

3.4.3 拉瓦尔喷管性能参数与面积比公式

火箭发动机采用拉瓦尔喷管的目的是获取最大推力，而推力又取决于喷管流量以及喷管出口流动速度。我们将喷管流量与出口速度称为喷管的性能参数。下面我们来分析一下二者与哪些因素有关。假设拉瓦尔喷管内没有激波存在，即喷管内流动可以认为是等熵流动。假设对于某一拉瓦尔喷管，我们只知道喷管燃烧室内的滞止参数与喷管出口参数。根据喷管出口参数，喷管喷出燃气的流量可以表示为

$$\dot{m} = \rho_e u_e A_e \tag{3.63}$$

根据等熵流动关系式（3.43），有

$$\rho_e = \rho_0 \left(\frac{p_e}{p_0} \right)^{\frac{1}{k}} \tag{3.64}$$

由能量方程（3.59）可得

$$u_e = \sqrt{2C_p T_0 \left(1 - \frac{T_e}{T_0} \right)} \tag{3.65}$$

考虑到

$$C_p = \frac{k}{k-1} R \tag{3.66}$$

$$\frac{T_e}{T_0} = \left(\frac{p_e}{p_0} \right)^{\frac{k-1}{k}} \tag{3.67}$$

则

$$u_e = \sqrt{\frac{2k}{k-1} R T_0 \left(1 - \left(\frac{p_e}{p_0} \right)^{\frac{k-1}{k}} \right)} \tag{3.68}$$

将式（3.64）与式（3.68）代入式（3.63）并整理后得

$$\dot{m} = \sqrt{\frac{2k}{k-1}} \cdot \frac{p_0 A_e}{\sqrt{RT_0}} \cdot \sqrt{\left(\frac{p_e}{p_0} \right)^{\frac{2}{k}} - \left(\frac{p_e}{p_0} \right)^{\frac{k+1}{k}}} \tag{3.69}$$

显然，喷管的性能参数取决于燃烧室内总温、总压以及喷管出口压强。由于喷管出口压强受外部环境影响较大，因此，同样的火箭发动机在不同的飞行环境下的性能是不同的。一个很直观的感受是，假设燃烧室内参数不变，随着环境压强逐渐减小，出口速度与喷管流量会逐渐增大，发动机的推力也逐渐增大。然而，现实又告诉我们喷管的理论推力不可能是无限大的。也就是说，无论是 u_e 还是 $\dot{m}$，都有一个上限。实际上，喷管内燃气流动还要受到喷管自身型面的限制。

假设喷管内的流动是等熵的，那么喷管内的各个截面处都对应着同一个临界状态。显然，当 $\frac{p_0}{p_a} > \left(\frac{p_0}{p_a} \right)_1$ 时，喷管的喉部达到了临界状态，此时对应的流动面积 $A^* = A_t$。而当 $\frac{p_0}{p_a} < \left(\frac{p_0}{p_a} \right)_1$ 时，喉部尚未达到临界状态，但我们依然可以通过假想的等熵过程达到临界状态，此时 $A^* < A_t$，即达到临界状态所需要的流动面积小于此时喉部的面积。

那么，临界状态对喷管的性能有什么限制呢？为了回答这个问题，我们先来构建喷管内任意一个截面处流动参数与临界参数之间的关系。显然，根据式（3.49）～式（3.52），代入 $Ma^* = 1$ 可得

$$\frac{T}{T^*}=\frac{\dfrac{k+1}{2}}{1+\dfrac{k-1}{2}Ma^2} \tag{3.70}$$

$$\frac{p}{p^*}=\left(\frac{\dfrac{k+1}{2}}{1+\dfrac{k-1}{2}Ma^2}\right)^{\frac{k}{k-1}} \tag{3.71}$$

$$\frac{\rho}{\rho^*}=\left(\frac{\dfrac{k+1}{2}}{1+\dfrac{k-1}{2}Ma^2}\right)^{\frac{1}{k-1}} \tag{3.72}$$

$$\frac{a}{a^*}=\left(\frac{\dfrac{k+1}{2}}{1+\dfrac{k-1}{2}Ma^2}\right)^{\frac{1}{2}} \tag{3.73}$$

然而，我们并不知道 Ma 的大小。为此，我们需要建立 Ma 与喷管截面面积之间的关系。根据质量守恒定律，有

$$\rho uA=\rho^* u^* A^* \tag{3.74}$$

考虑到 $u^*=a^*$，式（3.74）可以变形为

$$\frac{A}{A^*}=\frac{\rho^*}{\rho}\cdot\frac{a^*}{a}\cdot\frac{a}{u} \tag{3.75}$$

代入等熵关系式并考虑马赫数的定义后得到

$$\frac{A}{A^*}=\frac{1}{Ma}\left(\frac{2}{k+1}\right)^{\frac{k+1}{2(k-1)}}\left(1+\frac{k-1}{2}Ma^2\right)^{\frac{k+1}{2(k-1)}} \tag{3.76}$$

式（3.76）称为准一维等熵喷管**面积比公式**。面积比公式说明，已知临界面积的情况下，喷管内的马赫数由当地的流动面积决定，而由马赫数我们可以直接得到当地的其他流动参数。也就是说，此时喷管内的流动参数完全取决于喷管截面面积。显然，当环境压强 p_a 足够小使得 $\dfrac{p_0}{p_a}\geqslant\left(\dfrac{p_0}{p_a}\right)_3$ 时，喷管喉部达到设计状态且喷管内部为等熵流动，此时 $A^*=A_t$，继续减小环境压强不会再对喷管内的流动状态产生影响，即 p_e 并不会随着 p_a 减小而趋近于 0。此时出口速度达到该喷管设计状态下的最大值，我们可以根据面积比先计算出喷管出口的马赫数 Ma_e，然后通过等熵关系式计算 $\dfrac{p_e}{p_0}$，代入式（3.68）即可得到该最大值。

与出口速度相同，喷管的流量也是有上限的。我们将流量用临界参数表示为

$$\dot{m}=\rho^* u^* A^* \tag{3.77}$$

利用滞止参数将其改写为

$$\dot{m}=\frac{\rho^*}{\rho_0}\cdot\rho_0\cdot\frac{a^*}{a_0}\cdot a_0\cdot A^* \tag{3.78}$$

代入临界参数与滞止参数之间的关系后得

$$\dot{m}=\frac{\rho_0 a_0 A^*}{\left(\frac{k+1}{2}\right)^{\frac{k+1}{2(k-1)}}} \tag{3.79}$$

代入理想气体状态方程与等熵过程中声速的表达式得到

$$\dot{m}=\sqrt{k}\left(\frac{2}{k+1}\right)^{\frac{k+1}{2(k-1)}}\frac{p_0 A^*}{\sqrt{RT_0}} \tag{3.80}$$

式（3.80）称为喷管**设计流量公式**。根据之前的分析我们知道，随着外界压强减小，流动的临界面积逐渐增大并趋向于喉部面积。在这一过程中，喷管的流量逐渐增大。然而，当临界面积增大到与喉部面积相等，即喉部达到临界状态以后，由于喉部面积本身的限制，临界面积无法继续增大。也就是说，当燃烧室参数不变时，只要喉部达到了临界状态，喷管的流量就达到了当前设计的最大值。这一现象称为喷管的**壅塞**。

一般而言，在设计状态下$\left(\frac{p_0}{p_a}=\left(\frac{p_0}{p_a}\right)_3\right)$，喷管出口速度与流量都达到了当前设计下的最大值。

目前为止，我们得到了对于某个确定的发动机设计方案下，出口速度与喷管流量的最大值。最后，再来思考一个问题：我们是否可以通过改进设计方案获得无限大的出口速度或喷管流量？显然，在数学上，增大火箭发动机燃烧室的总压p_0是一个很直接的方法。然而，实际上，改变p_0的成本是相当高的，过高的p_0会对燃烧稳定性、发动机重量等产生不利影响。因此，我们把注意力集中在改变喷管型面上。假设燃烧室内的参数不变，根据式（3.68），出口速度u_e随着出口压强减小而单调递增。数学上，我们可以令$p_e=0$，此时出口速度达到最大值：

$$u_e=\sqrt{\frac{2k}{k-1}RT_0} \tag{3.81}$$

式（3.81）称为**最大设计速度**。然而，要达到这一速度，需要让喷管出口趋向无穷大，这显然是不现实的。对于喷管流量，理论上只需要增大喉部面积就可以增大流量。然而，为了保持喉部处于临界状态，增大喉部面积必然会增大整个喷管的体积。因此，实际工程设计中，喷管的出口速度与流量受到喷管体积与重量的制约。

3.4.4 拉瓦尔喷管的正问题与反问题

目前为止，我们介绍了拉瓦尔喷管内燃气的流动规律，并建立了喷管内任意截面流动参数与燃烧室总温、总压等参数之间的关系。那么，掌握这些关系对于我们解决工程问题有什么帮助呢？

拉瓦尔喷管设计的正问题，即已知火箭发动机燃烧室内的参数以及拉瓦尔喷管的型面，求在**设计状态**下拉瓦尔喷管燃气流量、出口速度，乃至整个喷管内的燃气流动参数分布。换句话说，正问题就是我们在已经知道火箭发动机的具体设计参数的情况下，通过计算预估其理想状态下的性能指标。正问题通常用于对发动机设计指标（如推力）进行初步验证。对于喷管流量，在已知其燃烧室总温、总压的情况下，可以直接通过式（3.80）计算得出。出口速度需要根据式（3.68）计算，显然，式中涉及压强比 p_e / p_0。因此首先需要通过喷管出口与喉部截面面积比 A_e / A^*，计算出喷管出口的马赫数 Ma_e，然后根据等熵流动关系式（3.57）求出 p_e / p_0 并代入式（3.68），进而求得出口速度 u_e。拉瓦尔喷管正问题求解流程如图 3.8 所示。

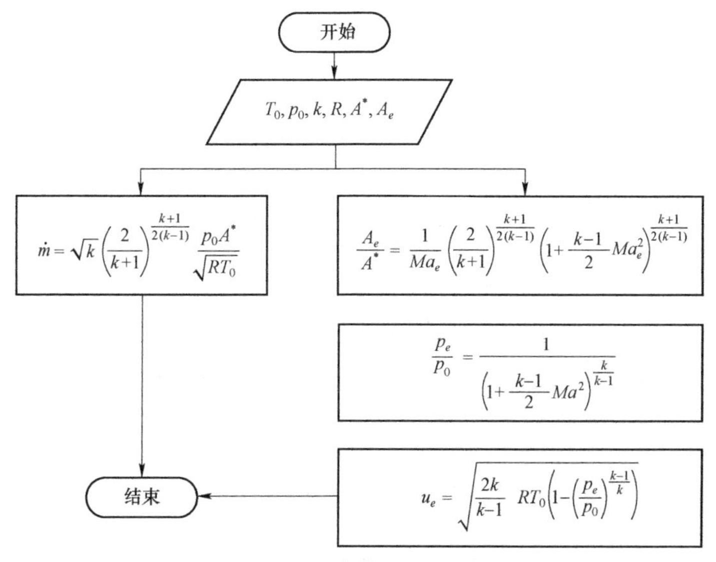

图 3.8　拉瓦尔喷管正问题求解流程

拉瓦尔喷管正问题求解首先需要获取火箭发动机燃烧室内的各种参数，包括总温 T_0、总压 p_0 等。这些参数一般通过试验测量直接获取，或者根据推进剂燃烧的热力学平衡计算得出。推进剂燃烧的热力学平衡控制方程包括质量守恒方程、能量守恒方程（热力学第一定律）以及化学平衡方程（热力学第二定律）。选定 T_0、p_0 后，建立由质量守恒方程和化学平衡方程构成的非线性方程组，选取合适的数值求解方法，如线性化、牛顿迭代、同伦算法等对非线性方程组进行求解，得出满足当前总温、总压下，质量守恒与化学反应平衡的燃烧产物质量分数。根据该质量分数，计算此时能量守恒方程的残差，并以此修正 T_0、p_0，直至满足全部控制方程。具体的求解过程可以参考火箭发动机相关书籍，此处不做详细介绍。计算得出的 T_0、p_0 即可作为拉瓦尔喷管正问题的输入条件，并且可以通过相应的燃气组分计算燃气混合物的比热比 k 以及气体常数 R。这样，结合喷管的具体型面参数，就可以顺利完成正问题求解。

与正问题不同，拉瓦尔喷管的反问题是通过已知的燃气流量 $\dot{m}$ 与出口速度 u_e，反推出发动机燃烧室参数甚至喷管的型面特征尺寸。反问题同样具有非常高的工程实用价值。例如，给定发动机的推力设计指标，如何对燃烧室内的总温、总压设计值做出合理的初步预估？在发动机燃烧室性能不便获取的情况下，如何根据燃气流量与喷管出口流速等参数，反推出燃烧室内的大致参数？这些都是工程中经常遇到的实际问题。反问题求解中涉及的方程与正问题基本一致，区别仅在于方程中的已知量与未知量不同，因此不再赘述。

3.5 膨胀波、压缩波与激波

3.5.1 微弱扰动与马赫锥

如前所述，当外界压强与燃烧室总压满足一定条件时，在喷管扩张段会产生激波。实际上，超声速燃气从喷管喷出形成射流后，在射流内部同样存在着交替出现的激波与膨胀波。那么，究竟什么是激波？什么是膨胀波？它们因何而产生，又具有哪些特性呢？

首先，我们来认识一下马赫波。所谓马赫波，指的就是我们之前在定义声速时所说的扰动源产生的微小扰动。因此马赫波的传播速度即声速。当扰动源静止（$u=0$）时，马赫波的波阵面为一个个同心球，如图 3.9（a）所示。当扰动源相对于周围介质以亚声速（$u<a$）运动时，根据多普勒效应，波阵面不再同心，每个球形波阵面的球心为该马赫波产生时扰动源的位置，如图 3.9（b）所示。当扰动源继续加速达到声速，即$u=a$，如图 3.9（c）所示，此时所有波阵面在前缘点（扰动源当前位置）处相切，并且所有的微弱扰动波都无法向前超过前缘点。也就是说，此时扰动源相对于周围介质的运动速度与微弱扰动在介质中的传播速度一致，前缘相切点所在的与扰动源运动方向垂直的平面将扰动隔绝在了空间中的一侧。而当扰动源继续加速到超声速状态（$u>a$），如图 3.9（d）所示，此时扰动源的运动速度超过了微弱扰动的传播速度，使得多个球形波阵面包络形成一个锥面（扰动源位于锥顶），锥面内的任何微弱扰动都无法穿过锥面向外传播。这一锥面称为**马赫锥**。该锥面的半锥角μ称为**马赫角**。在可压缩流动中，马赫角是一个重要的概念。从图 3.9（d）中的几何关系可以得出

$$\sin\mu=\frac{at}{ut} \tag{3.82}$$

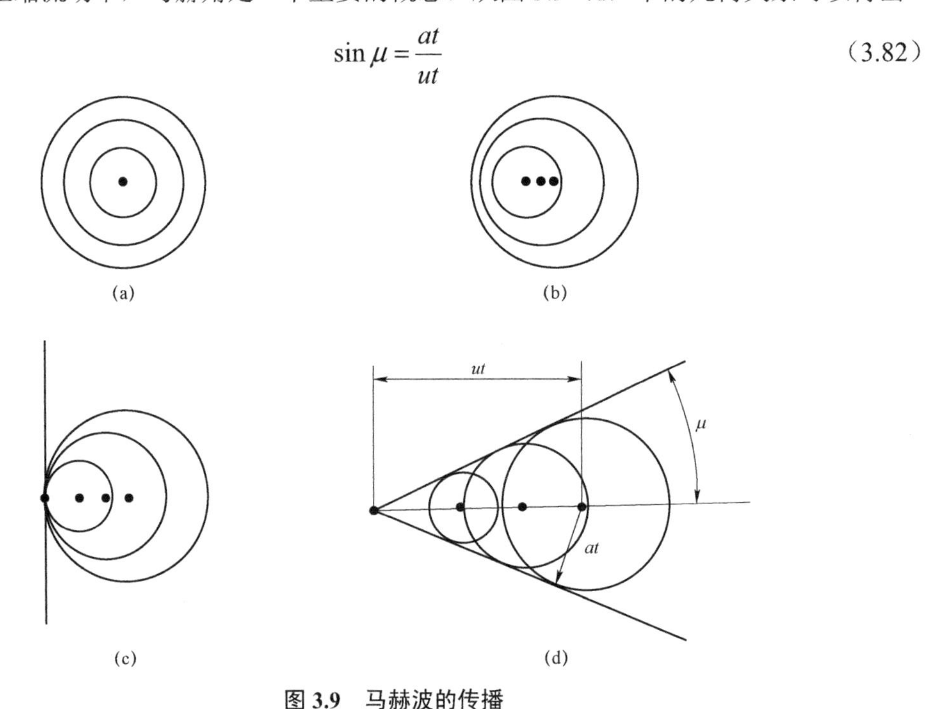

图 3.9 马赫波的传播

（a）$u=0$；（b）$u<a$；（c）$u=a$；（d）$u>a$

代入马赫数 Ma 的定义后得

$$\sin\mu = \frac{1}{Ma} \tag{3.83}$$

或

$$Ma = \arcsin\frac{1}{\mu} \tag{3.84}$$

那么，什么样的微小扰动可以在超声速流动中产生马赫锥呢？比较典型的例子是二维流动中的微小偏转。如图 3.10 所示，超声速来流沿壁面流动并随壁面产生了微小偏转，偏转的角度为微分量 $\mathrm{d}\theta$。对于凸转角，$\mathrm{d}\theta < 0$，形成的马赫波为**弱膨胀波**；对于凹转角，$\mathrm{d}\theta > 0$，形成的马赫波为**弱压缩波**。显然，对于二维问题，马赫锥退化为一道与来流方向存在一定夹角的平面马赫波，夹角大小为马赫角 μ。选取图 3.10（a）所示的横跨马赫波的控制体，其中控制体的厚度趋近于 0。由于控制体内的气流在马赫波切向方向上受力平衡，根据动量守恒，马赫波前后切向速度分量不变，即

$$u\cos\mu = (u+\mathrm{d}u)\cos(\mu - \mathrm{d}\theta) \tag{3.85}$$

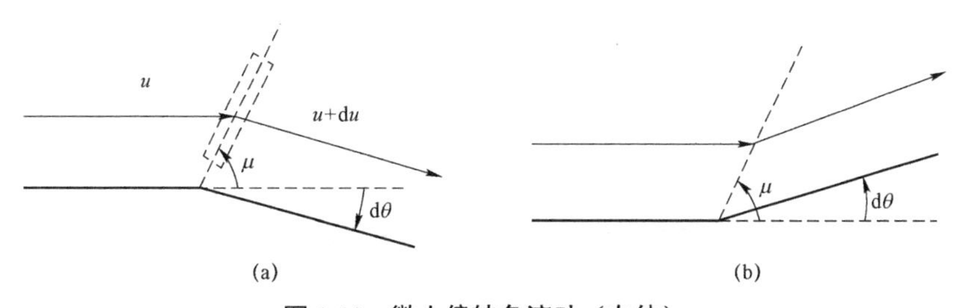

图 3.10　微小偏转角流动（左伸）

（a）凸转角；（b）凹转角

整理后得

$$\frac{u+\mathrm{d}u}{u} = \frac{1}{\cos\mathrm{d}\theta + \tan\mu\sin\mathrm{d}\theta} \tag{3.86}$$

考虑到 $\mathrm{d}\theta \ll 1$，有 $\cos\mathrm{d}\theta \approx 1$，$\sin\mathrm{d}\theta \approx \mathrm{d}\theta$，则有

$$\frac{u+\mathrm{d}u}{u} = \frac{1}{1+\mathrm{d}\theta\tan\mu} \tag{3.87}$$

整理并忽略二阶小量后得到

$$\mathrm{d}\theta = -\frac{\mathrm{d}u}{u}\cdot\frac{1}{\tan\mu} \tag{3.88}$$

由式（3.83）得

$$\tan\mu = \frac{1}{\sqrt{Ma^2-1}} \tag{3.89}$$

代入式（3.88）后得

$$\mathrm{d}\theta = -\frac{\mathrm{d}u}{u}\cdot\sqrt{Ma^2-1} \tag{3.90}$$

式（3.90）即为左伸马赫波对应的来流马赫数与流动偏转角之间的关系。所谓左伸，指

的是马赫波伸展方向是相对于来流偏向左的。对于右伸马赫波，式（3.90）变为

$$d\theta = \frac{du}{u} \cdot \sqrt{Ma^2 - 1} \tag{3.91}$$

具体推导过程留给读者自行练习。显然，式（3.90）与式（3.91）成立的前提是 $Ma > 1$，即形成马赫波的来流必须是超声速的。

3.5.2 普朗特－迈耶尔流动

实际工程中，我们面对的都是有限偏转角的流动问题，其中涉及的流动主要为普朗特－迈耶尔流动（Prandtl-Meyer flow）。所谓普朗特－迈耶尔流动，即平面、定常、**超声速**气流沿光滑凸（或凹）壁面偏转的等熵流动，如图 3.11 所示。超声速气流流过连续偏转的壁面并且始终保持流动方向与壁面平行，显然，对于凸壁面，在偏转的过程中流动面积增大，超声速气流经过膨胀波后逐渐膨胀加速；对于凹壁面，在偏转过程中流动面积减小，超声速气流经过压缩波后逐渐压缩减速。

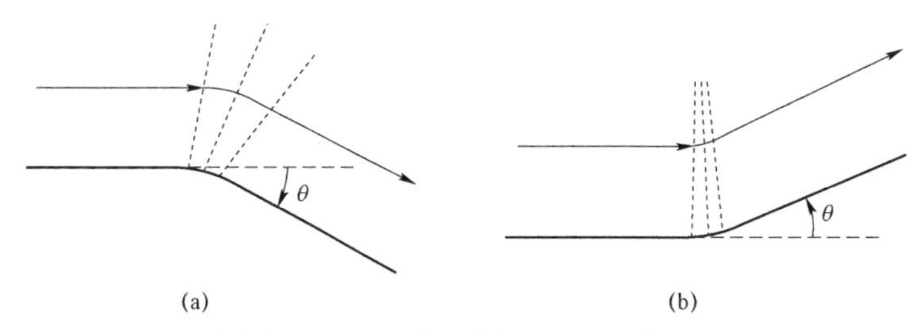

图 3.11　凸、凹壁面普朗特－迈耶尔流动

（a）凸壁面；（b）凹壁面

对于扇形膨胀波，具有有限转角的流动偏转可以看作是经过无数个微小偏转的逐步累积。也就是说，图 3.11（a）中的流动偏转与图 3.12（a）是等效的，在气流的拐点处形成了扇形膨胀波，整个流动过程仍然可以视作等熵流动。因此，我们只需要知道扇形膨胀波后的马赫数，就可以通过等熵关系式得到偏转前与偏转后流动参数之间的关系。根据马赫数 Ma 的定义，可以得到

$$\frac{du}{u} = \frac{dMa}{Ma} + \frac{da}{a} \tag{3.92}$$

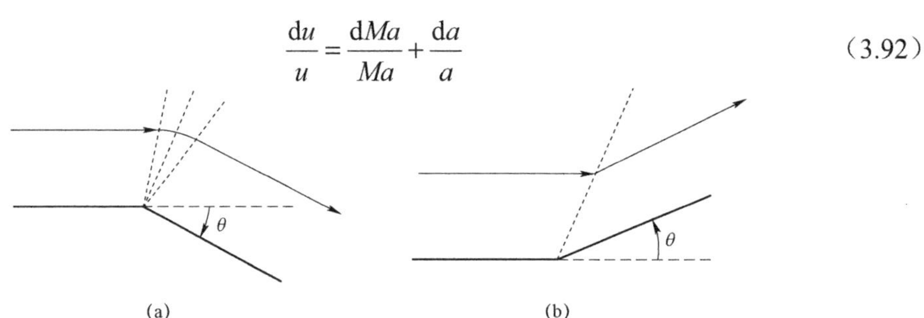

图 3.12　扇形膨胀波与强压缩波的产生

（a）凸转角；（b）凹转角

根据等熵关系式，有

$$\frac{a}{a_0} = \left(1 + \frac{k-1}{2} Ma^2\right)^{-\frac{1}{2}} \tag{3.93}$$

微分后得

$$\frac{\mathrm{d}a}{a}=-\frac{k-1}{2}Ma\left(1+\frac{k-1}{2}Ma^2\right)^{-1}\mathrm{d}Ma \tag{3.94}$$

将式（3.94）代入式（3.92）得

$$\frac{\mathrm{d}u}{u}=\frac{1}{Ma\left(1+\frac{k-1}{2}Ma^2\right)}\mathrm{d}Ma \tag{3.95}$$

将式（3.95）代入式（3.90）可得

$$\mathrm{d}\theta=-\frac{\sqrt{Ma^2-1}}{Ma\left(1+\frac{k-1}{2}Ma^2\right)}\mathrm{d}Ma \tag{3.96}$$

对式（3.96）积分可得

$$-\theta=\sqrt{\frac{k+1}{k-1}}\arctan\sqrt{\frac{k-1}{k+1}}\cdot\sqrt{Ma^2-1}-\arctan\sqrt{Ma^2-1}+C \tag{3.97}$$

其中，C 为积分常数。定义普朗特–迈耶尔函数为

$$P(Ma)=\sqrt{\frac{k+1}{k-1}}\arctan\sqrt{\frac{k-1}{k+1}}\cdot\sqrt{Ma^2-1}-\arctan\sqrt{Ma^2-1} \tag{3.98}$$

则有

$$P(Ma)+\theta=C \tag{3.99}$$

假设来流马赫数为 Ma_1，初始（initial）偏转角 $\theta_1=0$，则

$$C=P(Ma_1) \tag{3.100}$$

即

$$P(Ma)+\theta=P(Ma_1) \tag{3.101}$$

式（3.101）适用于左伸膨胀波，对于右伸膨胀波，有

$$P(Ma)-\theta=P(Ma_1) \tag{3.102}$$

由式（3.101）与式（3.102）可知，对于普朗特–迈耶尔流动，在已知来流马赫数与偏转角度的前提下，偏转后的马赫数是确定的，进而可以获得偏转前后流场参数之间的关系。

对于凹偏转，如果整个压缩过程是等熵的，仍可按照上述分析过程得到相似的结论。然而，实际情况下，无数个弱压缩波会汇聚成一道强压缩波［图 3.12（b）］，使得气流流过压缩波的过程不再是热力学平衡过程。换句话说，强压缩波对应的是非等熵流动。此时，上述分析不再适用，我们需要对强压缩波单独进行分析。

3.5.3　正激波

多个弱压缩波汇聚在一起形成的强压缩波称为**激波**。当**超声速气流**受到壁面阻挡产生有限角度的偏转时就会产生激波。气流越过激波后，密度、速度、压强、温度等流动参数会产生**阶跃**，而激波本身的厚度仅为分子平均自由程的数倍。因此，气流流过激波的过程是典型

热力学的非平衡态过程，所以必然是**非等熵**的。激波的存在是超声速气流的典型特征，也是燃气射流中的典型流动现象。例如，飞机与火箭尾焰中的马赫环就是由激波反射形成的。

考虑到激波前后流动参数的显著变化以及激波本身极小的厚度，我们在数学上一般将激波视为一个没有厚度的间断面。根据激波与超声速来流之间的夹角（**激波角**），又有正激波与斜激波之分。正激波的激波角 $\beta = 90^\circ$，斜激波的激波角 $\beta < 90^\circ$。一般而言，正激波要强于斜激波，即正激波波前与波后流动参数的差异更为明显。

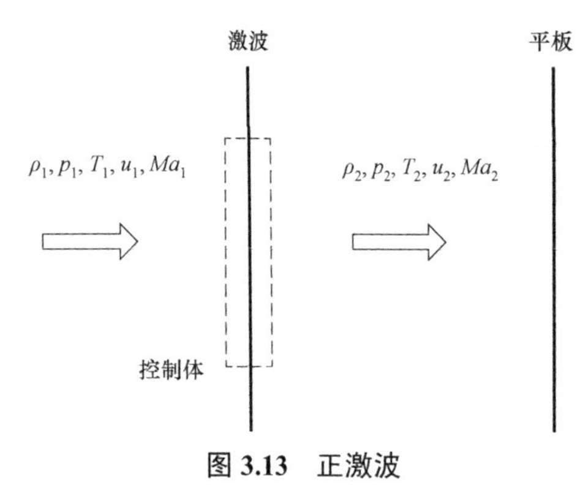

图 3.13　正激波

我们先分析正激波波前与波后流动参数之间的关系。如图 3.13 所示，超声速来流垂直冲击平板，由于平板的阻挡，在平板前会形成一道正激波。这一过程也可以看作是将图 3.12（b）中的偏转角 θ 增大到 90°。由于一般情况下，波前参数是已知的，因此实际上我们需要用波前参数得到波后参数。取图 3.13 所示的控制体，同时假设流动是无黏、绝热的，气体为理想气体，根据质量守恒定律，有

$$\rho_1 u_1 = \rho_2 u_2 \tag{3.103}$$

由动量守恒定律，有

$$\rho_2 u_2^2 - \rho_1 u_1^2 = p_1 - p_2 \tag{3.104}$$

即

$$p_1 + \rho_1 u_1^2 = p_2 + \rho_2 u_2^2 \tag{3.105}$$

而能量守恒方程为

$$h_1 + \frac{1}{2}u_1^2 = h_2 + \frac{1}{2}u_2^2 \tag{3.106}$$

代入理想气体状态方程得到

$$\frac{k}{k-1}\frac{p_1}{\rho_1} + \frac{1}{2}u_1^2 = \frac{k}{k-1}\frac{p_2}{\rho_2} + \frac{1}{2}u_2^2 \tag{3.107}$$

此外，根据状态方程本身可以得到

$$\frac{p_1}{\rho_1 T_1} = \frac{p_2}{\rho_2 T_2} \tag{3.108}$$

根据激波前后流动参数满足的基本方程，可以进一步推导二者的关系式。

1. 压强比 p_2 / p_1

将动量方程（3.105）变形为

$$\frac{p_1}{\rho_1} + u_1^2 = \frac{p_2}{p_1} \cdot \frac{p_1}{\rho_1} + \frac{\rho_2}{\rho_1} u_2^2 \tag{3.109}$$

由质量方程（3.103）可得

$$\frac{\rho_2}{\rho_1} = \frac{u_1}{u_2} \tag{3.110}$$

将式（3.110）与理想气体状态方程代入式（3.109）可得

$$RT_1 + u_1^2 = \frac{p_2}{p_1} RT_1 + u_1 u_2 \tag{3.111}$$

考虑声速 $a = \sqrt{kRT}$， $Ma = u / a$，则有

$$\frac{u_2}{u_1} = 1 - \frac{1}{kMa_1^2}\left(\frac{p_2}{p_1} - 1\right) \tag{3.112}$$

用同样的方法，我们将质量方程与能量方程联立整理后可以得到

$$1 + \frac{k-1}{2} Ma_1^2 = \frac{p_2}{p_1} \cdot \frac{u_2}{u_1} + \frac{k-1}{2} Ma_1^2 \left(\frac{u_2}{u_1}\right)^2 \tag{3.113}$$

将式（3.112）代入式（3.113）后得

$$(k+1)\left(\frac{p_2}{p_1}\right)^2 - 2(kMa_1^2 + 1)\frac{p_2}{p_1} - k - 1 - 2kMa_1^2 = 0 \tag{3.114}$$

求解后可得

$$\frac{p_2}{p_1} = \frac{kMa_1^2 + 1 \pm k(Ma_1^2 - 1)}{k+1} \tag{3.115}$$

显然，正激波前后必然有 $\frac{p_2}{p_1} > 1$，因此

$$\frac{p_2}{p_1} = \frac{2kMa_1^2}{k+1} - \frac{k-1}{k+1} \tag{3.116}$$

2. 速度比 u_2 / u_1

将式（3.116）代入式（3.112）可得

$$\frac{u_2}{u_1} = \frac{2}{(k+1)Ma_1^2} + \frac{k-1}{k+1} \tag{3.117}$$

3. 密度比 ρ_2 / ρ_1

将式（3.117）代入式（3.110）可得

$$\frac{\rho_2}{\rho_1} = \frac{(k+1)Ma_1^2}{2 + (k-1)Ma_1^2} \tag{3.118}$$

4. 温度比 T_2 / T_1

将式（3.115）与式（3.118）代入式（3.108）可得

$$\frac{T_2}{T_1} = \frac{[2kMa_1^2 - (k-1)][2 + (k-1)Ma_1^2]}{(k+1)^2 Ma_1^2} \tag{3.119}$$

5. 声速比 a_2 / a_1

由声速与温度之间的关系可得

$$\frac{a_2}{a_1}=\left(\frac{[2kMa_1^2-(k-1)][2+(k-1)Ma_1^2]}{(k+1)^2 Ma_1^2}\right)^{\frac{1}{2}} \tag{3.120}$$

6. 激波前后马赫数关系

由式（3.117）与式（3.120）可得

$$Ma_2=\left[\frac{1+\frac{1}{2}(k-1)Ma_1^2}{kMa_1^2-\frac{1}{2}(k-1)}\right]^{\frac{1}{2}} \tag{3.121}$$

当 $Ma_1=1$ 时，$Ma_2=1$，且通过求导可知 $\frac{\mathrm{d}(Ma_2^2)}{\mathrm{d}(Ma_1^2)}<0$，因此正激波前后必然有

$$Ma_2<1<Ma_1 \tag{3.122}$$

即正激波波后必然为亚声速流动。

7. 总压比 p_{02}/p_{01}

由于

$$\frac{p_{02}}{p_{01}}=\frac{p_{02}}{p_2}\cdot\frac{p_2}{p_1}\cdot\frac{p_1}{p_{01}} \tag{3.123}$$

代入波前与波后各自的等熵关系式，以及波前波后压强关系可得

$$\frac{p_{02}}{p_{01}}=\left[\left(\frac{k+1}{2}\right)^{k+1}\frac{(Ma_1^2)^k}{\left(1+\frac{k-1}{2}Ma_1^2\right)^k\left(kMa_1^2-\frac{k-1}{2}\right)}\right]^{\frac{1}{k-1}} \tag{3.124}$$

$$=\left[\frac{(k+1)Ma_1^2}{2+(k-1)Ma_1^2}\right]^{\frac{k}{k-1}}\left[\frac{2k}{k+1}Ma_1^2-\frac{k-1}{k+1}\right]^{-\frac{1}{k-1}}$$

显然，$\frac{p_{02}}{p_{01}}$ 仅是 Ma_1^2 的函数，当 $Ma=1$ 时，$\frac{p_{02}}{p_{01}}=1$。我们将 $\left(\frac{p_{02}}{p_{01}}\right)^{k-1}$ 对 Ma_1^2 求导可以得到

$$S=\frac{\mathrm{d}\left(\frac{p_{02}}{p_{01}}\right)^{k-1}}{\mathrm{d}(Ma_1^2)}=\left(\frac{k+1}{2}\right)^{k+1}\frac{k(k-1)}{2}\cdot\frac{-Ma_1^{2k}(Ma_1^2-1)^2}{\left(1+\frac{k-1}{2}Ma_1^2\right)^{k+1}\left(kMa_1^2-\frac{k-1}{2}\right)^2} \tag{3.125}$$

显然，当 $Ma_1>1$ 时，有 $S<0$。由此，我们可以得出当 $Ma_1>1$ 时，$\frac{p_{02}}{p_{01}}<1$，即激波后的总压总是小于波前总压。换句话说，超声速气流穿过激波后，一部分机械能转化为内能，这一过程对应着总压损失。

8. 总温比 T_{02}/T_{01}

由式（3.106）可得

$$h_{01} = h_{02} \tag{3.126}$$

而根据理想气体状态方程，$h_0 = C_p T_0$，因此必然有

$$T_{01} = T_{02} \tag{3.127}$$

即

$$\frac{T_{02}}{T_{01}} = 1 \tag{3.128}$$

式（3.128）说明激波前后总温与总焓是不变的。根据等熵关系式，可以进一步得到

$$T_1^* = T_2^* \tag{3.129}$$

$$a_1^* = a_2^* \tag{3.130}$$

即激波前后临界温度与临界声速不变。

9. 普朗特关系式

根据能量方程，有

$$\frac{u^2}{2} + h = \frac{u^{*2}}{2} + h^* \tag{3.131}$$

代入理想气体状态方程与临界状态的定义可得

$$\frac{u^2}{2} + \frac{a^2}{k-1} = \frac{a^{*2}}{2} + \frac{a^{*2}}{k-1} \tag{3.132}$$

即

$$a^{*2} = \frac{2(k-1)}{k+1}\left(\frac{u^2}{2} + \frac{a^2}{k-1}\right) \tag{3.133}$$

结合速度比公式（3.117）可得

$$u_1 u_2 = a^{*2} \tag{3.134}$$

此即普朗特关系式。式（3.134）说明，由于来流是超声速的，因此正激波后的流动必然是亚声速的。

10. 朗金－雨贡纽关系式

将式（3.116）、式（3.118）与式（3.119）联立，消去其中的 Ma_1 可得

$$\frac{p_2}{p_1} = \frac{\dfrac{k+1}{k-1}\dfrac{\rho_2}{\rho_1} - 1}{\dfrac{k+1}{k-1} - \dfrac{\rho_2}{\rho_1}} \tag{3.135}$$

$$\frac{\rho_2}{\rho_1} = \frac{\dfrac{k+1}{k-1}\dfrac{p_2}{p_1} + 1}{\dfrac{k+1}{k-1} + \dfrac{p_2}{p_1}} \tag{3.136}$$

$$\frac{T_2}{T_1}=\frac{\frac{p_2}{p_1}\left[\frac{k-1}{k+1}\frac{p_2}{p_1}+1\right]}{\frac{k-1}{k+1}+\frac{p_2}{p_1}} \tag{3.137}$$

式（3.135）～式（3.137）即朗金－雨贡纽（Rankine-Hugoniot，RH）关系式。可以看出，激波前后的压强比、密度比和温度比是一一对应的。

3.5.4 斜激波

不同于正激波，斜激波与来流之间的夹角$\beta<90°$。产生斜激波的典型情形为超声速来流流过楔形体后发生偏转，如图 3.14 所示。相比于正激波，斜激波受到阻挡后的流动偏转角θ较小。根据质量守恒，可以得到

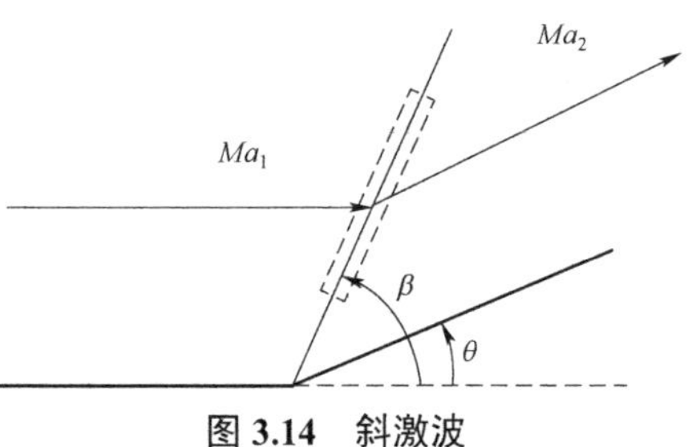

图 3.14 斜激波

$$\rho_1 u_{1n}=\rho_2 u_{2n} \tag{3.138}$$

其中，u_{1n}与u_{2n}为波前与波后法向（垂直于斜激波）速度分量。由切向（平行于斜激波）动量守恒可知

$$\rho_2 u_{2n} u_{2t}-\rho_1 u_{1n} u_{1t}=0 \tag{3.139}$$

其中，u_{1t}与u_{2t}为波前与波后切向速度分量。将式（3.138）与式（3.139）联立后可得

$$u_{1t}=u_{2t} \tag{3.140}$$

可见，激波前后切向流动速度不变，只有法向速度分量发生突变。因此，我们可以把斜激波看作是相对于法向速度分量的正激波。这样，我们可以通过把马赫数Ma_1代换成法向马赫数$Ma_1 \cdot \sin\beta$，直接将正激波的流动关系式改写为斜激波流动关系。

1. 压强比 p_2/p_1

$$\frac{p_2}{p_1}=\frac{2k}{k+1}Ma_1^2\sin^2\beta-\frac{k-1}{k+1} \tag{3.141}$$

2. 速度比 u_{2n}/u_{1n}

$$\frac{u_{2n}}{u_{1n}}=\frac{2}{(k+1)Ma_1^2\sin^2\beta}+\frac{k-1}{k+1} \tag{3.142}$$

3. 密度比 ρ_2/ρ_1

$$\frac{\rho_2}{\rho_1}=\frac{(k+1)Ma_1^2\sin^2\beta}{2+(k-1)Ma_1^2\sin^2\beta} \tag{3.143}$$

4. 温度比 T_2/T_1

$$\frac{T_2}{T_1}=\frac{[2kMa_1^2\sin^2\beta-(k-1)][2+(k-1)Ma_1^2\sin^2\beta]}{(k+1)^2 Ma_1^2\sin^2\beta} \tag{3.144}$$

5. 波后马赫数 Ma_2

首先，定义法向马赫数为

$$Ma_{1n} = Ma_1 \sin\beta \tag{3.145}$$

$$Ma_{2n} = Ma_2 \sin(\beta - \theta) \tag{3.146}$$

将 Ma_{1n} 和 Ma_{2n} 分别代入正激波马赫数关系式（3.121）中的 Ma_1 和 Ma_2 可得

$$Ma_2 = \frac{1}{\sin(\beta-\theta)}\left[2 + \frac{(k-1)Ma_1^2 \sin^2\beta}{2kMa_1^2 \sin^2\beta - (k-1)}\right]^{\frac{1}{2}} \tag{3.147}$$

式（3.147）中既包含激波角 β，又包含流动偏转角 θ。实际上，考虑到激波前后总温不变，可以得到

$$\frac{T_2}{T_1} = \frac{\dfrac{T_2}{T_0}}{\dfrac{T_1}{T_0}} = \frac{\left(1 + \dfrac{k-1}{2}Ma_2^2\right)}{\left(1 + \dfrac{k-1}{2}Ma_1^2\right)} \tag{3.148}$$

代入温度比关系式（3.144）可得

$$Ma_2^2 = \frac{Ma_1^2 + \dfrac{2}{k-1}}{\dfrac{2k}{k-1}Ma_1^2 \sin^2\beta - 1} + \frac{Ma_1^2 \cos^2\beta}{\dfrac{k-1}{2}Ma_1^2 \sin^2\beta + 1} \tag{3.149}$$

6. 总压比 p_{02}/p_{01}

$$\frac{p_{02}}{p_{01}} = \frac{\left[\dfrac{(k+1)Ma_1^2 \sin^2\beta}{2 + (k-1)Ma_1^2 \sin^2\beta}\right]^{\frac{k}{k-1}}}{\left[\dfrac{2k}{k+1}Ma_1^2 \sin^2\beta - \dfrac{k-1}{k+1}\right]^{\frac{1}{k-1}}} \tag{3.150}$$

7. 激波角 β 与偏转角 θ 的关系

如前所述，在斜激波关系式中，激波角 β 是普遍存在的。然而，目前为止，我们还不清楚激波角 β 的表达式。从激波形成的机理来看，激波角 β 取决于偏转角 θ 以及来流马赫数 Ma_1。将式（3.140）与式（3.142）联立，并考虑到

$$u_{1n} = u_{1t} \tan\beta \tag{3.151}$$

$$u_{2n} = u_{2t} \tan(\beta - \theta) \tag{3.152}$$

可以得出

$$\frac{\tan(\beta-\theta)}{\tan\beta} = \frac{2 + (k-1)Ma_1^2 \sin^2\beta}{(k+1)Ma_1^2 \sin\beta\cos\beta} \tag{3.153}$$

8. 朗金－雨贡纽关系式

将式（3.141）与式（3.143）联立后消去 $Ma_1 \sin\beta$ 可得

$$\frac{p_2}{p_1} = \frac{\dfrac{k+1}{k-1}\dfrac{\rho_2}{\rho_1} - 1}{\dfrac{k+1}{k-1} - \dfrac{\rho_2}{\rho_1}} \tag{3.154}$$

显然，斜激波的朗金-雨贡纽关系式与正激波是一致的。也就是说，朗金-雨贡纽关系式对于激波前后流动参数比值关系具有普适性，与具体的偏转角大小无关。

3.6 不同流态下的燃气射流结构

不同流动状态下的燃气射流既有共同点，又有一定的区别。例如，除真空射流外，所有的燃气射流都必然伴随着射流介质与环境介质之间的剪切，这是燃气射流的共同点；亚声速燃气射流速度分布遵循自模性规律，而超声速燃气射流核心区存在激波与膨胀波的交替反射，这是两种射流之间的区别。本节主要目的是使读者对不同流态燃气射流结构有一个清晰的认识，以便在工程问题的分析中能够准确把握燃气射流的定性规律，同时在燃气射流数值计算时能够确保得到的物理现象准确可靠。

3.6.1 燃气射流的基本结构

燃气射流本质上是从发动机中向外部环境介质喷射燃气形成的。由于燃气射流的外部与周围环境介质直接接触，并且与周围介质存在着物质浓度、速度等参数的差别，因此必然存在着物质、动量与能量交换；相反，燃气射流内部流动参数的交换相对较弱。燃气射流内外物理现象的差异决定了其不同的流动结构。

图 3.15 为燃气射流的基本结构。其中，从横向发展来看，燃气射流主要分为两个部分——核心区与混合边界层；从轴向发展来看，燃气射流主要分为初始段和基本段。由于燃气射流主要表现为轴向流动，为了便于分析，我们暂时忽略横向速度分量。

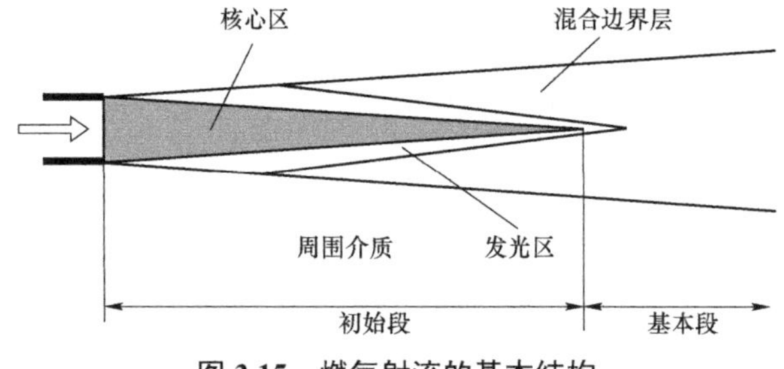

图 3.15 燃气射流的基本结构

核心区指的是燃气射流中心的无黏区域。核心区内基本保持了燃气在喷管出口处的高温、高速等特性。对于亚声速射流，核心区内流动参数分布表现出高度的均一性；对于超声速射流，核心区内存在激波与膨胀波之间的交替反射，形成复杂的**波系结构**。通常情况下，我们认为某一轴截面上的轴向速度达到轴线上速度 0.99 倍处为该截面上的核心区边界。核心区边界两侧存在密度、速度、温度等多个流场物理量的跃变，因此可以认为核心区边界是一种间断，这种间断称为**接触间断**。虽然接触间断两侧密度、温度、速度等流动参数存在跃变，但是不同于前述激波对应的间断，接触间断两侧的压强与流动方向是连续的。接触间断完全是两种介质物理参数不同导致的，而非气体的膨胀/压缩。接触间断反映了大气环境内燃气射流的物理本质，即将一种介质通过孔、洞等通道以一定速度射入另一种具有不同物理参数的介质。

混合边界层指的是燃气射流与周围介质进行物质、动量和能量交换的边界层区域。以在导弹发射时火箭发动机产生的燃气射流为例，燃气组分主要包含 CO_2、H_2O、NO_2、CO、NO

等推进剂燃烧产物，而周围空气中主要成分为N_2和O_2。由于物质浓度差，混合边界层内必然存在燃气射流与周围介质之间气体组分的混合交换。而通常情况下射流核心区温度较高，因此在混合边界层内靠近核心区的部位，未燃烧完全的CO、NO等气体组分会与空气中的O_2发生**复燃**。复燃发出的可见光使得燃气射流更为明亮，形成**发光区**，这也是我们通常用肉眼看到的燃气射流区域。

除物质交换外，燃气射流与周围环境之间的速度差使得二者在混合边界层内存在动量交换。动量交换的主要形式为分子黏性对应的剪切以及湍流混合。对于工程中的燃气射流，其边界层内的动量交换主要依赖于湍流混合。湍流是相对于层流而言的一种流动状态。所谓层流，顾名思义，指的是流体之间保持稳定的层－层剪切状态，各层流体之间没有对流。一般而言，层流对应的流动速度较小。当流动速度足够大时，层流就会转变为湍流，这一过程称为**转捩**。严格来讲，层流到湍流的转捩取决于流动的雷诺数Re，定义为

$$Re = \frac{\rho u L}{\mu} \tag{3.155}$$

其中，L为流动的特征长度。对于燃气射流而言，一般选取喷管出口直径作为特征长度。流动从层流转捩为湍流之后，流体不再保持稳定的层－层状态，而是充满了各种尺度的涡——既包括时间尺度又包括空间尺度。不同尺度的涡相互转换，随时间不断传递着物质、动量与能量。因此，湍流流场必然是非定常的，这也决定了燃气射流在物理本质上是瞬态的、时变的。工程中的燃气射流问题中通常只关注射流的时均效应，因此只分析湍流对时均流的影响，这是从实际应用出发所做出的简化。但是对于气动噪声、结构振动等问题，则必须分析燃气射流流场中的湍流细节结构。

燃气射流还伴随有**引射**现象。当燃气射流速度高于周围环境时，动量交换使得周围介质沿燃气射流方向加速运动，当地介质减少、压强降低，上游介质不断补充，最终形成燃气射流不断裹挟加速周围气体的引射现象。在引射效应下，环境中的冷空气不断与燃气射流混合，一方面降低了燃气射流的温度，另一方面增高了环境温度。由于引射现象本质上增强了周围冷空气之间的对流，因此引射对于降低燃气射流温度具有积极意义。同时，引射现象也使得工程中的燃气射流流场分析变得更为复杂。

燃气射流与周围空气在混合边界层内始终存在着物质、动量和能量交换，使得随着燃气射流沿轴向发展，混合边界层厚度逐渐增大，射流核心区逐渐减小。燃气射流与周围环境混合得愈加充分，直至射流核心区在某一轴截面处被混合边界层彻底截断。此时，射流**初始段**结束，转而进入射流**基本段**。燃气射流基本段通常表现出较强的规律性，不同轴截面上流动参数具有相似的分布规律——**自模性**（详见 3.6.3 小节）。自模性有助于了解燃气射流流动参数定性分布规律，并对其沿轴向发展做出合理预测。

3.6.2　流动不稳定性

根据人们日常的直观感受，如果流场的各个边界条件保持不变，那么流场内部应该逐渐趋于一个稳定的状态。事实上，许多情况下这种直觉是正确的。然而，在涉及燃气射流的工程问题中，即使工况条件不随时间变化，得到的燃气射流依然表现出明显的不稳定性。这种不稳定性集中体现在燃气射流混合边界层区域，也是造成发射时结构振动与“轰鸣声”的罪魁祸首。那么，燃气射流的流动不稳定性究竟是如何产生的呢？如图 3.16 所示。

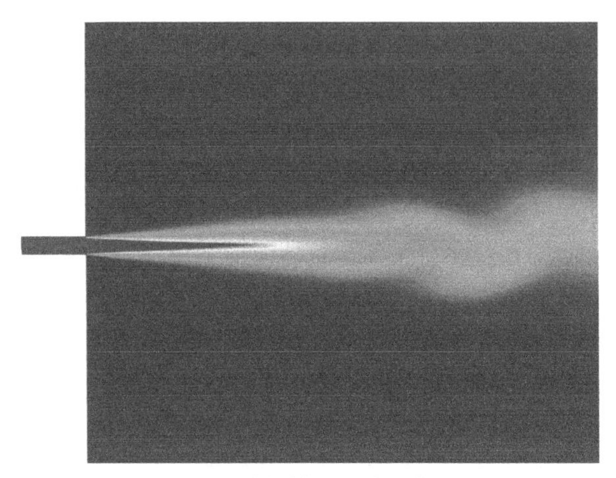

图 3.16　燃气射流流动不稳定性

图中不同颜色表示不同的燃气质量分数（见彩插）

1. 瑞利－泰勒不稳定性

瑞利－泰勒不稳定性（Rayleigh-Taylor instability）简称为 RTI，指的是在重力作用下，微小扰动使得位于上方的密度较大的流体向下方密度较小的流体流动，进而导致两种流体交界面失去稳定的现象。图 3.17 为典型的水－油系统 RTI 现象。位于上方的密度更大的水受到微小扰动，在重力作用下向下运动，下方的油受到挤压向上运动。这种在重力作用下由于微小扰动产生的两种流体之间的相互运动破坏了水－油水平交界面在竖直方向的稳定性。同时，RTI 增强了水和油之间的对流，促进了水和油的相互混合（这里的混合并不意味着溶解）。

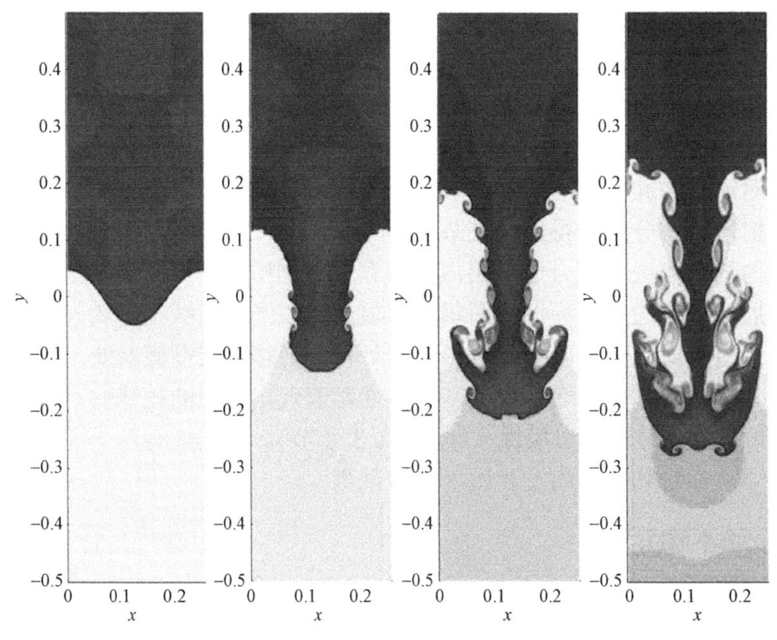

图 3.17　典型的水－油系统 RTI 现象[①]

① https://en.wikipedia.org/wiki/File:HD-Rayleigh-Taylor.gif.

为了进一步解释 RTI 现象的本质，我们可以将图 3.17 中的水和油抽象成通过连杆相连的两个具有不同质量的小球。如图 3.18 所示，两个小球的质量 $m_2 > m_1$，上方质量较大的小球代表密度较大的流体，下方质量较小的小球代表密度较小的流体，连接两个小球的连杆中央位置通过铰接固定，初始时刻连杆处于竖直方向。显然，虽然此时系统达到了平衡状态，但是这种平衡是不稳定的，一个极其微小的扰动就会使得系统在重力作用下发生反转，且无法自发回到原来的平衡状态。也就是说，在这种非稳定平衡状态下，一旦受到微小扰动影响，系统的势能就会自发转化为动能，这也是产生 RTI 现象的根本原因。

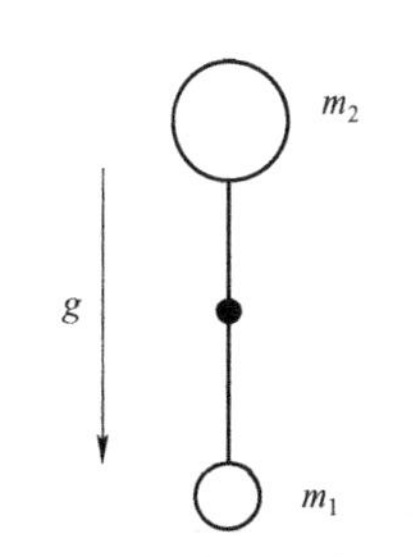

图 3.18　不稳定系统简化模型

对于燃气射流而言，RTI 现象是极为常见的。例如，在大气层中飞行的导弹所产生的燃气射流，其与周围空气之间存在密度差，因此在混合边界层中必然存在 RTI 现象。我们平时观察到的导弹尾焰边界层随时间不断波动变化的过程就蕴含着 RTI 现象。

2. 开尔文-亥姆霍兹不稳定性

开尔文-亥姆霍兹不稳定性（Kelvin-Helmholtz instability）简称为 KHI，于 1868 年由亥姆霍兹首先发现，并于 1871 年由开尔文进行了定量分析。其普遍存在于两种流体的剪切交界面处。两种流体既可以是同一相（如同是气体或同是液体），也可以是两相（气-液交界）。前者难以观察到明确的交界面，两种流体之间的剪切体现为具有一定厚度的混合边界层；后者则具有明确的、可以观察的相间交界面。燃气射流中的 KHI 属于前者，其中剪切作用产生于燃气射流与周围空气之间的速度差。

KHI 现象的产生机理在于速度差导致两种流体之间产生剪切，进而形成涡，如图 3.19 所示。涡的存在使得两种流体之间进行物质、动量和能量交换，同时也使得二者之间的交界面变得逐渐“模糊”。当二者速度差较小时，这些涡始终保持在一定尺度范围内，达到动态平衡状态；而当速度差足够大时，涡的尺度将持续增大，使得系统逐渐转为非平衡状态，在边界层区域显示出不稳定性。例如，图 3.19 中 RT 失稳后的流体交界面有一部分从水平方向变为竖直，由于两种流体在竖直方向存在剪切，因此在剪切区域生成涡旋，进而导致竖直方向交界面在水平方向发生 KHI 现象。同时，KHI 现象中的涡意味着 KHI 与湍流的密切联系，尤其是从层流到湍流的转捩。

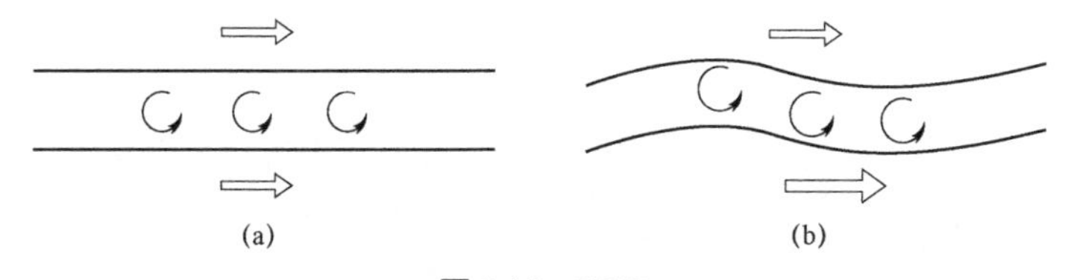

图 3.19　KHI

（a）稳定剪切状态；（b）不稳定剪切状态

对于在交界面两侧物理量连续的两种流体，人们通常使用理查德森数 Ri 判断是否会出现 KHI 现象。Ri 在物理上表示浮力与剪切力之比，定义为

$$\mathrm{Ri} = \frac{g}{\rho}\frac{\partial\rho/\partial z}{(\partial u/\partial z)^2} \tag{3.156}$$

其中，g 为重力加速度；ρ 为交界面处流体密度；u 为流体流动速度；z 为垂直于交界面方向的坐标分量。当 $Ri>0.25$ 时，系统必然是 KH 稳定的，只有当 $Ri<0.25$ 时才会出现 KHI 现象。显然，在无重力/等密度条件下，$Ri=0$，此时系统是 RT 稳定的，但依然可能是 KH 不稳定的。可见，虽然 KHI 有时伴随着 RTI 出现，但是 KHI 并不要求重力与密度差的存在，这说明二者并没有本质关联。

3.6.3 亚声速燃气射流

亚声速燃气射流一般由内外压强比较小的收缩喷管产生，其主要特征在于射流核心区内流场呈现显著的均一性。这里的均一性指的是时均流场的均一性，为了突显亚声速燃气射流与超声速燃气射流各自的特征，我们忽略混合边界层流动不稳定性导致的时变特征，仅关注其时均分布。图 3.20 为亚声速燃气射流流场参数分布，从图中可以看出，核心区密度、速度和温度基本保持与喷管出口一致，并且随着射流发展，边界层厚度逐渐增大；不同流动参数的混合边界层厚度、核心区长度存在一定的差异。此外，压强场分布体现出典型的亚声速流场特性，即压强分布较为光滑，没有明显的间断。对于亚声速射流来说，其压强梯度较低，压强分布较为均匀。

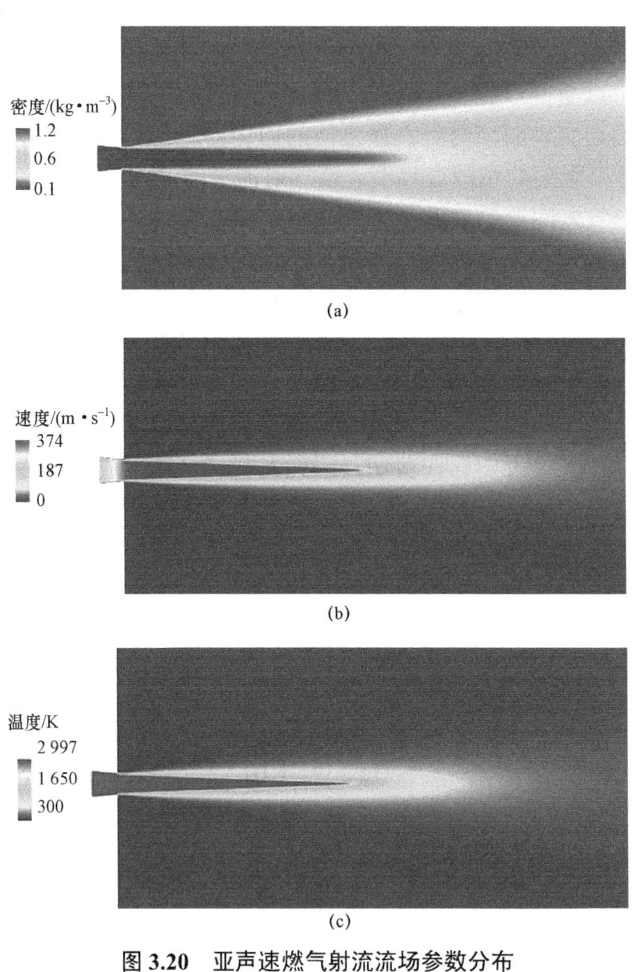

图 3.20 亚声速燃气射流流场参数分布

（a）密度；（b）速度；（c）温度

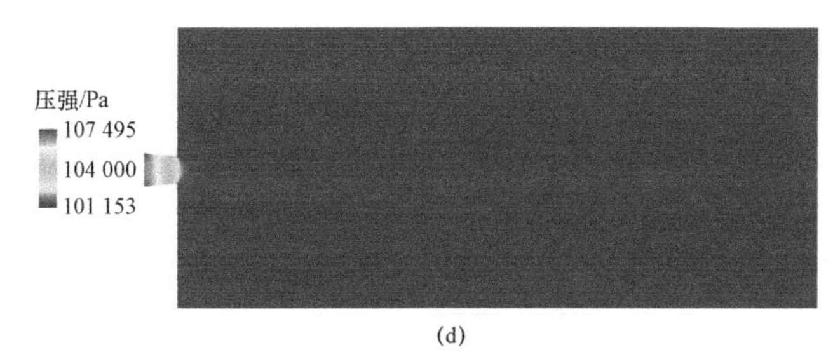

(d)

图 3.20　亚声速燃气射流流场参数分布（续）

（d）压强

图 3.21 为亚声速燃气射流轴向速度分布，可以看出，核心区速度与喷管出口速度基本保持一致。随着燃气射流沿轴向逐步发展，边界层厚度逐渐增大，核心区范围逐渐缩小。核心区消失后，射流进入基本段，在基本段内轴向速度沿径向分布规律满足**自模性**。所谓自模性，指的是在不同的轴向位置，轴向速度 u 沿径向分布具有相似性，并可以通过归一化转化为统一的分布形式。如图 3.21 所示，选取轴向坐标为 2.8 m、3.2 m、3.6 m、4.0 m 4 个位置，获得其轴向速度沿径向分布，如图 3.22 所示。可以看出，轴向速度在轴线上最大且沿径向向外

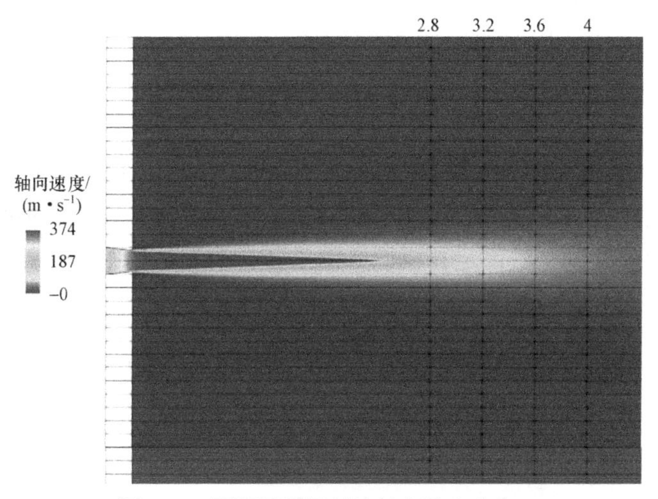

图 3.21　亚声速燃气射流轴向速度分布

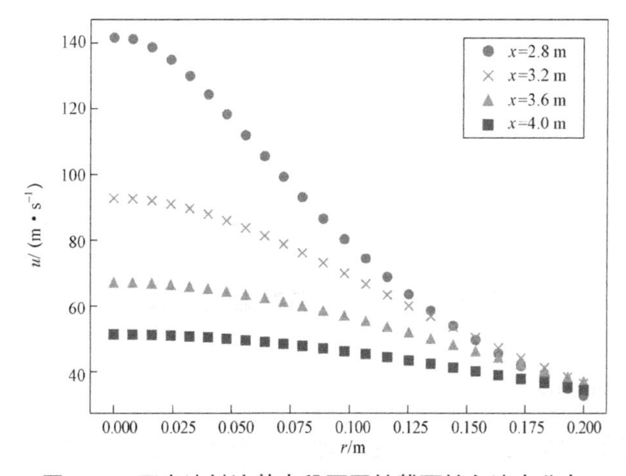

图 3.22　亚声速射流基本段不同轴截面轴向速度分布

逐渐衰减；轴截面距离喷管出口越远，轴线上的速度越小，速度衰减越缓慢。显然，不同轴截面轴向速度沿径向分布规律具有一定的相似性。我们选取轴线上的速度u_m，以及轴截面上速度达到$u=0.99u_m$的径向坐标r_c，分别对轴向速度u和径向坐标r进行无量纲化，可以得到u/u_m随r/r_c的变化规律，如图3.23所示。显然，经过归一化（无量纲化）处理后，不同轴截面上轴向速度沿径向分布表现出高度一致性。这种一致性即燃气射流的自模性。

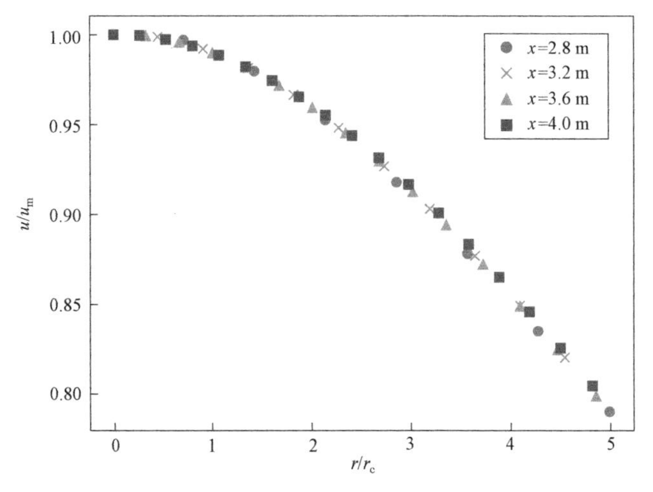

图3.23　亚声速燃气射流轴向速度自模性

除轴向速度分量外，其他流动参数也存在自模性。例如，如图3.24所示，在燃气射流基本段，温度的分布同样满足自模性规律。同时，温度的自模性规律与轴向速度存在一定的差异。也就是说，虽然流动参数满足自模性，但是各自的具体分布形式并不相同。对于其他流动参数的自模性，此处不再赘述。

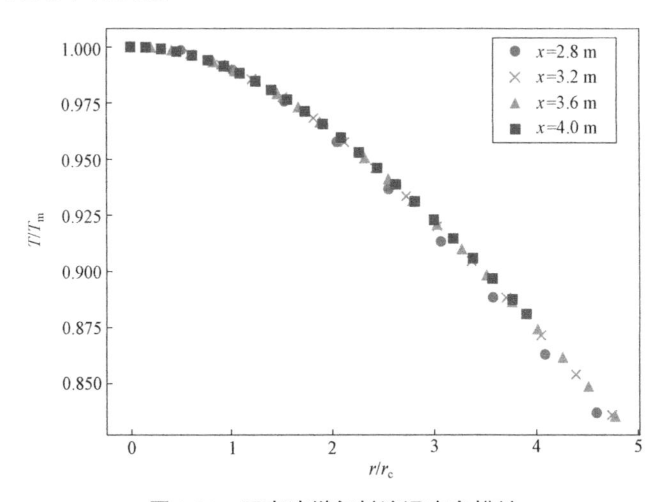

图3.24　亚声速燃气射流温度自模性

3.6.4　超声速燃气射流

火箭导弹发射工程中更为常见的是超声速燃气射流。不同于亚声速燃气射流，超声速燃

气射流出口 $Ma>1$。由于超声速燃气射流总压远高于环境压强，因此燃气流出喷管摆脱喷管约束后会继续膨胀加速，使得燃气流压强低于环境压强。换句话说，燃气射流流出喷管后会受到环境空气的阻挡。由 3.5.4 小节可知，超声速射流在周围高压空气的阻挡下会产生激波，斜激波在射流核心区边界发生反射形成膨胀波，膨胀波反射后再次形成斜激波，交替往复，最终形成燃气射流内部复杂的波系结构。例如，图 1.2 燃气射流中明暗交替出现的结构就是激波与膨胀波交替反射产生的。根据喷管出口燃气压强 p_e 与外部环境压强 p_a 的相对大小，超声速燃气射流又可分为过膨胀燃气射流（$p_e<p_a$）与欠膨胀燃气射流（$p_e>p_a$）。

1. 过膨胀燃气射流

所谓过膨胀燃气射流，指的是燃气射流在喷管内部膨胀加速，使得喷管出口处的压强小于环境压强，进而导致超声速燃气一经喷出就受到周围空气的压缩作用。此时，喷管出口外侧存在斜激波，喷管内流动状态对应 3.4.2 小节的 $\left(\frac{p_0}{p_a}\right)_2<\frac{p_0}{p_a}<\left(\frac{p_0}{p_a}\right)_3$ 流动状态。过膨胀燃气射流普遍存在于火箭导弹地面发射以及喷气飞行器低空飞行过程中，其显著特征就是肉眼看上去很“瘦”，或者说燃气射流膨胀范围较小。过膨胀燃气射流要求发动机总压不能太高，必须保证喷管出口压强足够低；而环境压强不能太低，保证其能够对喷管出口燃气产生阻挡作用。

图 3.25 为典型的过膨胀燃气射流流场参数分布。其中，燃气射流依然分为核心区与混合边界层，但与亚声速流场不同，核心区内流动参数不再与喷管出口保持一致，而是表现为一

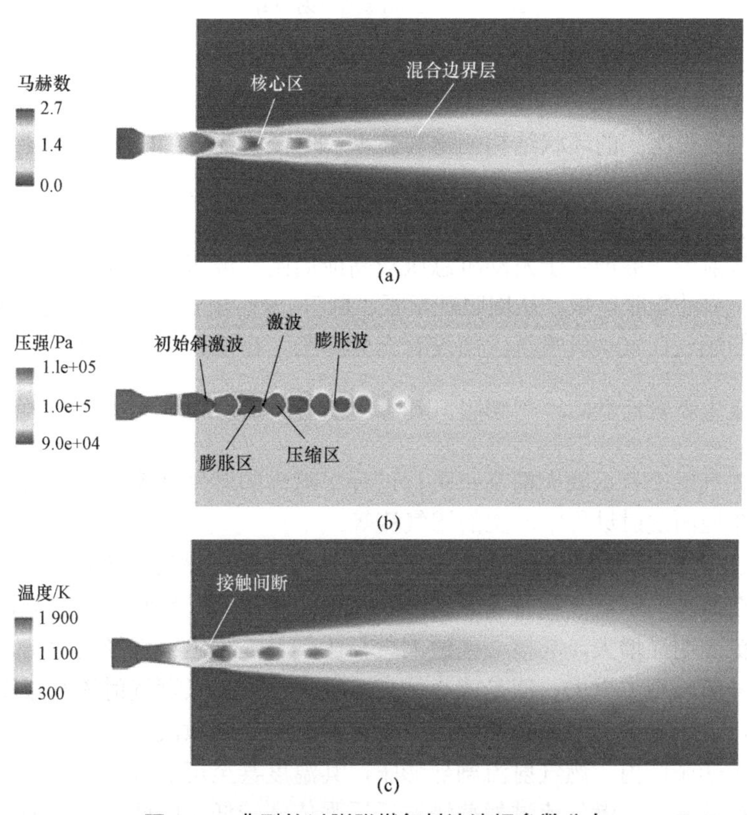

图 3.25 典型的过膨胀燃气射流流场参数分布

（a）马赫数；（b）压强；（c）温度

种循环变换的交替结构。核心区内流动参数的交替分布结构来源于其中交替出现的激波与膨胀波，如图 3.25（b）所示，其中扇形膨胀波简化表示为一个膨胀波面。为了分析燃气射流核心区激波与膨胀波交替出现的原因，我们可以将图 3.25 中的燃气射流流动抽象为图 3.26 所示的过膨胀燃气射流结构。图 3.26 中不同的压强下标代表不同的区域编号。喷管出口燃气在 1 区膨胀后压强低于环境压强，即 $p_1 < p_a$。由于接触间断两侧压强相等，因此 2 区压强 $p_2 = p_a$，也即 $p_1 < p_2$。因此在 1 区和 2 区之间必然存在斜激波，2 区内燃气流动方向向内偏转。由于越过斜激波后燃气依然保持超声速，因此向内相互挤压的燃气再次形成斜激波。越过斜激波后，$p_3 > p_2 = p_a$，而 $p_4 = p_a$，因此从 3 区到 4 区，燃气会向外膨胀，一直到 5 区。由于膨胀后压强降低，因此 $p_5 < p_4 = p_a$，此后又会继续形成斜激波。如此往复，最终形成了过膨胀燃气射流核心区内部复杂的波系结构。

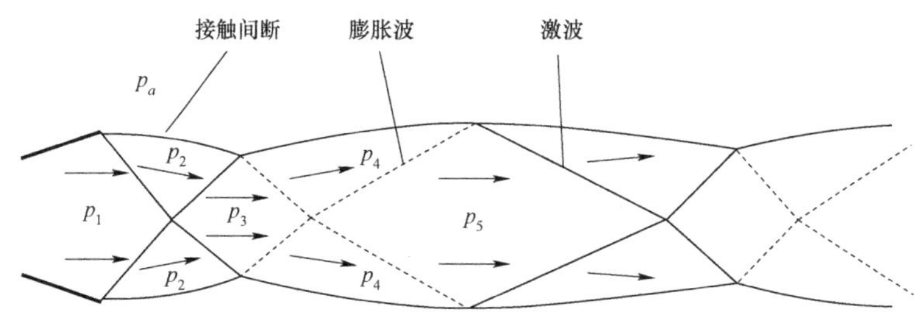

图 3.26　过膨胀燃气射流结构

此外，对于外界环境压强较高的过膨胀燃气射流，喷管喷出的超声速燃气受到的阻挡作用更强，原本斜激波相交的部分区域会变为正激波，称为**马赫盘**（**Mach disc**）。例如，图 1.2（a）飞机尾部燃气射流中明亮的环状结构就是马赫盘；对于火箭导弹发射工程，当火箭发动机总压较低时，产生的燃气射流同样处于过膨胀状态并产生明显的马赫盘。

2. 欠膨胀燃气射流

欠膨胀燃气射流一般产生于发动机总压较高或周围环境压强较低的工况，其显著特征是喷管出口处有明显的膨胀区域，从肉眼观察很“胖”，即射流膨胀范围较大。顾名思义，欠膨胀燃气射流中的燃气在发动机喷管内部没有充分膨胀，在喷管出口处燃气压强仍高于外部环境压强，因而流出喷管后立即剧烈膨胀。其对应的流动状态为 3.4.2 小节中的 $\dfrac{p_0}{p_a} > \left(\dfrac{p_0}{p_a}\right)_3$。典型的欠膨胀燃气射流有运载火箭高空飞行过程中喷出的燃气羽流，以及具有较高发动机总压的火箭导弹在地面发射过程中产生的燃气流等。

图 3.27 为欠膨胀燃气射流流场参数分布云图。与过膨胀燃气射流相同，欠膨胀燃气射流核心区内也存在激波与膨胀波交替出现的波系结构。相比于过膨胀燃气射流，欠膨胀燃气射流核心区径向范围明显增大，其核心区最大直径达到了喷管出口直径的数倍，且核心区内波系结构中的每一节长度也更大，但是核心区衰减更快。欠膨胀燃气射流与过膨胀燃气射流最大的区别在于，欠膨胀燃气射流在喷管出口处不再有初始斜激波，而是存在一个较大的初始膨胀区。在初始膨胀区内，燃气射流剧烈膨胀，其温度甚至可能低于环境温度。初始膨胀区外边界是一道拦截激波，燃气流过拦截激波后压强依然较低，因此继续压缩并逐渐达到与环境压强一致。

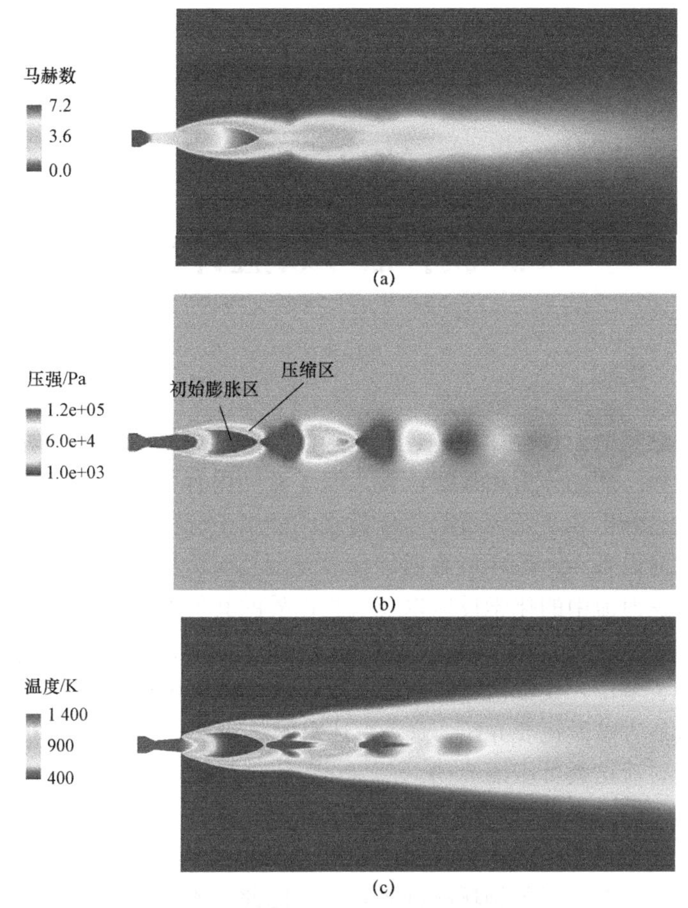

图 3.27　欠膨胀燃气射流流场参数分布云图

（a）马赫数；（b）压强；（c）温度

与过膨胀燃气射流类似，欠膨胀燃气射流核心区的波系结构可以简化为图 3.28 所示。燃气经过膨胀区膨胀后压强显著低于环境压强，即图 3.28 中有 $p_1 > p_a > p_2 > p_3$。膨胀后的低压燃气一部分向外流动，受到周围空气阻挡后形成拦截激波。2 区与 3 区的燃气流过拦截激波进入 4 区后仍保持超声速状态，且其压强仍低于环境压强，即 $p_4 < p_a$，因而在 4 区内不断压缩，同时流动方向逐渐朝射流轴线偏转。超声速燃气在 5 区相互挤压形成高压区，进而在 4 区与 5 区之间形成斜激波，燃气流越过斜激波后再次与轴线平行。此外，当欠膨胀程度足够高时，在 3 区与 5 区之间出现一道正激波，燃气越过正激波后压强直接跃升为 p_5，且流动变为亚声速流动。此后，5 区的高压燃气再次膨胀，并形成循环往复的波系结构。

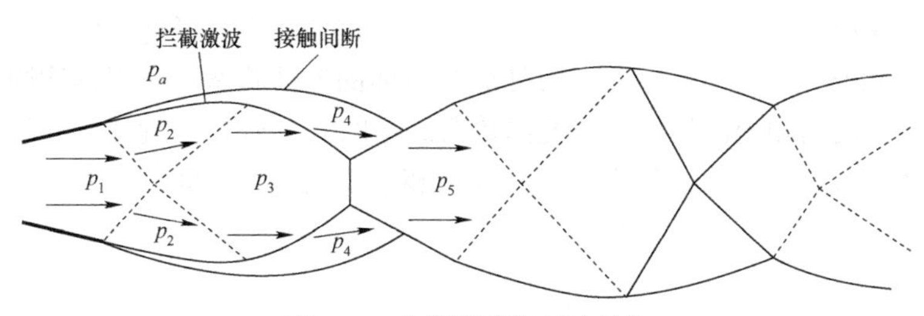

图 3.28　欠膨胀燃气射流结构

第4章
燃气射流的数值计算

如前文所述，燃气射流包含膨胀波、激波和涡等复杂的流动结构。研究燃气射流的方法可分为三类，即实验、理论分析和数值计算。第3章的内容是对燃气射流进行理论分析的基础，不难看出，理论分析需要做大量的简化假设，多用于分析简单边界的纯气相定常流动。在实际应用中，发射设备和地形环境等通常包含复杂几何边界，燃气射流的非定常效应举足轻重，有时还需考虑射流中的化学反应以及气相以外的其他相，这些情况下理论分析往往难以开展。计算流体力学（computational fluid dynamics，CFD）和计算机技术的发展为燃气射流的数值计算提供了基础，使数值计算成为当前燃气射流研究的主要手段。本章对燃气射流的数值计算所用数值方法做扼要介绍，重点讲述有限体积法中的Godunov型方法[1]，该类方法适用于求解燃气射流这类可压缩流动。

需要注意的是，CFD作为数学和力学的交叉学科而诞生，至今已历百余年，包含了极其丰富的研究成果。本章只是根据作者浅薄的理解，摘取其中与燃气射流数值计算紧密联系的部分做浅显的梳理，以帮助相关领域的读者入门。因此，本章不是对相关所有方法的详细介绍，也不是对Godunov型方法的完整介绍。考虑到知识体系的完善性，对于受篇幅限制无法展开讲解的内容，指出参考文献和扩展阅读材料，以备感兴趣的读者自学。

顾名思义，燃气射流的数值计算，是指采用数值的方法求解燃气射流的数学模型，得到流场内各个参数的时空分布的近似解。

燃气射流的数学模型，是指根据一定的物理规律建立方程，以描述射流内各参数的时空变化规律。典型的如本书第2章，在满足连续介质假设的前提下，根据质量守恒、动量定理和能量守恒建立了流体的质量、动量和能量输运方程，即NS方程组。这一模型关注的是宏观描述（macroscopic description）下流体的宏观物理量，即在较大时间和空间尺度下流体的平均状态。对流体状态的描述方法除宏观描述以外，还有微观描述（microscopic description）和介于宏观、微观之间的介观描述（mesoscopic description）[2]。微观描述着眼于每个流体分子的运动，根据牛顿第二定律或者哈密尔顿能量演化规律建立分子动力学模型。求解出系统内各分子的运动状态之后，可应用统计方法分析流体的宏观状态。介观描述则基于微观描述的哈密尔顿表述，运用相空间的概率密度函数所满足的Liouville方程建立系统状态的介观模型。求解出概率密度函数之后，根据相空间变量和宏观状态量之间的关系，可求得流体的宏观状态。

扩展阅读

GUO Z L, SHU C. Lattice Boltzmann method and its applications in engineering [M]. Singapore: World Scientific, 2013.

1.1 节

上述数学模型均为复杂微分方程，通常情况下难以得到解析解，只能采用数值的方法求近似解，即将微分方程采用某种方法近似地离散为代数方程，再利用计算机求得离散时空点上的近似解。前者正是本章讨论的主要内容，而后者则包含于线性代数的研究内容，本章将不予讨论。

可见，此处提到的数值解通常会包含两类误差——离散误差和求解误差。离散误差是指以代数方程近似微分方程带来的误差，也称截断误差；而求解误差是指求解代数方程的过程产生的误差，它包含计算机的有限字长带来的圆整误差和采用迭代法求解时的收敛误差等。如果再考虑建立的数学模型与实际物理过程的偏差（又称模型误差），则数值解与真实物理状态的偏差将主要有三类，它们之间孰轻孰重取决于所研究的问题。总而言之，数值解只是真实物理过程的近似。因此，它在实际应用中往往不能单独发挥作用，而要与实验和理论分析相结合。一般来说，只有得到检验和验证的数值方法和数值解，才可以用于指导工程实践。某些情况下，利用数值方法开展数值实验能找到一些有意义的规律，这些规律也是可以用于指导工程实践的。

本章讨论的燃气射流的数值解基于射流状态的宏观描述建立数学模型，即第 2 章讨论的 NS 方程组，从方程的基本性质入手，以具有相似性质的最简单的一维方程为例，探讨这类方程的数值解法，再逐步将该解法推至 NS 方程的求解，进一步给出多维燃气射流问题的求解方法，最后介绍两种常用的射流仿真平台。

4.1　偏微分方程及其数值解法

NS 方程组本身较复杂，为便于分析，我们从其通用形式式（2.79）出发。

$$\frac{\partial(\rho\phi)}{\partial t}+\nabla\cdot(\rho\phi\vec{V})=\nabla\cdot(\Gamma_\phi\nabla\phi)+S_\phi$$

正如第 2 章提到的，方程（2.79）第一项为时间导数项，第二项为对流项，第三项为扩散项，最后一项为源项。

源项的内涵丰富，且因问题不同而不同，在质量方程中可包括相变效应、化学反应等带来的质量转换，动量方程中可包含重力、电磁力等体积力，能量方程中可包含化学反应和体积力做功等。其形式众多、性质不一，处理方式也因问题而异，此处不做统一讨论。

扩散项具有良好的均一性，它与流体性质和物理量的分布相关，但不依赖于流动方向，便于处理。对于燃气射流所属的可压缩流来说，扩散项并不主导流动规律和方程性质，而对流项对流动规律和求解过程的影响占据主导地位。常用的方法是采用算子分裂（operator split）[3]，将扩散项和源项与对流项分离，即将式（2.79）的求解近似为如下两个方程的分步求解：

$$\frac{\partial(\rho\phi)}{\partial t}+\nabla\cdot(\rho\phi\vec{V})=0 \tag{4.1}$$

$$\frac{\partial(\rho\phi)}{\partial t}=\nabla\cdot(\Gamma_{\phi}\nabla\phi)+S_{\phi} \tag{4.2}$$

若源项的性质较为特殊，还可对式（4.2）进一步做算子分裂，此处不再赘述。下面从式（4.1）的一维问题出发，讨论其数值求解方法，即

$$\frac{\partial(\rho\phi)}{\partial t}+\frac{\partial}{\partial x}(\rho\phi u)=0 \tag{4.3}$$

引入如下记号：

$$\boldsymbol{U}=\rho\phi,\boldsymbol{F}(\boldsymbol{U})=\rho\phi u$$

此时式（4.3）可记为

$$\boldsymbol{U}_t+\boldsymbol{F}_x(\boldsymbol{U})=0 \tag{4.4}$$

扩展阅读

TORO E F. Riemann solvers and numerical methods for fluid dynamics: a practical introduction [M]. Berlin: Springer, 2009.

第 2 章

式（4.4）为一阶偏微分方程（partial differential equation，PDE）。

4.1.1 准线性偏微分方程组

考虑如下偏微分方程组[1]：

$$\frac{\partial u_i}{\partial t}+\sum_{j=1}^{m}a_{ij}(x,t,u_1,u_2,\cdots,u_m)\frac{\partial u_j}{\partial x}+b_i(x,t,u_1,u_2,\cdots,u_m)=0 \tag{4.5}$$

其中，$i=1,2,\cdots,m$；方程组的自变量为(x,t)；未知量为$(u_1,u_2,\cdots,u_m)$。令

$$\boldsymbol{U}=\begin{bmatrix}u_1\\u_2\\\vdots\\u_m\end{bmatrix},\ \boldsymbol{A}=\begin{bmatrix}a_{11}&a_{12}&\cdots&a_{1m}\\a_{21}&a_{22}&\cdots&a_{2m}\\\vdots&\vdots&\ddots&\vdots\\a_{m1}&a_{m2}&\cdots&a_{mm}\end{bmatrix},\ \boldsymbol{B}=\begin{bmatrix}b_1\\b_2\\\vdots\\b_m\end{bmatrix}$$

则，式（4.5）可以记为

$$\boldsymbol{U}_t+\boldsymbol{A}\boldsymbol{U}_x+\boldsymbol{B}=\boldsymbol{0} \tag{4.6}$$

1. 线性方程组

若矩阵 $\boldsymbol{A}$ 和向量 $\boldsymbol{B}$ 与变量 $\boldsymbol{U}$ 无关，或 $\boldsymbol{A}$ 与 $\boldsymbol{U}$ 无关且 $\boldsymbol{B}$ 为 $\boldsymbol{U}$ 的线性函数，则该一阶偏微分方程组为线性方程组；若矩阵 $\boldsymbol{A}$ 和向量 $\boldsymbol{B}$ 为常数，则为常系数线性方程组。

2. 准线性方程组

矩阵 $\boldsymbol{A}$ 是变量 $\boldsymbol{U}$ 的函数，即 $\boldsymbol{A}=\boldsymbol{A}(\boldsymbol{U})$。

3. 齐次方程组满足 $\boldsymbol{B}=0$

需要注意的是，准线性方程组实际上是非线性方程组。

通常来说，对于一个偏微分方程组，需要给定其自变量的取值范围并给定未知量在边界处需要满足的条件，才能够获得存在且唯一的解。例如 $x_l \leqslant x \leqslant x_r, t_0 \leqslant t < \infty$，在空间边界 x_l 和 x_r 处给定的条件称为边界条件（boundary condition，BC），在起始时刻给定的条件称为初始条件（initial condition，IC）。而对于某些方程（组），即使给定了这些条件，也找不到存在且唯一的解。

线性对流方程（或简称对流方程、平流方程）是最简单的线性方程：

$$u_t + au_x = 0 \tag{4.7}$$

这里的 a 为常数，被称为对流速度。

Burgers 方程为最简单的准线性方程：

$$u_t + uu_x = 0 \tag{4.8}$$

1. 守恒律

如果一个偏微分方程组可被写成式（4.4）所示的形式：

$$\boldsymbol{U}_t + \boldsymbol{F}_x(\boldsymbol{U}) = 0$$

则该方程组可被称为变量 $\boldsymbol{U}$ 的守恒律（conservation laws）。

$$\boldsymbol{F} = (f_1, f_2 \cdots, f_m)^{\mathrm{T}}$$

$\boldsymbol{F}(\boldsymbol{U})$ 被称为通量（fluxes）函数，其各元素均是变量元素的函数。

$$f_i = f_i(u_1, u_2, \cdots, u_m)$$

2. 雅克比矩阵

通量函数的雅克比矩阵（Jacobian matrix）为

$$\boldsymbol{A}(\boldsymbol{U}) = \frac{\partial \boldsymbol{F}}{\partial \boldsymbol{U}} = \begin{bmatrix} \partial f_1/\partial u_1 & \partial f_1/\partial u_2 & \cdots & \partial f_1/\partial u_m \\ \partial f_2/\partial u_1 & \partial f_2/\partial u_2 & \cdots & \partial f_2/\partial u_m \\ \vdots & \vdots & \ddots & \vdots \\ \partial f_m/\partial u_1 & \partial f_m/\partial u_2 & \cdots & \partial f_m/\partial u_m \end{bmatrix}$$

利用雅克比矩阵可将守恒律改写为准线性形式：

$$\boldsymbol{U}_t + \boldsymbol{A}(\boldsymbol{U})\boldsymbol{U}_x = 0 \tag{4.9}$$

例如对流方程：

$$u_t + f_x(u) = 0,\ f = au \tag{4.10}$$

Burgers 方程：

$$u_t + f_x(u) = 0, f = \frac{1}{2}u^2 \tag{4.11}$$

3. 特征值与特征向量

矩阵 $\boldsymbol{A}$ 的特征值为其特征方程的解：

$$|\boldsymbol{A} - \lambda \boldsymbol{I}| = 0$$

其中，$\boldsymbol{I}$ 为单位矩阵。如果 $\boldsymbol{A}$ 为形如式（4.6）的方程组的系数矩阵，则 $\boldsymbol{A}$ 的特征值也称为方程组的特征值。从物理的角度而言，特征值代表了信息的传递速度，例如对流方程（4.7）的参数 a 即方程特征值，它在物理层面代表的是对流速度。

矩阵 $\boldsymbol{A}$ 的特征值 λ_i 对应的右特征向量 $\boldsymbol{K}^{(i)}=[k_1^{(i)},k_2^{(i)},\cdots,k_m^{(i)}]$ 满足

$$\boldsymbol{A}\boldsymbol{K}^{(i)}=\lambda_i\boldsymbol{K}^{(i)}$$

同理，其对应的左特征向量 $\boldsymbol{L}^{(i)}=[l_1^{(i)},l_2^{(i)},\cdots,l_m^{(i)}]$ 满足

$$\boldsymbol{L}^{(i)}\boldsymbol{A}=\lambda_i\boldsymbol{L}^{(i)}$$

4. 双曲型方程组

对于方程组（4.6），若在点 (x,t) 系数矩阵 $\boldsymbol{A}$ 有 m 个实特征根和对应的 m 个线性无关的右特征向量 $\boldsymbol{K}^{(1)},\boldsymbol{K}^{(2)},\cdots,\boldsymbol{K}^{(m)}$，则其为双曲型方程组；若实特征根两两互异，则称为严格双曲型。

若 $\boldsymbol{A}$ 有 m 个复特征根，则为椭圆形方程组。其余情况为抛物型方程组。

对流方程（4.10）的特征值 a 和 Burgers 方程的特征值 u 均为实数，因此它们都是双曲方程。对流方程的 a 为常数，是最简单的双曲方程。同时它也是研究双曲方程数值解法的重要模型，本章对于数值解法的探讨也正是从它开始。

4.1.2 偏微分方程的数值解法

当前求解偏微分方程的数值解的方法主要有有限差分法（finite difference method，FDM）、有限元法（finite element method，FEM）、谱方法（spectral method）和有限体积法（finite volume method，FVM），以及由这些方法派生出来的一些混合型方法。下面以对流方程为例，简单阐述各个方法的基本思想。

1. 有限差分法

FDM 的基本思想[4]是，关注定义域内一系列离散点处的解，以有限差分近似微分方程中的导数项，得到离散点的近似值的代数关系，进而演化出方程的数值解。有限差分法的离散点如图 4.1 所示。

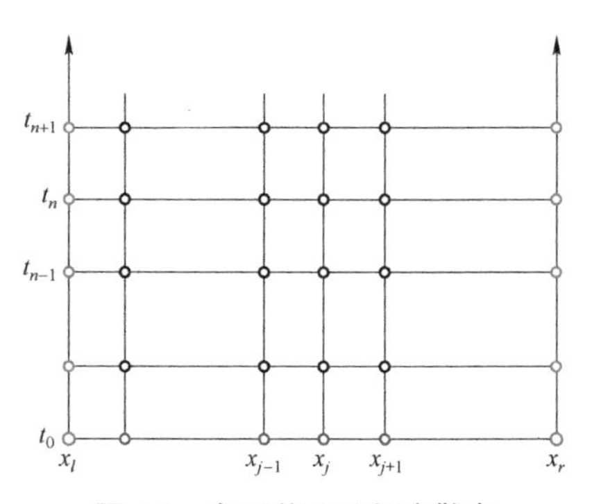

图 4.1 有限差分法的离散点

如图 4.1 所示，FDM 关注的是离散点 (x_j,t_n)。其中 $j=1,2,\cdots,j$ 为空间网格点的编号，$n=0,1,\cdots,n$ 代表时间步，$n=0$ 为初始时刻。考虑对流方程（4.7）：

$$u_t+au_x=0,a>0$$

利用泰勒展开式，在解充分光滑的条件下点 (x_j,t_n) 附近可有如下关系：

$$u(x_j,t_{n+1})=u(x_j,t_n)+u_t(x_j,t_n)\Delta t+u_{tt}(x_j,t_n)\frac{(\Delta t)^2}{2!}+\cdots$$

$$u(x_{j-1},t_n)=u(x_j,t_n)-u_x(x_j,t_n)\Delta x+u_{xx}(x_j,t_n)\frac{(\Delta x)^2}{2!}+\cdots$$

其中，$\Delta x=x_j-x_{j-1}$。上式舍弃二阶以上的高阶项，可得如下近似表达式：

$$u(x_j,t_{n+1}) \approx u(x_j,t_n)+u_t(x_j,t_n)\Delta t$$
$$u(x_{j-1},t_n) \approx u(x_j,t_n)-u_x(x_j,t_n)\Delta x \tag{4.12}$$

以 u_j^n 表示点 (x_j,t_n) 处的近似解，将式（4.12）中的约等号替换为等号：

$$u_j^{n+1}=u_j^n+(u_t)_j^n\Delta t$$
$$u_{j-1}^n=u_j^n-(u_x)_j^n\Delta x$$

由此可得导数项的有限差分近似：

$$(u_t)_j^n=\frac{u_j^{n+1}-u_j^n}{\Delta t},\ (u_x)_j^n=\frac{u_j^n-u_{j-1}^n}{\Delta x} \tag{4.13}$$

将式（4.13）代入对流方程，得到近似的代数方程，称为差分方程：

$$\frac{u_j^{n+1}-u_j^n}{\Delta t}+a\frac{u_j^n-u_{j-1}^n}{\Delta x}=0 \tag{4.14}$$

给定初始条件（$t=t_0$ 时刻各网格点的值）和边界条件（此处只需 $x=x_l$ 处各时间步的值），即可根据式（4.14）求得其他所有离散点的值。

2. 有限体积法

FVM [1] 的基本思想是，关注定义域内的一系列离散单元的积分平均值，采用近似的方法求得单元各面上的通量，再利用微分方程的积分形式求得积分均值的演化。有限体积法的离散单元如图 4.2 所示。

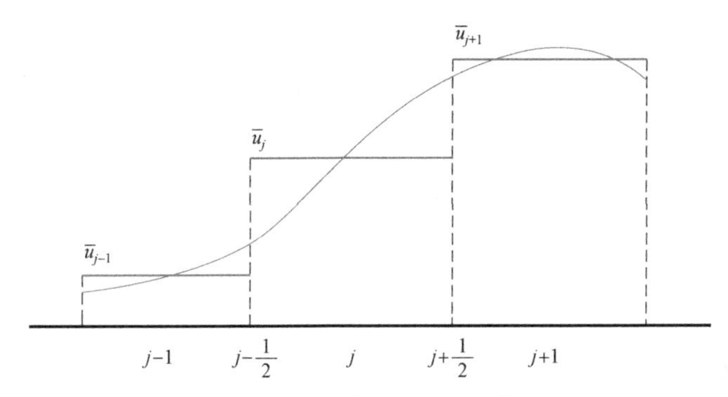

图 4.2　有限体积法的离散单元

定义网格单元 $I_j=\left[x_{j-\frac{1}{2}},x_{j+\frac{1}{2}}\right]$，单元中心点为 $x_j=\frac{1}{2}\left(x_{j+\frac{1}{2}}+x_{j-\frac{1}{2}}\right)$，单元长度为 $\Delta x_j=x_{j+\frac{1}{2}}-x_{j-\frac{1}{2}}$。

考虑对流方程（4.10），对流速度 $a>0$。定义网格内的单元均值为

$$\bar{u}_j=\frac{1}{\Delta x_j}\int_{x_{j-\frac{1}{2}}}^{x_{j+\frac{1}{2}}}u\mathrm{d}x \tag{4.15}$$

时间步为 $t_n\to t_{n+1}$，在单元 I_j 内，对方程（4.7）积分：

$$\int_{x_{j-\frac{1}{2}}}^{x_{j+\frac{1}{2}}} u_t \mathrm{d}x + \int_{x_{j-\frac{1}{2}}}^{x_{j+\frac{1}{2}}} f_x \mathrm{d}x = 0$$

对于积分所得第一项，有

$$\int_{x_{j-\frac{1}{2}}}^{x_{j+\frac{1}{2}}} u_t \mathrm{d}x = \frac{\mathrm{d}}{\mathrm{d}t}\int_{x_{j-\frac{1}{2}}}^{x_{j+\frac{1}{2}}} u \mathrm{d}x = \Delta x_j \frac{\mathrm{d}\overline{u}_j}{\mathrm{d}t}$$

积分所得第二项，有

$$\int_{x_{j-\frac{1}{2}}}^{x_{j+\frac{1}{2}}} f_x \mathrm{d}x = f_{j+\frac{1}{2}} - f_{j-\frac{1}{2}}$$

将上述代入对流方程（4.10）可得半离散格式

$$\frac{\mathrm{d}\overline{u}_j}{\mathrm{d}t} = -\frac{1}{\Delta x_j}\left(f_{j+\frac{1}{2}} - f_{j-\frac{1}{2}}\right) \tag{4.16}$$

可见，要将式（4.16）变成关于单元均值的代数方程，关键在于如何用单元均值表示单元面上的通量 $f_{j+\frac{1}{2}}$，这是本章后续将要讨论的主要内容之一。此处只是为了阐述 FVM 的思想方法，简单地做如下处理：

$$\tilde{f}_{j+\frac{1}{2}} = a\overline{u}_j^n, \tilde{f}_{j-\frac{1}{2}} = a\overline{u}_{j-1}^n$$

这里 $\tilde{f}_{j+\frac{1}{2}}$ 是 $f_{j+\frac{1}{2}}$ 的近似值，称为数值通量（numerical fluxes）。

式（4.16）中的时间导数项，可采用有限差分近似：

$$\frac{\mathrm{d}\overline{u}_j}{\mathrm{d}t} = \frac{\overline{u}_j^{n+1} - \overline{u}_j^n}{\Delta t}$$

将数值通量和时间项的有限差分代入式（4.16）可得

$$\frac{\overline{u}_j^{n+1} - \overline{u}_j^n}{\Delta t} + a\frac{\overline{u}_j^n - \overline{u}_{j-1}^n}{\Delta x_j} = 0$$

3. 混合型方法

上述两种偏微分方程的数值解法各有其优缺点。

有限差分法可以基于泰勒展开式，思路明晰，很容易推广至高精度格式。但它直接利用方程的微分形式，在遇到激波和界面等间断时易发生数值振荡。

有限体积法基于方程的积分形式，具有良好的守恒性质，适合于处理可压缩流的问题。

一些混合型方法将上述两种方法结合起来，取长补短。

燃气射流是典型的可压缩流动，包含复杂的激波结构，有时还会涉及相间界面问题，因此采用有限体积法或其他方法与有限体积法的混合方法是最合适的。本章后续内容将介绍有限体积法中的一类方法，即 Godunov 型方法。

4.2　黎曼问题与 Godunov 型方法

所有基于偏微分方程的积分形式，以单元面上通量的积分去更新单元内的均值的数值解法都属于有限体积法，包括中心迎风（central-upwind）方法[5]和 Godunov 型方法等。Godunov 型方法始于 20 世纪 60 年代的 Godunov 方法，其基本思想是用单元均值重构（reconstruct）单元面两侧的状态，再以黎曼求解器求解面上的通量。

4.2.1　对流方程的黎曼问题

考虑如下初值问题[1]：

$$\begin{cases} \text{PDE: } u_t + au_x = 0, -\infty < x < \infty, 0 < t \\ \text{IC: } \qquad u(x,0) = u_0(x) \end{cases} \tag{4.17}$$

对于形如对流方程的偏微分方程，其特征线定义为沿 $x-t$ 平面的某一条线 $x = x(t)$，偏微分方程可以写成全微分方程。

沿线 $x = x(t)$ 有

$$\frac{\mathrm{d}u}{\mathrm{d}t} = \frac{\partial u}{\partial t} + \frac{\mathrm{d}x}{\mathrm{d}t}\frac{\partial u}{\partial x}$$

如果满足常微分方程：

$$\frac{\mathrm{d}x}{\mathrm{d}t} = a \tag{4.18}$$

则有

$$\frac{\mathrm{d}u}{\mathrm{d}t} = \frac{\partial u}{\partial t} + a\frac{\partial u}{\partial x} = 0$$

也即沿线 $x = x(t)$ 函数值 $u(x,t)$ 保持不变。因此，满足方程（4.18）的线为对流方程的特征线，它们是一系列平行直线，构成对流方程的特征线族，如图 4.3 所示。沿着每一条特征线函数值保持不变，参数 a 也被称为特征速度。

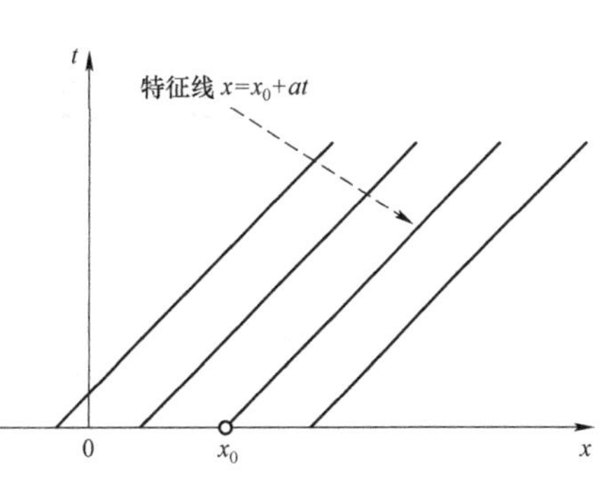

图 4.3　对流方程的特征线

根据上述特征线的特性，可直接得到初值问题（4.17）的理论解。

$$u(x,t) = u_0(x_0) = u_0(x - at) \tag{4.19}$$

这个解的物理含义是，给定初始条件，对流方程将初始条件以速度 a 向右 $(a > 0)$ 或向左 $(a < 0)$ 平移，并保持解的形状与初始条件一致。

下面来看一类特殊的初值问题[1]：

$$\begin{cases} \text{PDE: } u_t + au_x = 0, -\infty < x < \infty, 0 < t \\ \text{IC: } u(x,0) = u_0(x) = \begin{cases} u_\mathrm{L}, & x < 0 \\ u_\mathrm{R}, & x > 0 \end{cases} \end{cases} \tag{4.20}$$

初始条件是以 $x=0$ 为界，左右两侧均为常值，如图 4.4 所示。
根据式（4.19）可以直接得到该黎曼问题的理论解为

$$u(x,t)=u_0(x_0)=\begin{cases}u_{\mathrm{L}}, & x-at<0\\ u_{\mathrm{R}}, & x-at>0\end{cases} \tag{4.21}$$

该解的含义是，在 $x-t$ 平面上的直线 $x-at=0$ 将平面分为左右两个区域，左侧所有点的解都为 $u=u_{\mathrm{L}}$，右侧为 $u=u_{\mathrm{R}}$，如图 4.5 所示。

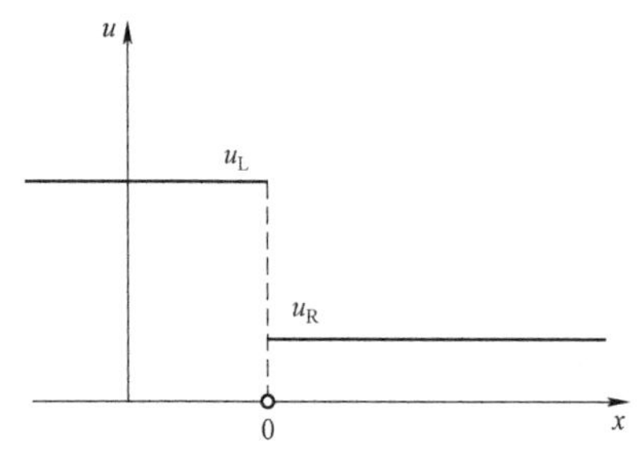

图 4.4 黎曼问题的初始条件

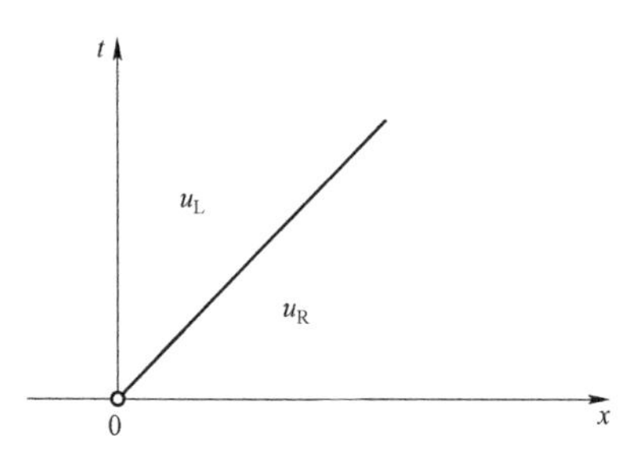

图 4.5 对流方程黎曼问题的解

直线 $x-at=0$ 正是双曲方程在 $x_0=0$ 处的特征线，即对流方程黎曼问题的解是初始间断点处的特征线将解平面分割而成的两个常值区域，在射线 $x/t=0$ 上的解为 $u(0,t)=u_{\mathrm{L}}$。

如果此处对流速度 $a<0$，则黎曼问题的解与图 4.5 相反，特征线位于第二象限，在射线 $x/t=0$ 上的解为 $u(0,t)=u_{\mathrm{R}}$。

综合上述分析，射线 $x/t=0$ 上的解总是位于其上游的状态，即迎风方向的状态。求解黎曼问题的过程实际上是寻找迎风解的过程，而对流问题的求解必须考虑迎风特性，即流动方向对解的依赖性的影响。在纯粹的对流问题中，如这里的对流方程，解只依赖于其上游的状态，即迎风方向的状态，而与下游的状态无关。求解对流问题的数值方法，若不考虑这种迎风特性，将是不稳定的。

4.2.2 双曲方程组与黎曼问题

下面将对流方程的分析扩展至包含 m 个方程的双曲方程组[1]。

$$\boldsymbol{U}_t+\boldsymbol{A}\boldsymbol{U}_x=\boldsymbol{0} \tag{4.22}$$

系数矩阵 $\boldsymbol{A}$ 的所有元素均为常数，其所有的 m 个特征值 $\lambda_i(i=1,2,\cdots,m)$ 均为实数，且对应 m 个线性无关的右特征向量 $\boldsymbol{K}^{(i)}(i=1,2,\cdots,m)$。因此，矩阵 $\boldsymbol{A}$ 可相似对角化，且满足如下关系式：

$$\boldsymbol{A}=\boldsymbol{K}\Lambda\boldsymbol{K}^{-1} \text{ 或 } \Lambda=\boldsymbol{K}^{-1}\boldsymbol{A}\boldsymbol{K} \tag{4.23}$$

其中

$$\Lambda=\begin{bmatrix}\lambda_1 & & & \\ & \lambda_2 & & \\ & & \ddots & \\ & & & \lambda_m\end{bmatrix},\quad \boldsymbol{K}=[\boldsymbol{K}^{(1)},\boldsymbol{K}^{(2)},\cdots,\boldsymbol{K}^{(m)}],\quad \boldsymbol{A}\boldsymbol{K}^{(i)}=\lambda_i\boldsymbol{K}^{(i)}$$

基于此，定义变量 $\boldsymbol{W}=(w_1,w_2,\cdots,w_m)$ 满足：

$$\boldsymbol{W}=\boldsymbol{K}^{-1}\boldsymbol{U} \quad \text{或} \quad \boldsymbol{U}=\boldsymbol{K}\boldsymbol{W} \tag{4.24}$$

由于 $\boldsymbol{A}$ 的所有元素均为常数，矩阵 $\boldsymbol{K}$ 的所有元素均为常数，利用式（4.23）和式（4.24）可将原方程组改写为

$$\boldsymbol{K}\boldsymbol{W}_t+(\boldsymbol{K}\boldsymbol{\Lambda}\boldsymbol{K}^{-1})\boldsymbol{K}\boldsymbol{W}_x=\boldsymbol{0}$$

进一步在方程组上左乘 $\boldsymbol{K}^{-1}$ 可得

$$\boldsymbol{W}_t+\boldsymbol{\Lambda}\boldsymbol{W}_x=\boldsymbol{0} \tag{4.25}$$

展开成标量形式即为

$$\begin{bmatrix} w_1 \\ w_2 \\ \vdots \\ w_m \end{bmatrix}_t+\begin{bmatrix} \lambda_1 & & & \\ & \lambda_2 & & \\ & & \ddots & \\ & & & \lambda_m \end{bmatrix}\begin{bmatrix} w_1 \\ w_2 \\ \vdots \\ w_m \end{bmatrix}_x=\boldsymbol{0} \tag{4.26}$$

或记为

$$\frac{\partial w_i}{\partial t}+\lambda_i\frac{\partial w_i}{\partial x}=0, \quad i=1,2,\cdots,m$$

通过这一线性变换，原方程化为等价的 m 个完全解耦的对流方程，特征速度即矩阵 $\boldsymbol{A}$ 的特征值。变量 $\boldsymbol{W}$ 称为原变量 $\boldsymbol{U}$ 的特征变量，方程（4.25）称为原方程的特征方程。

考虑方程组（4.26）的初值问题，其初始条件为

$$\boldsymbol{U}(x,0)=\boldsymbol{U}^{(0)}(x)=(u_1^{(0)},u_2^{(0)},\cdots,u_m^{(0)})$$

根据式（4.24）可将该初始条件转为特征方程的初始条件：

$$\boldsymbol{W}^{(0)}(x)=(w_1^{(0)},w_2^{(0)},\cdots,w_m^{(0)})=\boldsymbol{K}^{-1}\boldsymbol{U}^{(0)}(x)$$

再由 4.2.1 小节得到的对流方程的理论解，可直接求得特征方程的解：

$$w_i(x)=w_i^{(0)}(x-\lambda_i t), \quad i=1,2,\cdots,m$$

进一步有原方程的解：

$$\boldsymbol{U}=\boldsymbol{K}\boldsymbol{W}=[\boldsymbol{K}^{(1)},\boldsymbol{K}^{(2)},\cdots,\boldsymbol{K}^{(m)}]\begin{bmatrix} w_1 \\ w_2 \\ \vdots \\ w_m \end{bmatrix}=\sum_{i=1}^{m}w_i\boldsymbol{K}^{(i)}=\sum_{i=1}^{m}w_i^{(0)}(x-\lambda_i t)\boldsymbol{K}^{(i)} \tag{4.27}$$

考虑严格双曲方程组的如下初值问题[1]：

$$\begin{cases} \text{PDEs:}\ \boldsymbol{U}_t+\boldsymbol{A}\boldsymbol{U}_x=\boldsymbol{0}, -\infty<x<+\infty, t>0 \\ \text{IC:}\quad \boldsymbol{U}(x,0)=\boldsymbol{U}^{(0)}(x)=\begin{cases} \boldsymbol{U}_\mathrm{L}, & x<0 \\ \boldsymbol{U}_\mathrm{R}, & x>0 \end{cases} \end{cases} \tag{4.28}$$

系数矩阵 $\boldsymbol{A}$ 的 m 个特征值按从小到大排列为 $\lambda_1<\lambda_2<\cdots<\lambda_m$。矩阵 $\boldsymbol{A}$ 的右特征向量线性无关，可作为一组基底，于是有

$$\boldsymbol{U}_\mathrm{L}=\sum_{i=1}^{m}\alpha_i\boldsymbol{K}^{(i)}, \quad \boldsymbol{U}_\mathrm{R}=\sum_{i=1}^{m}\beta_i\boldsymbol{K}^{(i)} \tag{4.29}$$

注意到式（4.29）是式（4.27）在 $t=0$ 时的特殊情况，因此有特征方程的初始条件为

$$w_i^{(0)}(x)=\begin{cases}\alpha_i, & x<0\\ \beta_i, & x>0\end{cases}$$

从而可得

$$w_i(x,t)=w_i^{(0)}(x-\lambda_i t)=\begin{cases}\alpha_i, & x-\lambda_i t<0\\ \beta_i, & x-\lambda_i t>0\end{cases}$$

对于任一点 (x,t)，存在一个特征值 λ_I 使得 $\lambda_I<\dfrac{x}{t}<\lambda_{I+1}$。此时，过该点的任意特征线 $\lambda_i(i\geqslant I+1)$ 与 x 轴交于原点左侧，任意特征线 $\lambda_i(i\leqslant I)$ 与 x 轴交于原点右侧。据此可得黎曼问题（4.28）的解为

$$\boldsymbol{U}=\sum_{i=I+1}^{m}\alpha_i\boldsymbol{K}^{(i)}+\sum_{i=1}^{I}\beta_i\boldsymbol{K}^{(i)}$$

该解具有图 4.6 所示的结构，m 条特征线将 $x-t$ 平面分割为 $m+1$ 个常值区域。每跨过一条特征线，解就经历一次跳跃。传播速度为 λ_1 的特征线左侧区域的解为 $\boldsymbol{U}_{\mathrm{L}}$，传播速度为 λ_m 的特征线右侧区域的解为 $\boldsymbol{U}_{\mathrm{R}}$。

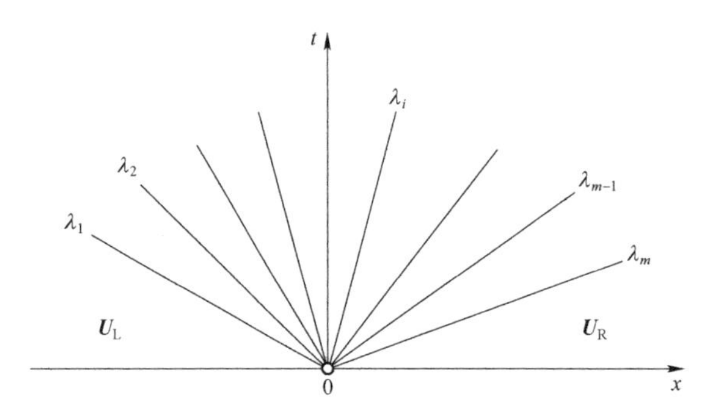

图 4.6　线性双曲方程组的黎曼解

4.2.3　Godunov 方法

有限体积法的基本思想在 4.1.2 小节做了简要介绍，下面来讨论一种适合于求解可压缩流的有限体积法——Godunov 方法。该方法于 20 世纪 60 年代由 Godunov 提出，开创了有限体积法的一大分支。

考虑对流速度 $a>0$ 的对流方程（4.10），有限体积法的网格定义与第 n 个时间的步单元均值分布如图 4.7 所示。

对于任何有限体积法来说，式（4.16）严格成立，即

$$\frac{\mathrm{d}\bar{u}_j}{\mathrm{d}t}=-\frac{1}{\Delta x_j}\left(f_{j+\frac{1}{2}}-f_{j-\frac{1}{2}}\right)$$

因此，构造离散点值的代数表达式需要两步。

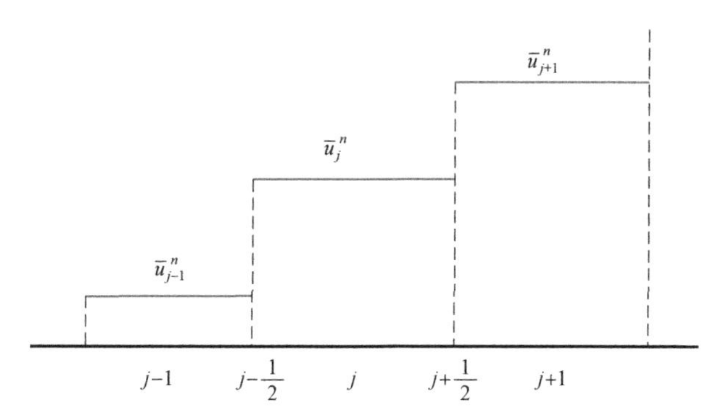

图 4.7　有限体积法的网格定义与第 n 个时间的步单元均值分布

1. 数值通量

式（4.16）中的 $f_{j+\frac{1}{2}}$ 需要由离散点值来表达，在对流方程中

$$f_{j+\frac{1}{2}} = au_{j+\frac{1}{2}} \tag{4.30}$$

因此，只需要以离散点值表述 $u_{j+\frac{1}{2}}$，即可求出面上通量。

Godunov 方法的基本思想是，假定物理量在单元内均匀分布，在单元的每个面上构造一个局部黎曼问题，通过求解黎曼问题来求得面上通量。

考虑图 4.7 中单元 I_j 和 I_{j+1} 涵盖的区域，面 $j+\dfrac{1}{2}$ 处存在间断，构成一个局部黎曼问题，如图 4.8（a）所示。

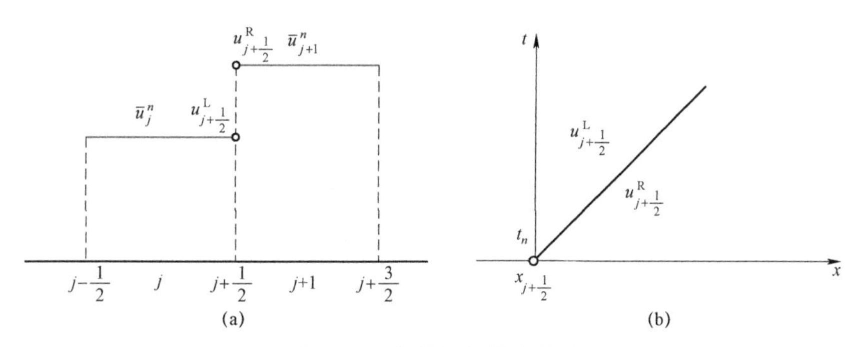

图 4.8　局部黎曼问题及其解

（a）局部黎曼问题；（b）局部黎曼问题的解

$$u_0(x) = \begin{cases} u_{j+\frac{1}{2}}^{\mathrm{L}}, & x \to x_{j+\frac{1}{2}}^{\mathrm{L}} \\ u_{j+\frac{1}{2}}^{\mathrm{R}}, & x \to x_{j+\frac{1}{2}}^{\mathrm{R}} \end{cases}$$

假定物理量在单元内均匀分布，有

$$u_{j+\frac{1}{2}}^{\mathrm{L}} = \bar{u}_j^n, \quad u_{j+\frac{1}{2}}^{\mathrm{R}} = \bar{u}_{j+1}^n$$

其中，$u_{j+\frac{1}{2}}^{\mathrm{L}}$ 和 $u_{j+\frac{1}{2}}^{\mathrm{R}}$ 分别为面 $j+\dfrac{1}{2}$ 的左右状态。

由于 $a>0$，做出该局部黎曼问题的解的结构，如图 4.8（b）所示。因此，该局部黎曼问题的解为

$$u_{j+\frac{1}{2}}=u^{\mathrm{L}}_{j+\frac{1}{2}} \tag{4.31}$$

代入式（4.30）可得

$$f_{j+\frac{1}{2}}=a\overline{u}_j^n$$

同理可得

$$f_{j-\frac{1}{2}}=a\overline{u}_{j-1}^n$$

需要注意的是，这里的黎曼解是精确解，因为对流方程很简单。但对于更复杂的方程组，如后文的欧拉方程，其黎曼问题的精确解不易得到，实际应用时多采用近似解，所得的通量为近似通量或数值通量，用 $\tilde{f}_{j+\frac{1}{2}}$ 表示。

2. 时间离散

式（4.16）中时间导数项也需要由离散点值来表达，Godunov 方法直接用有限差分来近似，即

$$\frac{\mathrm{d}\overline{u}_j}{\mathrm{d}t}=\frac{\overline{u}_j^{n+1}-\overline{u}_j^n}{\Delta t}$$

将通量和时间差分代入式（4.16）可得 Godunov 方法的完整离散格式：

$$\frac{\overline{u}_j^{n+1}-\overline{u}_j^n}{\Delta t}=-a\frac{\overline{u}_j^n-\overline{u}_{j-1}^n}{\Delta x_j} \tag{4.32}$$

3. 稳定性条件

要使上述局部黎曼问题的解成立，对时间步长 Δt 是有要求的。如图 4.9 所示，面 $j+\dfrac{1}{2}$ 处的黎曼解为其左侧单元的状态的最大时间步长 $\Delta t\leqslant\Delta t_{\max}$。

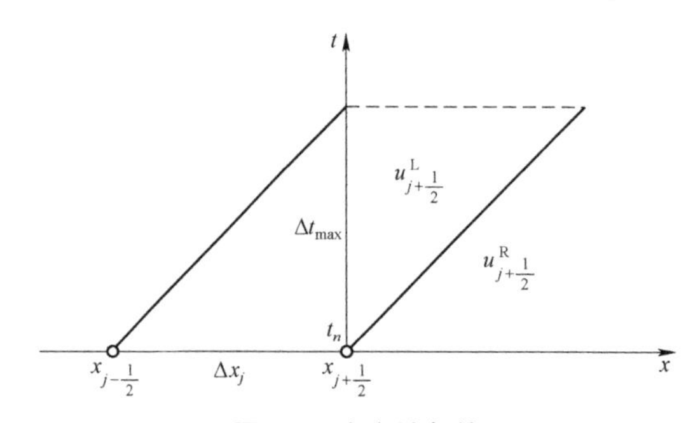

图 4.9　稳定性条件

如果 $\Delta t>\Delta t_{\max}$，则过 t 轴上的点的特征线与 x 轴交于点 $x_{j-\frac{1}{2}}$ 左侧，其黎曼解不再是 $\overline{u}_j^n$，式（4.32）也不再成立。因此 Godunov 方法的稳定性条件为

$$\Delta t \leqslant \Delta t_{\max} = \frac{\Delta x}{a} \tag{4.33}$$

稳定性分析也可以采用冯·诺依曼方法，请参考如下扩展阅读。

扩展阅读

ANDERSON J D. Computational fluid dynamics: the basics with applications [M]. New York: McGraw-Hill，Inc.，1995.

4.5 节

4. 数值精度

下面来考察离散格式（4.32）与对流方程（4.7）之间的差异。

借用有限差分法的分析方法，有如下泰勒展开式：

$$\overline{u}_j^{n+1} = \overline{u}_j^n + (u_t)_j^n \Delta t + (u_{tt})_j^n \frac{(\Delta t)^2}{2!} + \cdots$$

$$\overline{u}_{j-1}^n = \overline{u}_j^n - (u_x)_j^n \Delta x_j + (u_{xx})_j^n \frac{(\Delta x_j)^2}{2!} + \cdots$$

算术运算可得

$$(u_t)_j^n = \frac{\overline{u}_j^{n+1} - \overline{u}_j^n}{\Delta t} + (u_{tt})_j^n \frac{\Delta t}{2!} + \cdots = \frac{\overline{u}_j^{n+1} - \overline{u}_j^n}{\Delta t} + O(\Delta t)$$

$$(u_x)_j^n = \frac{\overline{u}_j^n - \overline{u}_{j-1}^n}{\Delta x_j} + (u_{xx})_j^n \frac{\Delta x_j}{2!} + \cdots = \frac{\overline{u}_j^n - \overline{u}_{j-1}^n}{\Delta x_j} + O(\Delta x_j)$$

代入对流方程可得

$$(u_t)_j^n + a(u_x)_j^n = \frac{\overline{u}_j^{n+1} - \overline{u}_j^n}{\Delta t} + a\frac{\overline{u}_j^n - \overline{u}_{j-1}^n}{\Delta x_j} + O(\Delta t) + O(\Delta x_j)$$

可见离散格式与原方程之间的差异为 $O(\Delta t) + O(\Delta x_j)$，因此该格式具有一阶时间精度和一阶空间精度。

最后来看一个对流方程的数值算例。

对流速度 $a=1$，计算域为 $x \in [-1,1]$，均匀划分为 200 个网格单元。初始条件如图 4.10 所示。

$$u_0(x) = \begin{cases} \frac{1}{6}[G(x,\beta,z-\delta) + G(x,\beta,z+\delta) + 4G(x,\beta,z)], & -0.8 \leqslant x \leqslant -0.6 \\ 1, & -0.4 \leqslant x \leqslant -0.2 \\ 1 - |10(x-0.1)|, & 0 \leqslant x \leqslant 0.2 \\ \frac{1}{6}[F(x,\alpha,a-\delta) + F(x,\alpha,a+\delta) + 4F(x,\alpha,a)], & 0.4 \leqslant x \leqslant 0.6 \\ 0, & \text{其他} \end{cases}$$

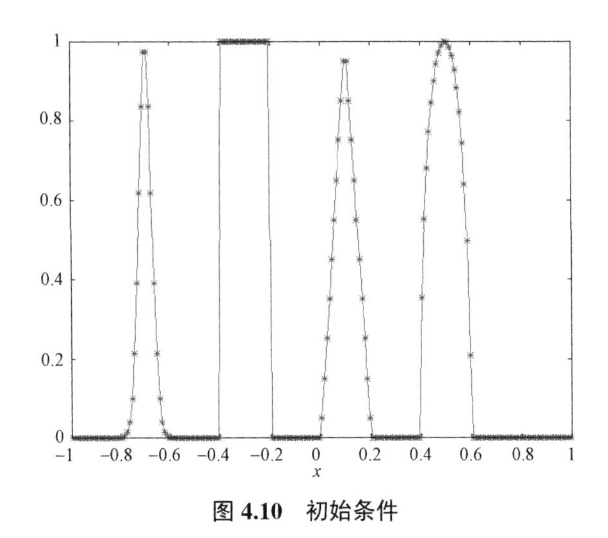

图 4.10 初始条件

左右两端采用周期性边界条件，精确解为初始形状以对流速度向右循环移动，保持形状不变。图 4.11 为采用 Godunov 方法得到的一个周期之后的数值解，可见各个峰值都被严重抹平。

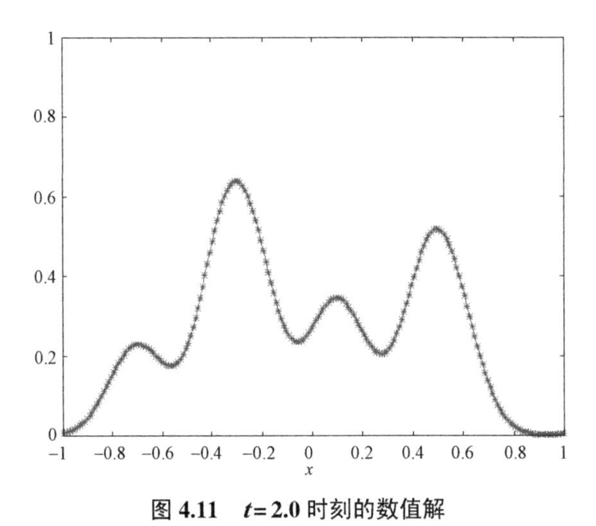

图 4.11 $t=2.0$ 时刻的数值解

4.2.4 高阶重构与 Godunov 型方法

Godunov 方法提供了一种求解偏微分方程的思路，即在单元边界上构造局部黎曼问题，求解黎曼问题得（数值）通量，再根据守恒律更新单元的平均值。但由于其在时间和空间上均只有一阶精度，格式的数值耗散较大，往往不能满足实际应用的需求，如 4.2.3 小节的测试算例。

为了减小格式的数值耗散、提高解的精度，需要同时提升空间离散和时间离散的精度。

1. 高阶重构格式

Godunov 方法在空间上只有一阶精度是由于其“单元内部物理量均匀分布”的假设，为了提高空间离散精度，可采用更高阶次的多项式近似。根据单元均值去估计单元内部物理量

的分布的过程称为重构。假定重构所得单元内部值的分布为$\tilde{u}_j(x)$，重构的约束条件是

$$\overline{u}_j^n = \frac{1}{\Delta x_j}\int_{x_{j-\frac{1}{2}}}^{x_{j+\frac{1}{2}}} \tilde{u}_j(x)\mathrm{d}x \tag{4.34}$$

Godunov 方法的重构采用 0 次多项式，称为分片均匀（piecewise constant）重构。还可以采用一次、二次甚至更高次的多项式重构，并由此派生出一系列 Godunov 型方法。下面以一次多项式为例展开讨论。

依然考虑对流速度 $a>0$ 的对流方程（4.10），网格及单元内部物理量的分布如图 4.12 所示。为便于讨论，此处采用宽度为 Δx 的均匀网格。

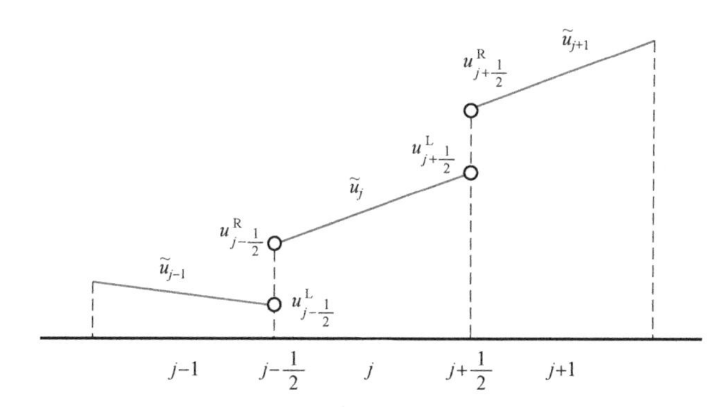

图 4.12　网格及单元内部物理量的分布

设$\tilde{u}_j(x)=ax+b$，因此重构需要确定 2 个未知量，也就需要 2 个约束条件。

例如，以单元I_{j-1}和I_j为模板，重构单元I_j内的分布，则有 2 个约束条件：

$$\overline{u}_{j-1}^n = \frac{1}{\Delta x_{j-1}}\int_{x_{j-\frac{3}{2}}}^{x_{j-\frac{1}{2}}} \tilde{u}_j(x)\mathrm{d}x,\ \ \overline{u}_j^n = \frac{1}{\Delta x_j}\int_{x_{j-\frac{1}{2}}}^{x_{j+\frac{1}{2}}} \tilde{u}_j(x)\mathrm{d}x$$

据此可求得

$$\tilde{u}_j^n = \overline{u}_j^n + \frac{\overline{u}_j^n - \overline{u}_{j-1}^n}{\Delta x}(x-x_j) \tag{4.35}$$

从而求得面上的重构值：

$$u^{\mathrm{R}}_{j-\frac{1}{2}} = \overline{u}_j^n - \frac{\overline{u}_j^n - \overline{u}_{j-1}^n}{2} = \frac{1}{2}(\overline{u}_j^n + \overline{u}_{j-1}^n)$$

$$u^{\mathrm{L}}_{j+\frac{1}{2}} = \overline{u}_j^n + \frac{\overline{u}_j^n - \overline{u}_{j-1}^n}{2} = \frac{1}{2}(3\overline{u}_j^n - \overline{u}_{j-1}^n)$$

由式（4.30）和式（4.31）可得

$$f_{j+\frac{1}{2}} = \frac{a}{2}(3\overline{u}_j^n - \overline{u}_{j-1}^n)$$

同理可得

$$f_{j-\frac{1}{2}} = \frac{a}{2}(3\overline{u}_{j-1}^n - \overline{u}_{j-2}^n)$$

将通量表达式代入式（4.16），可得如下离散格式：

$$\begin{aligned}&\frac{\mathrm{d}\bar{u}_j}{\mathrm{d}t}=L(u^n)\\&L(u^n)=-\frac{a}{2\Delta x}(3\bar{u}_j^n-4\bar{u}_{j-1}^n+\bar{u}_{j-2}^n)\end{aligned}\tag{4.36}$$

2. 高阶时间格式

采用高阶重构时，图 4.12 所示的一次多项式重构，每个面两侧的状态不再构成经典的局部黎曼问题。但在求解数值通量时，Godunov 型方法仍然采用经典黎曼问题的解。为了减小这一近似带来的不匹配问题，需要采用高阶时间推进方法，典型的如高阶 Runge-Kutta 法。这里简单介绍一类强稳定性 Runge-Kutta 法，详细介绍请参考下面的扩展阅读。

扩展阅读

GOTTLIEB S. On high order strong stability preserving Runge-Kutta and multi step time discretizations［J］. Journal of scientific computing，2015，25（1－2）：105－128.

4.5 节

对于常微分方程：

$$\frac{\mathrm{d}u}{\mathrm{d}t}=L(u)$$

1）两段二阶强稳定性 Runge-Kutta 法

$$u^{(1)}=u^n+\Delta tL(u^n)$$

$$u^{n+1}=\frac{1}{2}[u^n+u^{(1)}+\Delta tL(u^{(1)})]$$

2）三段三阶强稳定性 Runge-Kutta 法

$$u^{(1)}=u^n+\Delta tL(u^n)$$

$$u^{(2)}=\frac{1}{4}[3u^n+u^{(1)}+\Delta tL(u^{(1)})]$$

$$u^{n+1}=\frac{1}{3}[u^n+2u^{(2)}+2\Delta tL(u^{(2)})]$$

3）五段四阶强稳定性 Runge-Kutta 法

$$u^{(1)}=u^n+0.391\,752\,226\,571\,890\Delta tL(u^n)$$

$$u^{(2)}=0.444\,370\,493\,651\,235u^n+0.555\,629\,506\,348\,765u^{(1)}+0.368\,410\,593\,050\,371\Delta tL(u^{(1)})$$

$$u^{(3)}=0.620\,101\,851\,488\,403u^n+0.379\,898\,148\,511\,597u^{(2)}+0.251\,891\,774\,271\,694\Delta tL(u^{(2)})$$

$$u^{(4)}=0.178\,079\,954\,393\,132u^n+0.821\,920\,045\,606\,868u^{(3)}+0.544\,974\,750\,228\,521\Delta tL(u^{(3)})$$

$$\begin{aligned}u^{n+1}=&0.517\,231\,671\,970\,585u^{(2)}+0.096\,059\,710\,526\,147u^{(3)}+0.063\,692\,468\,666\,290\Delta tL(u^{(3)})+\\&0.386\,708\,617\,503\,269u^{(4)}+0.226\,007\,483\,236\,906\Delta tL(u^{(4)})\end{aligned}$$

3. TVD 格式

结合式（4.36）和两段二阶 Runge-Kutta 法，可得时间和空间精度均为二阶的**线性**离散格式。

$$u_j^{(1)}=\overline{u}_j^n-\frac{a\Delta t}{2\Delta x}(3\overline{u}_j^n-4\overline{u}_{j-1}^n+\overline{u}_{j-2}^n)$$

$$u_j^{n+1}=\frac{1}{2}\left(\overline{u}_j^n+u_j^{(1)}-\frac{a\Delta t}{2\Delta x}(3\overline{u}_j^{(1)}-4\overline{u}_{j-1}^{(1)}+\overline{u}_{j-2}^{(1)})\right)$$

采用 4.2.3 小节的数值测试算例测试上述格式。图 4.13 为二阶线性格式 $t=0.05$ 时刻的数值解，可见解在多个局部产生了振荡，这说明上述格式是不稳定的。

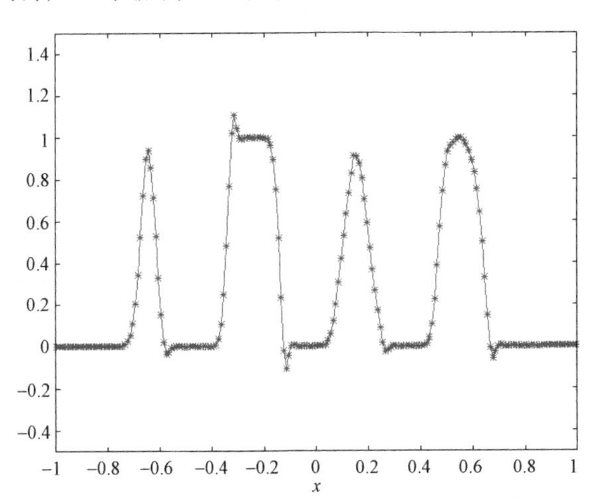

图 4.13　二阶线性格式 $t=0.05$ 时刻的数值解

1）Godunov 定理

一个用于求解偏微分方程的**线性**数值格式，如果它能不产生新的极值（单调格式），则它最多只能有一阶精度。

所谓线性数值格式，是指形如

$$\varphi_j^{n+1}=\sum_m^M\gamma_m\varphi_{j+m}^n$$

的格式，其中的系数 γ_m 与离散点值无关。显然，上述二阶格式为线性格式。根据 Godunov 定理，它必然是不稳定的。

Godunov 定理在 CFD 领域占有极其重要的地位，它事实上指出了构造稳定的高阶格式的途径——引入非线性系数。TVD（total variation diminishing，总变差递减）格式正是基于这一思想，引入了非线性的梯度限制器。

TVD 格式在式（4.35）的基础上引入梯度限制器 $\psi(r)$：

$$\tilde{u}_j^n=\overline{u}_j^n+\psi(r)\frac{\overline{u}_j^n-\overline{u}_{j-1}^n}{\Delta x}(x-x_j)\tag{4.37}$$

其中

$$r=\frac{\overline{u}_{j+1}^n-\overline{u}_j^n}{\overline{u}_j^n-\overline{u}_{j-1}^n}$$

2）总变差递减

考虑图 4.14 所示的离散数据[5]。

其总变差定义为

$$TV(\phi)=\sum_{i=1}^{4}\left|\phi_{i+1}-\phi_{i}\right|$$

总变差递减是指对于任意时间步 n：

$$TV(\phi^{n+1})\leqslant TV(\phi^{n})$$

1983 年 Harten 证明，保单调的格式必然满足 TVD 条件，反之亦然。

1984 年 Sweby 给出了数值格式具备 TVD 性质的充要条件，即

$$\text{if}\quad 0<r<1,\ \psi(r)\leqslant 2r$$
$$\text{if}\quad r\geqslant 1,\ \psi(r)\leqslant 2$$

在 $r-\psi(r)$ 平面上，TVD 条件如图 4.15 中的阴影区域所示。

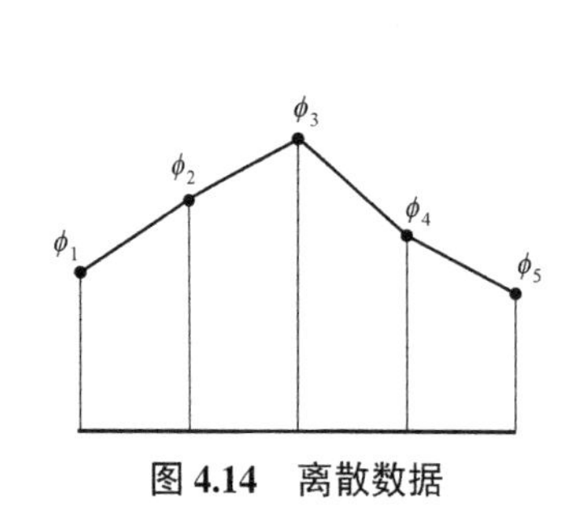

图 4.14　离散数据

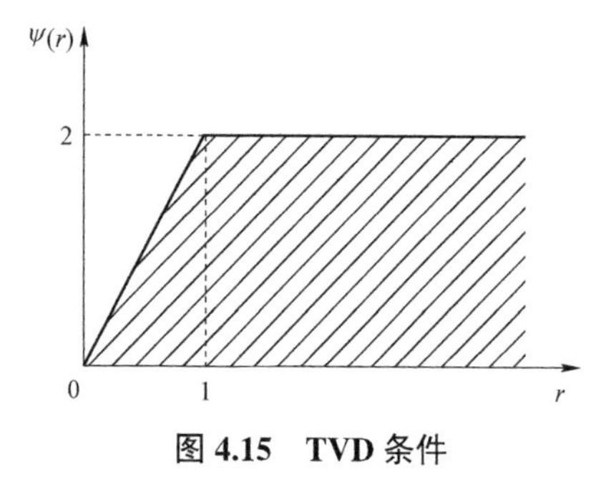

图 4.15　TVD 条件

1984 年，Sweby 给出了二阶精度 TVD 格式的条件，即

$$\text{if}\quad 0<r<1,\ r<\psi(r)\leqslant 1$$
$$\text{if}\quad r\geqslant 1,\ 1\leqslant\psi(r)\leqslant r$$

在 $r-\psi(r)$ 平面上，二阶精度 TVD 条件如图 4.16 中的深色区域所示。

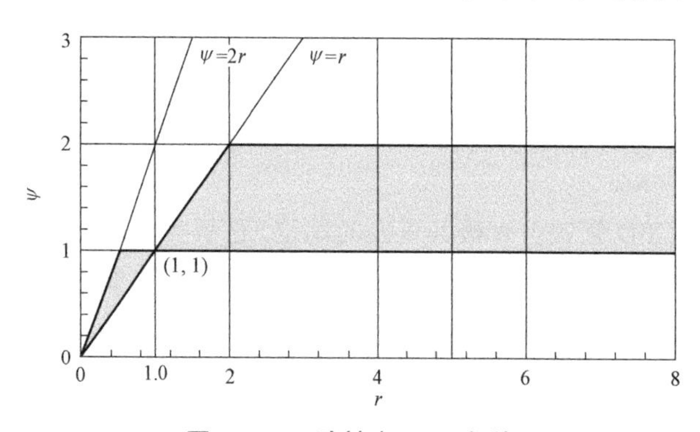

图 4.16　二阶精度 TVD 条件

在这些条件下，发展了一系列二阶精度 TVD 格式，如表 4.1 所示。各个 TVD 格式的精度大致相当，但计算量存在差异。格式的选择更多地依赖于实际问题和经验，没有一致精确的理论分析表明某种格式优于其余格式。图 4.17 和图 4.18 分别给出了采用 4.2.3 小节的数值算例测试 min-mod 限制器和 van Leer 限制器的结果。虽然 min-mod 格式的结果耗散较大，但与图 4.11 Godunov 方法的结果相比，两者都有明显的改善。

表 4.1　二阶精度 TVD 格式

名称	限制函数 $\psi(r)$	来源
van Leer	$\frac{r+\lvert r\rvert}{1+r}$	Van Leer (1974)
van Albada	$\frac{r+r^2}{1+r^2}$	Van Albada 等(1982)
min-mod	$\psi(r)=\begin{cases}\min(r,1), & r>0\\ 0, & r\leqslant 0\end{cases}$	Roe (1985)
superbee	max [0, min (2r, 1), min (r, 2)]	Roe (1985)
Sweby	max [0, min (βr, 1), min (r, β)]	Sweby (1984)
QUICK	max [0, min (2r, (3+r)/4, 2)]	Leonard (1988)
UMIST	max [0, min (2r, (1+3r)/4, (3+r)/4, 2)]	Lien 和 Leschziner (1993)

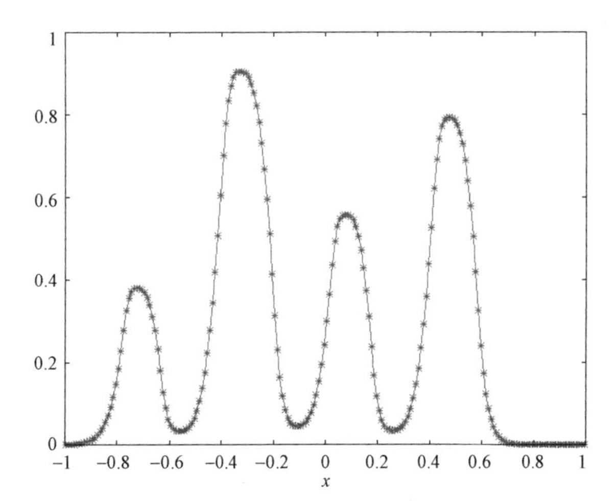

图 4.17　min–mod 限制器 $t=2.0$ 时刻的数值结果

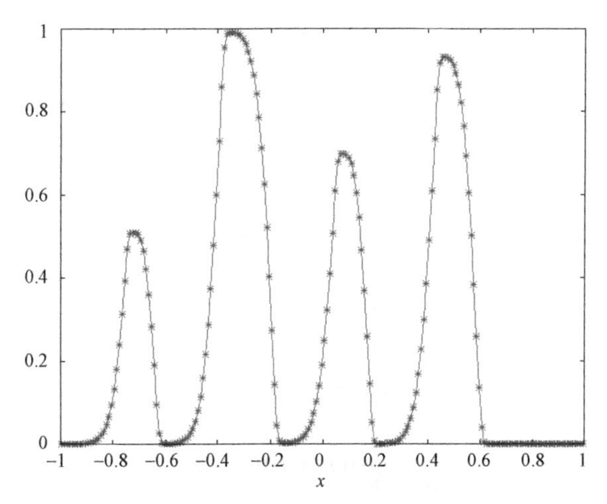

图 4.18　van Leer 限制器 $t=2.0$ 时刻的数值结果

扩展阅读

VERSTEEG H K，MALALA-SEKERA W. An introduction to computational fluid dynamics：the finite volume method［M］. 2nd ed. Glasgow: Pearson Education Limited，2007.

5.10 节

4.5 节

4. ENO 和 WENO 格式

TVD 格式可以达到二阶精度，要想得到更高阶精度的格式，需要采用 ENO（本质无振荡）或 WENO（加权本质无振荡）思想，利用更高次的多项式重构。详细的方法介绍请参考下面的文章。

扩展阅读

ZHANG Y T，SHU C W. ENO and WENO schemes［J］. Handbook of numerical analysis，2016（17）：103－122.

4.3 绝热无黏理想气流

本节主要将 Godunov 型方法从对流方程推广至求解欧拉方程。

4.3.1 欧拉方程

本书 2.2 节给出了气体动力学的基本方程组，又称 NS 方程组。若不考虑黏性力、体积力和热传导，则退化为绝热无黏理想气流的基本方程组，即欧拉方程。

$$
\begin{aligned}
&\frac{\partial \rho}{\partial t}+\nabla \cdot(\rho \vec{V})=0 \\
&\frac{\partial(\rho \vec{V})}{\partial t}+\nabla \cdot(\rho \vec{V} \otimes \vec{V}+p \boldsymbol{I})=0 \\
&\frac{\partial E}{\partial t}+\nabla \cdot((E+p) \vec{V})=0
\end{aligned} \tag{4.38}
$$

其中，ρ 为密度；$\vec{V}$ 为速度场；p 为压强场；$\boldsymbol{I}$ 为单位矩阵；E 为内能与动能之和。

$$
E=\rho\left(e_i+\frac{1}{2}|\vec{V}|^2\right)
$$

对于一维问题，欧拉方程化为

$$
\begin{aligned}
&\frac{\partial \rho}{\partial t}+\frac{\partial}{\partial x}(\rho u)=0 \\
&\frac{\partial}{\partial t}(\rho u)+\frac{\partial}{\partial x}(\rho u u+p)=0 \\
&\frac{\partial E}{\partial t}+\frac{\partial}{\partial x}((E+p) u)=0
\end{aligned} \tag{4.39}
$$

能量 E 表述为

$$E=\rho\left(e_i+\frac{1}{2}u^2\right) \tag{4.40}$$

1. 守恒律形式

一维欧拉方程的守恒律形式为[1]

$$\boldsymbol{U}_t+\boldsymbol{F}_x(\boldsymbol{U})=\boldsymbol{0} \tag{4.41}$$

其中

$$\boldsymbol{U}=\begin{bmatrix}u_1\\u_2\\u_3\end{bmatrix}=\begin{bmatrix}\rho\\\rho u\\E\end{bmatrix},\quad \boldsymbol{F}(\boldsymbol{U})=\begin{bmatrix}f_1\\f_2\\f_3\end{bmatrix}=\begin{bmatrix}\rho u\\\rho uu+p\\(E+p)u\end{bmatrix}$$

1）雅克比矩阵

理想气体状态方程为

$$p=\rho RT\Leftrightarrow e_i=C_vT=\frac{RT}{\gamma-1}=\frac{p}{\rho(\gamma-1)} \tag{4.42}$$

等熵关系式为 $p=C\rho^\gamma$，两端取对数并微分可得

$$\frac{\mathrm{d}p}{p}=\gamma\frac{\mathrm{d}\rho}{\rho}$$

从而得声速为

$$a=\sqrt{\frac{\mathrm{d}p}{\mathrm{d}\rho}}=\sqrt{\frac{\gamma p}{\rho}}$$

由式（4.42）可得

$$p=(\gamma-1)\left(u_3-\frac{u_2^2}{2u_1}\right)$$

从而有

$$\boldsymbol{F}(\boldsymbol{U})=\begin{bmatrix}f_1\\f_2\\f_3\end{bmatrix}=\begin{bmatrix}\rho u\\\rho uu+p\\(E+p)u\end{bmatrix}=\begin{bmatrix}u_2\\\dfrac{u_2^2}{u_1}+(\gamma-1)\left(u_3-\dfrac{u_2^2}{2u_1}\right)\\\left(u_3+(\gamma-1)\left(u_3-\dfrac{u_2^2}{2u_1}\right)\right)\dfrac{u_2}{u_1}\end{bmatrix}=\begin{bmatrix}u_2\\\dfrac{(3-\gamma)u_2^2}{2u_1}+(\gamma-1)u_3\\\dfrac{\gamma u_2u_3}{u_1}-\dfrac{\gamma-1}{2}\dfrac{u_2^3}{u_1^2}\end{bmatrix}$$

根据雅克比矩阵的定义可求得

$$\boldsymbol{A}=\begin{bmatrix}\partial f_1/\partial u_1&\partial f_1/\partial u_2&\partial f_1/\partial u_3\\\partial f_2/\partial u_1&\partial f_2/\partial u_2&\partial f_2/\partial u_3\\\partial f_3/\partial u_1&\partial f_3/\partial u_2&\partial f_3/\partial u_3\end{bmatrix}=\begin{bmatrix}0&1&0\\\dfrac{(\gamma-3)}{2}\left(\dfrac{u_2}{u_1}\right)^2&(3-\gamma)\dfrac{u_2}{u_1}&\gamma-1\\(\gamma-1)\left(\dfrac{u_2}{u_1}\right)^3-\dfrac{\gamma u_2u_3}{u_1^2}&\dfrac{\gamma u_3}{u_1}-\dfrac{3(\gamma-1)}{2}\left(\dfrac{u_2}{u_1}\right)^2&\dfrac{\gamma u_2}{u_1}\end{bmatrix}$$

或

$$A=\begin{bmatrix} 0 & 1 & 0 \\ \frac{(\gamma-3)}{2}u^2 & (3-\gamma)u & \gamma-1 \\ \frac{\gamma-2}{2}u^3-\frac{a^2u}{\gamma-1} & \frac{3-2\gamma}{2}u^2+\frac{a^2}{\gamma-1} & \gamma u \end{bmatrix}$$

2）特征值

根据矩阵特征值的定义，求解如下方程：

$$|A-\lambda I|=0$$

可得 A 的特征值为

$$\lambda_1=u-a,\ \lambda_2=u,\ \lambda_3=u+a$$

2. 原始变量形式

原始变量又称物理变量，对于一维欧拉方程而言：

$$W=(\rho,u,p)^{\mathrm{T}}$$

质量方程：

$$\frac{\partial\rho}{\partial t}+\frac{\partial}{\partial x}(\rho u)=0\Rightarrow\frac{\partial\rho}{\partial t}+u\frac{\partial\rho}{\partial x}+\rho\frac{\partial u}{\partial x}=0$$

动量方程：

$$\frac{\partial}{\partial t}(\rho u)+\frac{\partial}{\partial x}(\rho uu+p)=0\Rightarrow\frac{\partial u}{\partial t}+u\frac{\partial u}{\partial x}+\frac{1}{\rho}\frac{\partial p}{\partial x}=0$$

能量方程：

$$\frac{\partial E}{\partial t}+\frac{\partial}{\partial x}((E+p)u)=0\Rightarrow\frac{\partial p}{\partial t}+\rho a^2\frac{\partial u}{\partial x}+u\frac{\partial p}{\partial x}=0$$

写成准线性方程组的形式为

$$W_t+A(W)W_x=\mathbf{0}$$

其中

$$A(W)=\begin{bmatrix} u & \rho & 0 \\ 0 & u & 1/\rho \\ 0 & \rho a^2 & u \end{bmatrix}$$

1）特征值

系数矩阵 $A(W)$的特征值为

$$\lambda_1=u-a,\ \lambda_2=u,\ \lambda_3=u+a$$

对应的右特征向量为

$$K^{(1)}=\begin{bmatrix} \rho \\ -a \\ \rho a^2 \end{bmatrix},K^{(2)}=\begin{bmatrix} \rho \\ 0 \\ 0 \end{bmatrix},K^{(3)}=\begin{bmatrix} \rho \\ a \\ \rho a^2 \end{bmatrix}$$

2）特征变量

3 个右特征向量构成矩阵 K 为

$$\boldsymbol{K}=\left[\boldsymbol{K}^{(1)},\boldsymbol{K}^{(2)},\boldsymbol{K}^{(3)}\right]=\begin{bmatrix}\rho & \rho & \rho \\ -a & 0 & a \\ \rho a^2 & 0 & \rho a^2\end{bmatrix}$$

其逆矩阵为

$$\boldsymbol{K}^{-1}=\begin{bmatrix}0 & -\dfrac{1}{2a} & \dfrac{1}{2\rho a^2} \\ \dfrac{1}{\rho} & 0 & -\dfrac{1}{\rho a^2} \\ 0 & \dfrac{1}{2a} & \dfrac{1}{2\rho a^2}\end{bmatrix}$$

因此，原始变量方程的特征变量为

$$\mathbb{C}=\boldsymbol{K}^{-1}\boldsymbol{W}=\begin{bmatrix}0 & -\dfrac{1}{2a} & \dfrac{1}{2\rho a^2} \\ \dfrac{1}{\rho} & 0 & -\dfrac{1}{\rho a^2} \\ 0 & \dfrac{1}{2a} & \dfrac{1}{2\rho a^2}\end{bmatrix}\begin{bmatrix}\rho \\ u \\ p\end{bmatrix}=\begin{bmatrix}\dfrac{p}{2\rho a^2}-\dfrac{u}{2a} \\ 1-\dfrac{p}{\rho a^2} \\ \dfrac{p}{2\rho a^2}+\dfrac{u}{2a}\end{bmatrix}$$

很容易验证：

$$\boldsymbol{W}=\boldsymbol{K}\mathbb{C}$$

4.3.2　黎曼求解器

对于一维欧拉方程的守恒律形式，其黎曼问题可表述如下[1]：

$$\begin{cases}\boldsymbol{U}_t+\boldsymbol{F}_x(\boldsymbol{U})=\boldsymbol{0} \\ \boldsymbol{U}(x,0)=\boldsymbol{U}^{(0)}(x)=\begin{cases}\boldsymbol{U}_{\mathrm{L}}, & x<0 \\ \boldsymbol{U}_{\mathrm{R}}, & x>0\end{cases}\end{cases} \tag{4.43}$$

欧拉方程黎曼问题解的结构如图 4.19 所示。

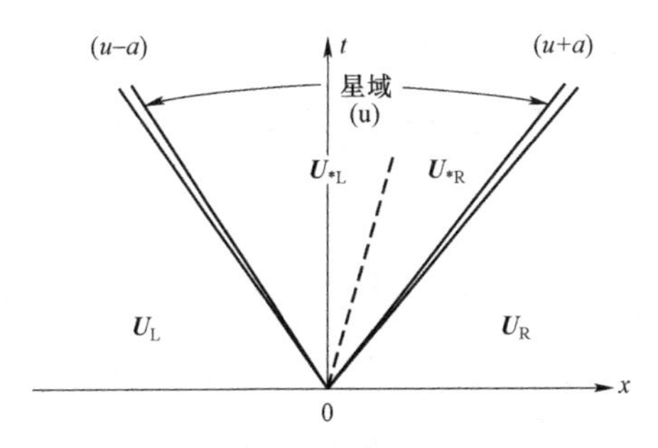

图 4.19　欧拉方程黎曼问题解的结构

3 个特征速度对应的 3 个波将 $x-t$ 平面分成 4 个区域，从左至右依次为 $\boldsymbol{U}_L$、$\boldsymbol{U}_{*L}$、$\boldsymbol{U}_{*R}$ 和 $\boldsymbol{U}_R$。中间的 $\boldsymbol{U}_{*L}$ 和 $\boldsymbol{U}_{*R}$ 区域合称为星域（star region）。特征值 $\lambda_2=u$ 对应的波为接触间断，跨

过接触间断时速度和压强保持不变，而密度等其余量发生变化。特征值 $\lambda_{1,3}=u\pm a$ 则对应稀疏波或者激波，跨过稀疏波和激波时密度、压强和速度都将发生变化。

需要注意的是，欧拉方程是非线性方程组。因此一般情况下，这里的 3 个波的波速并不等于各自对应的特征速度。关于欧拉方程黎曼解的非线性波的特性分析和据此求得的黎曼问题精确解请参考下面的扩展阅读。

扩展阅读

TORO E F. Riemann solvers and numerical methods for fluid dynamics: a practical introduction［M］. Berlin：Springer，2009.

第 3 章、第 4 章

求欧拉方程黎曼问题的精确解需迭代的过程，计算量较大。在实际应用 Godunov 型方法时，通常采用近似黎曼求解器（approximate Riemann solver，以下简称“黎曼求解器”），下面简要介绍两种。

1. HLL 黎曼求解器

考虑黎曼问题（4.43），其精确解被包含在控制体 $[x_L, x_R]\times[0,T]$ 内，如图 4.20 所示。

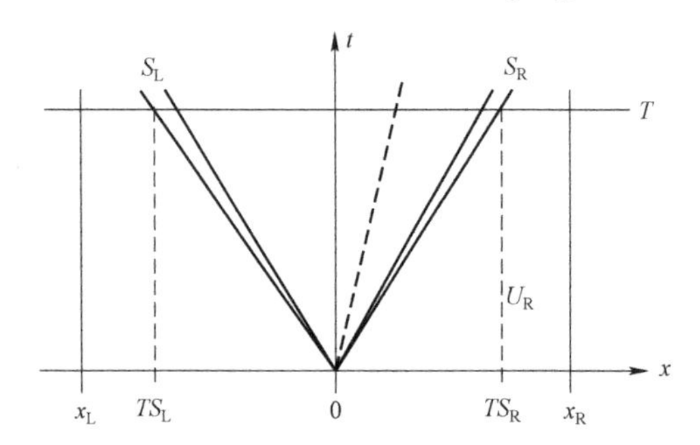

图 4.20　包含黎曼问题控制体

这里 S_L 和 S_R 是最快的波速，区间长度满足：

$$x_L \leqslant TS_L,\ x_R \geqslant TS_R$$

在控制体内对守恒律（4.43）积分可得

$$\int_{x_L}^{x_R} \boldsymbol{U}(x,T)\mathrm{d}x = \int_{x_L}^{x_R} \boldsymbol{U}(x,0)\mathrm{d}x + \int_0^{\mathrm{T}} \boldsymbol{F}(\boldsymbol{U}(x_L,t))\mathrm{d}t - \int_0^{\mathrm{T}} \boldsymbol{F}(\boldsymbol{U}(x_R,t))\mathrm{d}t \tag{4.44}$$

从而有

$$\int_{x_L}^{x_R} \boldsymbol{U}(x,T)\mathrm{d}x = x_R\boldsymbol{U}_R - x_L\boldsymbol{U}_L + T(\boldsymbol{F}_L - \boldsymbol{F}_R) \tag{4.45}$$

其中 $\boldsymbol{F}_L=\boldsymbol{F}(\boldsymbol{U}_L), \boldsymbol{F}_R=\boldsymbol{F}(\boldsymbol{U}_R)$。式（4.45）的左端可以分段积分：

$$\int_{x_L}^{x_R} \boldsymbol{U}(x,T)\mathrm{d}x = \int_{x_L}^{TS_L} \boldsymbol{U}(x,T)\mathrm{d}x + \int_{TS_L}^{TS_R} \boldsymbol{U}(x,T)\mathrm{d}x + \int_{TS_R}^{x_R} \boldsymbol{U}(x,T)\mathrm{d}x$$

即

$$\int_{x_L}^{x_R} \boldsymbol{U}(x,T)\mathrm{d}x = \int_{TS_L}^{TS_R} \boldsymbol{U}(x,T)\mathrm{d}x + (TS_L - x_L)\boldsymbol{U}_L + (x_R - TS_R)\boldsymbol{U}_R \tag{4.46}$$

综合式（4.45）和式（4.46）可得

$$\int_{TS_L}^{TS_R} \boldsymbol{U}(x,T)\mathrm{d}x = T(S_R\boldsymbol{U}_R - S_L\boldsymbol{U}_L + \boldsymbol{F}_L - \boldsymbol{F}_R) \tag{4.47}$$

可见，黎曼问题精确解在区间$[TS_L, TS_R]$内的积分值为常数，其积分均值为

$$\boldsymbol{U}^{\text{hll}} = \frac{1}{T(S_R - S_L)}\int_{TS_L}^{TS_R} \boldsymbol{U}(x,T)\mathrm{d}x = \frac{S_R\boldsymbol{U}_R - S_L\boldsymbol{U}_L + \boldsymbol{F}_L - \boldsymbol{F}_R}{S_R - S_L} \tag{4.48}$$

类似于式（4.44），在控制体$[x_L, 0]\times[0,T]$内对守恒律积分，可得

$$\int_{TS_L}^{0} \boldsymbol{U}(x,T)\mathrm{d}x = -TS_L\boldsymbol{U}_L + T\boldsymbol{F}_L - \int_0^T \boldsymbol{F}(\boldsymbol{U}(0,t))\mathrm{d}t \tag{4.49}$$

定义

$$\boldsymbol{F}^{\text{hll}} = \frac{1}{T}\int_0^T \boldsymbol{F}(\boldsymbol{U}(0,t))\mathrm{d}t$$

应用$\boldsymbol{F}^{\text{hll}}$和$\boldsymbol{U}^{\text{hll}}$的定义及式（4.49）可得

$$\boldsymbol{F}^{\text{hll}} = \boldsymbol{F}_L + S_L(\boldsymbol{U}^{\text{hll}} - \boldsymbol{U}_L) \tag{4.50}$$

同理，在控制体$[0, x_R]\times[0,T]$内可得

$$\boldsymbol{F}^{\text{hll}} = \boldsymbol{F}_R + S_R(\boldsymbol{U}^{\text{hll}} - \boldsymbol{U}_R) \tag{4.51}$$

将式（4.48）代入式（4.50）或式（4.51）可得

$$\boldsymbol{F}^{\text{hll}} = \frac{S_R\boldsymbol{F}_L - S_L\boldsymbol{F}_R + S_LS_R(\boldsymbol{U}_R - \boldsymbol{U}_L)}{S_R - S_L}$$

所谓的 HLL（Harten，Lax，van Leer）黎曼求解器，是假定图 4.19 的星域内是常值区域，其状态为$\boldsymbol{U}^{\text{hll}}$，过$t$轴的通量由$\boldsymbol{F}^{\text{hll}}$近似，即忽略了第二道波的影响，只求平均状态。HLL 黎曼求解器解的结构如图 4.21 所示。

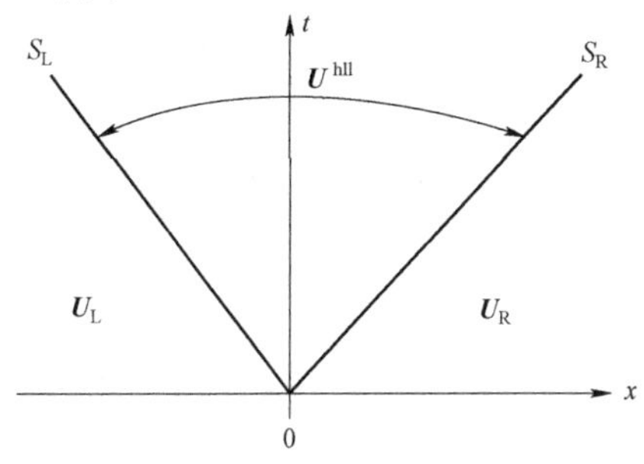

图 4.21　HLL 黎曼求解器解的结构

HLL 黎曼求解器由 Harten、Lax 和 van Leer 提出，其解为

$$\widetilde{\boldsymbol{U}}(x,t) = \begin{cases} \boldsymbol{U}_L, & \dfrac{x}{t} \leqslant S_L \\ \boldsymbol{U}^{\text{hll}}, & S_L \leqslant \dfrac{x}{t} \leqslant S_R \\ \boldsymbol{U}_R, & \dfrac{x}{t} \geqslant S_R \end{cases} \tag{4.52}$$

t 轴的数值通量为

$$F_{i+\frac{1}{2}}^{\mathrm{hll}}=\begin{cases}\boldsymbol{F}_{\mathrm{L}}, & 0\leqslant S_{\mathrm{L}}\\ \dfrac{S_{\mathrm{R}}\boldsymbol{F}_{\mathrm{L}}-S_{\mathrm{L}}\boldsymbol{F}_{\mathrm{R}}+S_{\mathrm{L}}S_{\mathrm{R}}(\boldsymbol{U}_{\mathrm{R}}-\boldsymbol{U}_{\mathrm{L}})}{S_{\mathrm{R}}-S_{\mathrm{L}}}, & S_{\mathrm{L}}\leqslant 0\leqslant S_{\mathrm{R}}\\ \boldsymbol{F}_{\mathrm{R}}, & 0\geqslant S_{\mathrm{R}}\end{cases}\tag{4.53}$$

HLL 黎曼求解器具有良好的稳定性，即使求解较强的正激波也不会产生明显振荡。但其缺点在于无法较好地处理接触间断、剪切波和相间界面等包含第二道波的问题。为此 Toro、Spruce 和 Speares 在 HLL 求解器的基础上提出了 HLLC 求解器，C 代表的是 contact，即该求解器将中间的波也考虑进去，构成了完备的黎曼解。

2. HLLC 黎曼求解器

HLLC 黎曼求解器解的结构如图 4.22 所示。

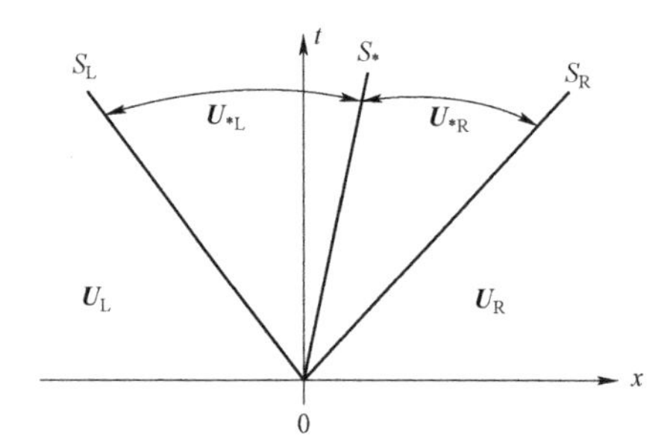

图 4.22　HLLC 黎曼求解器解的结构

第二道波的波速为 S_*，这里不加证明地给出：

$$S_*=\frac{p_{\mathrm{R}}-p_{\mathrm{L}}+\rho_{\mathrm{L}}u_{\mathrm{L}}(S_{\mathrm{L}}-u_{\mathrm{L}})-\rho_{\mathrm{R}}u_{\mathrm{R}}(S_{\mathrm{R}}-u_{\mathrm{R}})}{\rho_{\mathrm{L}}(S_{\mathrm{L}}-u_{\mathrm{L}})-\rho_{\mathrm{R}}(S_{\mathrm{R}}-u_{\mathrm{R}})}$$

这道波将星域分割成 $\boldsymbol{U}_{*\mathrm{L}}$ 和 $\boldsymbol{U}_{*\mathrm{R}}$ 两个常值区域为

$$\boldsymbol{U}_{*K}=\frac{S_K\boldsymbol{U}_K-\boldsymbol{F}_K+p_{*K}\boldsymbol{D}_*}{S_{\mathrm{L}}-S_*},\quad \boldsymbol{D}_*=[0,1,S_*]$$

其中，$K=\mathrm{L}$ 或 R，且

$$p_{*\mathrm{L}}=p_{\mathrm{L}}+\rho_{\mathrm{L}}(S_{\mathrm{L}}-u_{\mathrm{L}})(S_*-u_{\mathrm{L}}),\quad p_{*\mathrm{R}}=p_{\mathrm{R}}+\rho_{\mathrm{R}}(S_{\mathrm{R}}-u_{\mathrm{R}})(S_*-u_{\mathrm{R}})$$

数值通量为

$$\boldsymbol{F}_{*K}=\frac{S_*(S_K\boldsymbol{U}_K-\boldsymbol{F}_K)+S_K(p_K+\rho_{\mathrm{L}}(S_K-u_K)(S_*-u_K))\boldsymbol{D}_*}{S_K-S_*}$$

由于跨过接触间断时压强和速度保持不变，星域的压强应该是常值，因此 HLLC 求解器可以有另一种形式的解。星域的压强为

$$P_{\mathrm{LR}}=\frac{1}{2}[p_{\mathrm{L}}+p_{\mathrm{R}}+\rho_{\mathrm{L}}(S_{\mathrm{L}}-u_{\mathrm{L}})(S_*-u_{\mathrm{L}})+\rho_{\mathrm{R}}(S_{\mathrm{R}}-u_{\mathrm{R}})(S_*-u_{\mathrm{R}})]$$

星域的状态向量为

$$\boldsymbol{U}_{*K} = \frac{S_K \boldsymbol{U}_K - \boldsymbol{F}_K + P_{\mathrm{LR}} \boldsymbol{D}_*}{S_K - S_*}$$

星域的数值通量可表示为

$$\boldsymbol{F}_{*K} = \frac{S_*(S_K \boldsymbol{U}_K - \boldsymbol{F}_K) + S_K P_{\mathrm{LR}} \boldsymbol{D}_*}{S_K - S_*}$$

求得星域的解之后，HLLC 求解器的解为

$$\widetilde{\boldsymbol{U}}(x,t) = \begin{cases} \boldsymbol{U}_{\mathrm{L}} & , \quad \dfrac{x}{t} \leqslant S_{\mathrm{L}} \\ \boldsymbol{U}_{*_{\mathrm{L}}} & , \quad S_{\mathrm{L}} \leqslant \dfrac{x}{t} \leqslant S_* \\ \boldsymbol{U}_{*\mathrm{R}} & , \quad S_* \leqslant \dfrac{x}{t} \leqslant S_{\mathrm{R}} \\ \boldsymbol{U}_{\mathrm{R}} & , \quad \dfrac{x}{t} \geqslant S_{\mathrm{R}} \end{cases}$$

t 轴的数值通量为

$$\boldsymbol{F}_{i+\frac{1}{2}}^{\mathrm{hllc}} = \begin{cases} \boldsymbol{F}_{\mathrm{L}} & , \quad 0 \leqslant S_{\mathrm{L}} \\ \boldsymbol{F}_{*\mathrm{L}} & , \quad S_{\mathrm{L}} \leqslant 0 \leqslant S_* \\ \boldsymbol{F}_{*\mathrm{R}} & , \quad S_* \leqslant 0 \leqslant S_{\mathrm{R}} \\ \boldsymbol{F}_{\mathrm{R}} & , \quad 0 \geqslant S_{\mathrm{R}} \end{cases} \tag{4.54}$$

3. 速度估计

为了利用 HLL 或 HLLC 黎曼求解器求解面上的数值通量，需要估计波的最快传播速度 S_{L} 和 S_{R}。这一估计对计算的稳定性有较大影响，因为在应用 Godunov 型方法求解欧拉方程时，与对流方程稳定性条件（4.33）类似，也需要满足稳定性条件：

$$\Delta t \leqslant \Delta t_{\max} = \frac{\Delta x}{S_{\max}} \tag{4.55}$$

其中

$$S_{\max} = \max(|S_{\mathrm{L}}|, |S_{\mathrm{R}}|)$$

在 HLL 和 HLLC 求解器的发展史上，提出了多种速度估计方法，其中两种常用的直接估计方法如下。

1）Davis 简单估计

直接应用特征速度估计最快波速：

$$S_{\mathrm{L}} = u_{\mathrm{L}} - a_{\mathrm{L}},\ S_{\mathrm{R}} = u_{\mathrm{R}} + a_{\mathrm{R}}$$

或者

$$S_{\mathrm{L}} = \min(u_{\mathrm{L}} - a_{\mathrm{L}}, u_{\mathrm{R}} - a_{\mathrm{R}}),\ S_{\mathrm{R}} = \max(u_{\mathrm{L}} + a_{\mathrm{L}}, u_{\mathrm{R}} + a_{\mathrm{R}})$$

2）Roe 估计

利用 Roe 平均估计最快速度：

$$S_{\mathrm{L}} = \tilde{u} - \tilde{a},\ S_{\mathrm{R}} = \tilde{u} + \tilde{a}$$

或者

$$S_L = \min(u_L - a_L, \tilde{u} - \tilde{a}),\ S_R = \max(\tilde{u} + \tilde{a}, u_R + a_R)$$

其中

$$\tilde{u} = \frac{\sqrt{\rho_L} u_L + \sqrt{\rho_R} u_R}{\sqrt{\rho_L} + \sqrt{\rho_R}}, \tilde{a} = \sqrt{(\gamma - 1)\left(\tilde{h} - \frac{1}{2}\tilde{u}^2\right)}$$

h 为比焓：

$$h = e_i + \frac{p}{\rho},\ \tilde{h} = \frac{\sqrt{\rho_L} h_L + \sqrt{\rho_R} h_R}{\sqrt{\rho_L} + \sqrt{\rho_R}}$$

关于 HLL 和 HLLC 黎曼求解器的详细介绍以及其他常用黎曼求解器，请参考下面的扩展阅读。

扩展阅读

TORO E F. Riemann solvers and numerical methods for fluid dynamics: a practical introduction［M］. Berlin：Springer，2009.

第 8 章至第 12 章

4.3.3 欧拉方程的数值解

Godunov 型有限体积法求解欧拉方程的基本步骤与求解双曲方程组基本一致。考虑欧拉方程的守恒律形式（4.41），网格和第 n 个时间步的单元均值如图 4.23 所示。

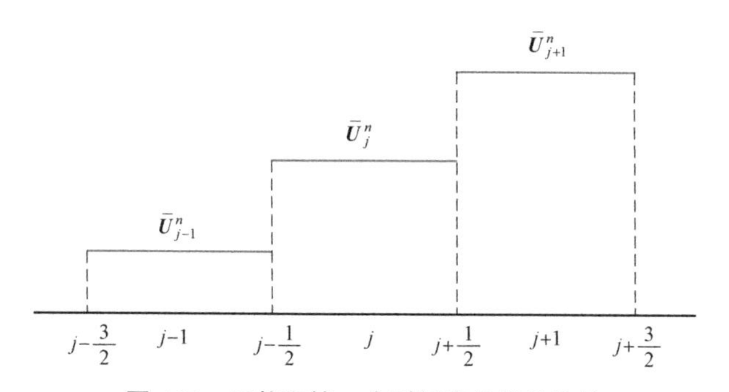

图 4.23　网格和第 n 个时间步的单元均值

对于欧拉方程，同样有类似于式（4.16）的半离散格式，即

$$\frac{d\bar{\boldsymbol{U}}_j^n}{dt} = -\frac{1}{\Delta x_j}\left(\tilde{\boldsymbol{F}}_{j+\frac{1}{2}} - \tilde{\boldsymbol{F}}_{j-\frac{1}{2}}\right) \tag{4.56}$$

为了更新单元内的均值，需要求得面上的数值通量。数值通量的求解通常采用黎曼求解器，为此需要知道每个面左右两侧的状态。从第 n 个时间步的单元均值得到面的左右状态，需要进行重构。因此，求解欧拉方程的步骤分为重构、求解数值通量和更新单元均值。

1. 重构

重构时根据重构的变量不同可分为守恒变量重构、原始变量重构和特征变量重构。

1）守恒变量重构

重构变量为

$$\boldsymbol{U}=(\rho,\rho u,E)^{\mathrm{T}}$$

由于每个时间步更新的值即是守恒变量，重构之前不需要做任何变换。

2）原始变量重构

重构变量为

$$\boldsymbol{W}=(\rho,u,p)^{\mathrm{T}}$$

这种重构方式，需要在重构之前将上个时间步更新的守恒变量转换为原始变量，转换的依据是状态方程。

3）特征变量重构

重构变量为

$$\mathbb{C}=\left(\frac{p}{2\rho a^2}-\frac{u}{2a},\ 1-\frac{p}{\rho a^2},\ \frac{p}{2\rho a^2}+\frac{u}{2a}\right)$$

这种重构方式，需要先根据状态方程将守恒变量转换为原始变量，再求得每个单元内的特征变量的均值。

2. 求解数值通量

以任一方式完成重构之后，得到每个面左右两侧的状态。以守恒变量重构为例，如图 4.24 所示。

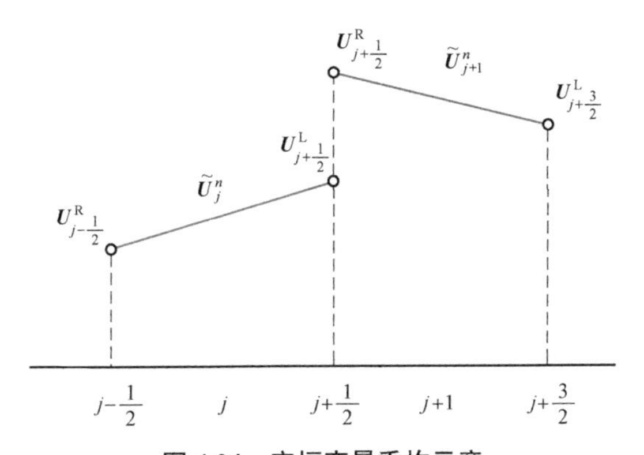

图 4.24　守恒变量重构示意

此时便可利用黎曼求解器求解每个面上的数值通量，如 HLL 或 HLLC 黎曼求解器。在根据式（4.53）或式（4.54）求解数值通量之前，可能需要利用状态方程和特征变量与原始变量的关系完成重构变量至所需变量的转换。

3. 更新单元均值

利用黎曼求解器求得面上的数值通量之后，再根据 4.2.4 小节的高阶时间格式更新守恒变量的单元均值，需要注意的是时间格式的精度要与空间重构格式的精度匹配。具体来说，一阶空间重构可直接应用后向差分时间推进，TVD 格式则需二阶时间格式，三阶及以上的

（W）ENO 格式需要应用三阶及以上的时间格式。

4.4 准一维拉瓦尔喷管流动

本节利用欧拉方程的数值解法求解拉瓦尔喷管的准一维流动。

4.4.1 控制方程

3.1 节建立了绝热无黏准一维喷管流动的定常控制方程，这里重新建立微分形式的非定常控制方程。准一维拉瓦尔喷管及控制体模型如图 4.25 所示。

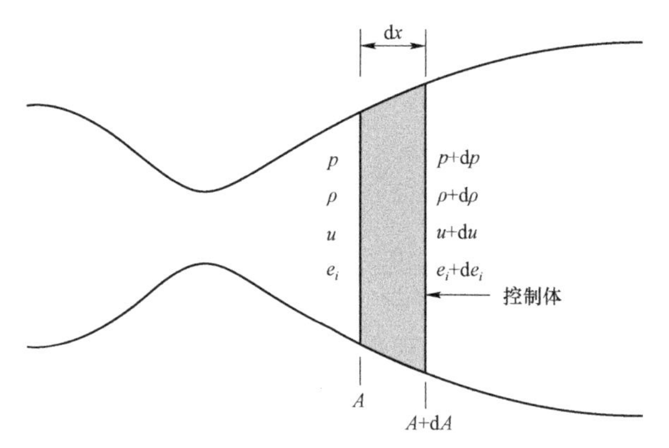

图 4.25 准一维拉瓦尔喷管及控制体模型

1. 质量方程

从积分形式的式（2.9）开始，即

$$\frac{\partial}{\partial t}\oint_{CV}\rho \mathrm{d}\Omega+\oint_{\partial CV}\rho \boldsymbol{V}\cdot \mathrm{d}\boldsymbol{S}=0 \tag{4.57}$$

其中

$$\frac{\partial}{\partial t}\oint_{CV}\rho \mathrm{d}\Omega=\frac{\partial}{\partial t}(\rho A\mathrm{d}x)$$

式（4.57）的第二项为流出控制体的总质量

$$\oint_{\partial CV}\rho \boldsymbol{V}\cdot \mathrm{d}\boldsymbol{S}=-\rho uA+(\rho+\mathrm{d}\rho)(u+\mathrm{d}u)(A+\mathrm{d}A)$$

将上式展开并略去二阶及以上高阶项，可得

$$\oint_{\partial CV}\rho \boldsymbol{V}\cdot \mathrm{d}\boldsymbol{S}=\mathrm{d}(\rho uA)$$

于是可得质量方程为

$$\frac{\partial}{\partial t}(\rho A\mathrm{d}x)+\mathrm{d}(\rho uA)=0$$

方程两端同时除以 $\mathrm{d}x$，并利用 $\partial A/\partial t=0$，进一步可得

$$\frac{\partial \rho}{\partial t}+\frac{\partial}{\partial x}(\rho u)=-\frac{\rho u}{A}\frac{\partial A}{\partial x} \tag{4.58}$$

注意观察式（4.58），是在欧拉方程的质量方程上增加了一个与面积相关的源项。

2. 动量方程

积分形式的动量方程为

$$\frac{\partial}{\partial t}\oint_{CV}\rho u\mathrm{d}\Omega+\oint_{\partial CV}\rho u\boldsymbol{V}\cdot\mathrm{d}\boldsymbol{S}=-\oint_{\partial CV}(p\mathrm{d}\boldsymbol{S})_x \tag{4.59}$$

其中

$$\frac{\partial}{\partial t}\oint_{CV}\rho u\mathrm{d}\Omega=\frac{\partial}{\partial t}(\rho uA\mathrm{d}x)$$

流出控制体的总动量为

$$\oint_{\partial CV}\rho u\boldsymbol{V}\cdot\mathrm{d}\boldsymbol{S}=-\rho uuA+(\rho+\mathrm{d}\rho)(u+\mathrm{d}u)^2(A+\mathrm{d}A)=\mathrm{d}(\rho u^2A)$$

式（4.59）右端项为控制体表面所受压力在 x 方向的分量，如图 4.26 所示。

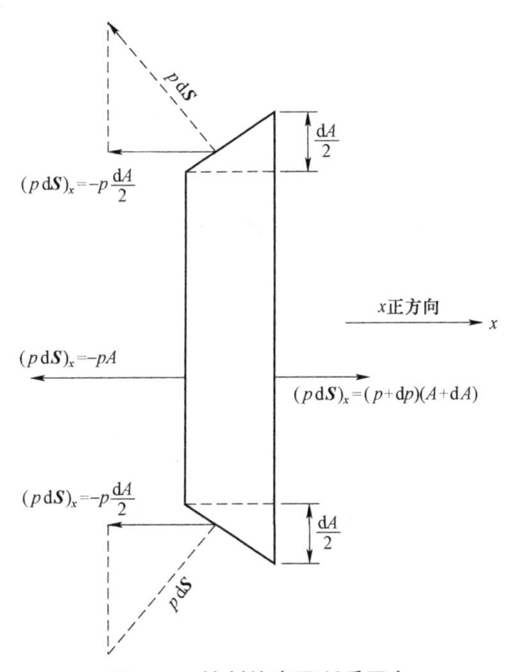

图 4.26　控制体表面所受压力

$$\oint_{\partial CV}(p\mathrm{d}\boldsymbol{S})_x=-pA+(p+\mathrm{d}p)(A+\mathrm{d}A)-2p\frac{\mathrm{d}A}{2}=A\mathrm{d}p$$

将上述三项代入式（4.59）可得

$$\frac{\partial}{\partial t}(\rho uA\mathrm{d}x)+\mathrm{d}(\rho u^2A)=-A\mathrm{d}p$$

同质量方程，方程两端同时除以 $\mathrm{d}x$，并利用 $\partial A/\partial t=0$ 可得

$$\frac{\partial(\rho u)}{\partial t}+\frac{\partial}{\partial x}(\rho u^2+p)=-\frac{\rho u^2}{A}\frac{\partial A}{\partial x} \tag{4.60}$$

式（4.60）是欧拉方程的动量方程加上右端的源项。

3. 能量方程

控制体的能量守恒可以表述为

$$\frac{\partial}{\partial t}\oint_{CV}\rho\left(e_i+\frac{1}{2}u^2\right)\mathrm{d}\Omega+\oint_{\partial CV}\rho\left(e_i+\frac{1}{2}u^2\right)\boldsymbol{V}\cdot\mathrm{d}\boldsymbol{S}=-\oint_{\partial CV}p\boldsymbol{V}\cdot\mathrm{d}\boldsymbol{S} \tag{4.61}$$

其中

$$\frac{\partial}{\partial t}\oint_{CV}\rho\left(e_i+\frac{1}{2}u^2\right)\mathrm{d}\Omega=\frac{\partial}{\partial t}(EA\mathrm{d}x)$$

流出控制体的总能量为

$$\oint_{\partial CV}\rho\left(e_i+\frac{1}{2}u^2\right)\boldsymbol{V}\cdot\mathrm{d}\boldsymbol{S}=-\rho\left(e_i+\frac{1}{2}u^2\right)uA+(\rho+\mathrm{d}\rho)\left(e_i+\mathrm{d}e_i+\frac{1}{2}(u+\mathrm{d}u)^2\right)(u+\mathrm{d}u)(A+\mathrm{d}A)$$

略去高次项可得

$$\oint_{\partial CV}\rho\left(e_i+\frac{1}{2}u^2\right)\boldsymbol{V}\cdot\mathrm{d}\boldsymbol{S}=\mathrm{d}\left[\rho\left(e_i+\frac{1}{2}u^2\right)uA\right]=\mathrm{d}(EuA)$$

对于压强做功的项，注意壁面上的压强不做功，因此：

$$\oint_{\partial CV}p\boldsymbol{V}\cdot\mathrm{d}\boldsymbol{S}=-puA+(p+\mathrm{d}p)(u+\mathrm{d}u)(A+\mathrm{d}A)$$

略去高次项有

$$\oint_{\partial CV}p\boldsymbol{V}\cdot\mathrm{d}\boldsymbol{S}=\mathrm{d}(puA)$$

上述项代入式（4.61）可得

$$\frac{\partial}{\partial t}(EA\mathrm{d}x)+\mathrm{d}[(E+p)uA]=0$$

进一步有

$$\frac{\partial E}{\partial t}+\frac{\partial}{\partial x}[(E+p)u]=-\frac{(E+p)u}{A}\frac{\partial A}{\partial x} \tag{4.62}$$

式（4.58）、式（4.60）和式（4.62）构成了绝热无黏准一维非定常流动的控制方程组，分别是欧拉方程的各个方程加上一个源项的形式。因此，只需对源项进行适当处理，欧拉方程的数值解法便可直接推广至该方程组。

4.4.2 数值解法

参考欧拉方程，准一维流动的控制方程可写成如下准线性形式。

$$\boldsymbol{U}_t+\boldsymbol{F}_x(\boldsymbol{U})=\boldsymbol{S}(\boldsymbol{U}) \tag{4.63}$$

其中

$$\boldsymbol{U}=\begin{bmatrix}u_1\\u_2\\u_3\end{bmatrix}=\begin{bmatrix}\rho\\\rho u\\E\end{bmatrix},\ \boldsymbol{F}(\boldsymbol{U})=\begin{bmatrix}f_1\\f_2\\f_3\end{bmatrix}=\begin{bmatrix}\rho u\\\rho uu+p\\(E+p)u\end{bmatrix},\boldsymbol{S}(\boldsymbol{U})=\begin{bmatrix}-\dfrac{\rho u}{A}\dfrac{\partial A}{\partial x}\\-\dfrac{\rho u^2}{A}\dfrac{\partial A}{\partial x}\\-\dfrac{(E+p)u}{A}\dfrac{\partial A}{\partial x}\end{bmatrix}$$

利用 4.1 节提到的算子分裂方法，可将式（4.56）的求解分为如下两步。

1. 求解欧拉方程

先应用 4.3 节的方法求解欧拉方程：

$$\boldsymbol{U}_t + \boldsymbol{F}_x(\boldsymbol{U}) = 0$$

得到所有面的数值通量 $\tilde{\boldsymbol{F}}_{j+\frac{1}{2}}$。

$$\frac{\mathrm{d}\bar{\boldsymbol{U}}_j^n}{\mathrm{d}t} = -\frac{1}{\Delta x_j}\left(\tilde{\boldsymbol{F}}_{j+\frac{1}{2}} - \tilde{\boldsymbol{F}}_{j-\frac{1}{2}}\right)$$

2. 求解源项

$$\boldsymbol{U}_t = \boldsymbol{S}(\boldsymbol{U})$$

应用单元均值的定义可得

$$\frac{\mathrm{d}\bar{\boldsymbol{U}}_j^n}{\mathrm{d}t} = \boldsymbol{S}(\bar{\boldsymbol{U}}_j^n)$$

再将对流项和源项的效应合并可得

$$\frac{\mathrm{d}\bar{\boldsymbol{U}}_j^n}{\mathrm{d}t} = -\frac{1}{\Delta x_j}\left(\tilde{\boldsymbol{F}}_{j+\frac{1}{2}} - \tilde{\boldsymbol{F}}_{j-\frac{1}{2}}\right) + \boldsymbol{S}(\bar{\boldsymbol{U}}_j^n) \tag{4.64}$$

最后根据空间重构的精度选择适当的时间离散格式，即可更新单元均值，求得数值解。

4.5　多维黏性可压缩气流的数值解

本节在一维欧拉方程的基础上引入黏性项，探讨 NS 方程组的数值解法，然后将一维问题推至多维问题。

4.5.1　一维黏性流动

2.2 节讨论了完整的三维流体动力学控制方程，下面在不考虑体积力和热辐射的条件下，讨论其一维问题。控制方程为

$$\begin{aligned}
&\frac{\partial \rho}{\partial t} + \frac{\partial}{\partial x}(\rho u) = 0 \\
&\frac{\partial}{\partial t}(\rho u) + \frac{\partial}{\partial x}(\rho u u + p) = \frac{\partial}{\partial x}\left[(\lambda + 2\mu)\frac{\partial u}{\partial x}\right] \\
&\frac{\partial E}{\partial t} + \frac{\partial}{\partial x}((E + p)u) = \frac{\partial}{\partial x}\left[k\frac{\partial T}{\partial x}\right] + \frac{\partial}{\partial x}\left[(\lambda + 2\mu)u\frac{\partial u}{\partial x}\right]
\end{aligned} \tag{4.65}$$

相比于欧拉方程，式（4.65）增添了右端的黏性项和热传导项。处理的方法类似于 4.4 节，采用算子分裂的方法，先求解欧拉方程得对流项的数值通量，再求解右端项方程。

进一步观察能量方程的右端项，可以合并为

$$\frac{\partial}{\partial x}\left[k\frac{\partial T}{\partial x}\right] + \frac{\partial}{\partial x}\left[(\lambda + 2\mu)u\frac{\partial u}{\partial x}\right] = \frac{\partial}{\partial x}\left[k\frac{\partial T}{\partial x} + (\lambda + 2\mu)u\frac{\partial u}{\partial x}\right]$$

从而与动量方程右端项具有一致的数学形式。两者的处理方法也是一致的，黏性项和热传导项都可以采用中心差分格式。

1. 动量方程右端项

在单元 I_j 上对该项做空间积分可得

$$\int_{x_{j-\frac{1}{2}}}^{x_{j+\frac{1}{2}}} \frac{\partial}{\partial x}\left[(\lambda+2\mu)\frac{\partial u}{\partial x}\right]\mathrm{d}x = \tau_{j+\frac{1}{2}} - \tau_{j-\frac{1}{2}}$$

其中

$$\tau_{j+\frac{1}{2}} = \left[(\lambda+2\mu)\frac{\partial u}{\partial x}\right]_{x_{j+\frac{1}{2}}}$$

为面 $j+\dfrac{1}{2}$ 处的黏性动量通量，也需要以数值黏性动量通量近似。可采用中心差分法离散，以均匀网格的二阶中心差分为例。

$$\tilde{\tau}_{j+\frac{1}{2}} = (\lambda+2\mu)\Big|_{x_{j+\frac{1}{2}}} \frac{\partial u}{\partial x}\Big|_{x_{j+\frac{1}{2}}} = \frac{(\lambda+2\mu)\big|_j + (\lambda+2\mu)\big|_{j+1}}{2}\frac{u_{j+1}-u_j}{\Delta x}$$

若采用 Stokes 假设，即 $\lambda = -\dfrac{2}{3}\mu$，且 μ 为常数，则

$$\tilde{\tau}_{j+\frac{1}{2}} = \frac{4\mu(u_{j+1}-u_j)}{3\Delta x}$$

2. 能量方程右端项

在单元 I_j 上有

$$\int_{x_{j-\frac{1}{2}}}^{x_{j+\frac{1}{2}}} \frac{\partial}{\partial x}\left[k\frac{\partial T}{\partial x} + (\lambda+2\mu)u\frac{\partial u}{\partial x}\right]\mathrm{d}x = Q_{j+\frac{1}{2}} - Q_{j-\frac{1}{2}}$$

其中

$$Q_{j+\frac{1}{2}} = \left[k\frac{\partial T}{\partial x} + (\lambda+2\mu)u\frac{\partial u}{\partial x}\right]_{x_{j+\frac{1}{2}}}$$

依然可以采用中心差分格式近似，例如：

$$\begin{aligned}
\tilde{Q}_{j+\frac{1}{2}} &= k_{j+\frac{1}{2}}\left(\frac{\partial T}{\partial x}\right)_{j+\frac{1}{2}} + (\lambda+2\mu)_{j+\frac{1}{2}}\left(u\frac{\partial u}{\partial x}\right)_{j+\frac{1}{2}} \\
&= \frac{k_j + k_{j+1}}{2}\frac{T_{j+1}-T_j}{\Delta x} + \frac{(\lambda+2\mu)_j + (\lambda+2\mu)_{j+1}}{2}\frac{\left(u\dfrac{\partial u}{\partial x}\right)_j + \left(u\dfrac{\partial u}{\partial x}\right)_{j+1}}{2} \\
&= \frac{k_j + k_{j+1}}{2}\frac{T_{j+1}-T_j}{\Delta x} + \frac{(\lambda+2\mu)_j + (\lambda+2\mu)_{j+1}}{4}\left(u_j\frac{u_{j+1}-u_{j-1}}{2\Delta x} + u_{j+1}\frac{u_{j+2}-u_j}{2\Delta x}\right)
\end{aligned}$$

温度由状态方程得到：

$$T=\frac{1}{C_v}\left(\frac{E}{\rho}-\frac{1}{2}u^2\right)$$

综合可得式（4.58）右端项的近似为

$$\boldsymbol{S}(\bar{\boldsymbol{U}}_j^n)=\begin{bmatrix}0\\ \dfrac{1}{\Delta x}\left(\tilde{\tau}_{j+\frac{1}{2}}-\tilde{\tau}_{j-\frac{1}{2}}\right)\\ \dfrac{1}{\Delta x}\left(\tilde{Q}_{j+\frac{1}{2}}-\tilde{Q}_{j-\frac{1}{2}}\right)\end{bmatrix}$$

代入式（4.57），再应用时间离散格式即可更新单元均值。

需要注意的是热传导项和黏性项的离散方法并不唯一，中心差分法的离散都是可以尝试的。还可以对所有的右端项略做调整，直接用中心差分近似。例如动量方程的右端项为

$$\frac{\partial}{\partial x}\left[(\lambda+2\mu)\frac{\partial u}{\partial x}\right]=\frac{\partial(\lambda+2\mu)}{\partial x}\frac{\partial u}{\partial x}+(\lambda+2\mu)\frac{\partial^2 u}{\partial x^2}$$

4.5.2　多维欧拉方程

本章前面的内容都是针对一维流动展开讨论，下面拓展到多维流动。三维欧拉方程的守恒律形式微分方程为

$$\boldsymbol{U}_t+\boldsymbol{F}_x(\boldsymbol{U})+\boldsymbol{G}_y(\boldsymbol{U})+\boldsymbol{H}_z(\boldsymbol{U})=\boldsymbol{0} \tag{4.66}$$

其中

$$\boldsymbol{U}=\begin{bmatrix}\rho\\ \rho u\\ \rho v\\ \rho w\\ E\end{bmatrix},\ \boldsymbol{F}(\boldsymbol{U})=\begin{bmatrix}\rho u\\ \rho uu+p\\ \rho vu\\ \rho wu\\ (E+p)u\end{bmatrix},\ \boldsymbol{G}(\boldsymbol{U})=\begin{bmatrix}\rho u\\ \rho uv\\ \rho vv+p\\ \rho wv\\ (E+p)v\end{bmatrix},\ \boldsymbol{H}(\boldsymbol{U})=\begin{bmatrix}\rho u\\ \rho uw\\ \rho vw\\ \rho ww+p\\ (E+p)w\end{bmatrix}$$

总能量为

$$E=\rho\left[e_i+\frac{1}{2}(u^2+v^2+w^2)\right]$$

式（4.66）的积分形式为

$$\frac{\partial}{\partial t}\iiint_\Omega \boldsymbol{U}\mathrm{d}\Omega+\iint_{\partial\Omega}\boldsymbol{H}\cdot\vec{n}\mathrm{d}A=0 \tag{4.67}$$

其中，Ω 为控制体；$\partial\Omega$ 为控制体边界；$\boldsymbol{H}=(F,G,H)$ 为通量张量；$\vec{n}$ 为边界的单位外法向量。

1. 旋转不变性

边界的单位外法向量可以表示为 [1]

$$\vec{n}=(\cos\theta_1\cos\theta_2,\ \cos\theta_1\sin\theta_2,\ \sin\theta_1)$$

其中，θ_1 和 θ_2 为直角坐标系下，单位外法向量的两个方向角。于是三维欧拉方程满足如下关系式：

$$\boldsymbol{H}\cdot\vec{n}=\boldsymbol{T}^{-1}\boldsymbol{F}(\boldsymbol{TU})$$

其中

$$\boldsymbol{T}=\begin{bmatrix}1 & 0 & 0 & 0 & 0\\ 0 & \cos\theta_1\cos\theta_2 & \cos\theta_1\sin\theta_2 & \sin\theta_1 & 0\\ 0 & -\sin\theta_2 & \cos\theta_2 & 0 & 0\\ 0 & -\sin\theta_1\cos\theta_2 & -\sin\theta_1\sin\theta_2 & \cos\theta_1 & 0\\ 0 & 0 & 0 & 0 & 1\end{bmatrix}$$

2. 方向分裂欧拉方程

采用数值的方法求解多维欧拉方程时，常常要用到方向分裂的欧拉方程，以 x 方向为例，x 向分裂欧拉方程的守恒律形式为

$$\boldsymbol{U}_t+\boldsymbol{F}_x(\boldsymbol{U})=\boldsymbol{0} \tag{4.68}$$

其中

$$\boldsymbol{U}=\begin{bmatrix}\rho\\ \rho u\\ \rho v\\ \rho w\\ E\end{bmatrix},\quad \boldsymbol{F}(\boldsymbol{U})=\begin{bmatrix}\rho u\\ \rho uu+p\\ \rho vu\\ \rho wu\\ (E+p)u\end{bmatrix}$$

显然，方向分裂也是算子分裂的一种。式（4.68）为双曲方程组，其特征值为 $\lambda_1=u-a, \lambda_{2,3,4}=u, \lambda_5=u+a$。

x 向分裂欧拉方程的黎曼问题为

$$\begin{cases}\boldsymbol{U}_t+\boldsymbol{F}_x(\boldsymbol{U})=\boldsymbol{0}\\ \boldsymbol{U}(x,0)=\boldsymbol{U}^{(0)}(x)=\begin{cases}\boldsymbol{U}_L, & x<0\\ \boldsymbol{U}_R, & x>0\end{cases}\end{cases}$$

其解的结构如图4.27所示，中间的三道波对应同一个接触间断，跨过这个间断时 ρ、v、w 发生跳跃，而 u、p 保持不变。

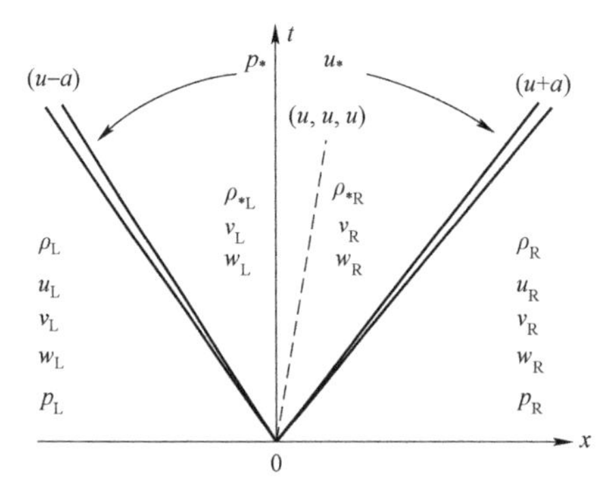

图 4.27　x 向分裂欧拉方程的黎曼解

星域的左半部分的切向速度为

$$v_{*\mathrm{L}}=v_{\mathrm{L}},\ w_{*\mathrm{L}}=w_{\mathrm{L}}$$

右半部分切向速度为

$$v_{*\mathrm{R}}=v_{\mathrm{R}},\ w_{*\mathrm{R}}=w_{\mathrm{R}}$$

其余黎曼解与一维欧拉方程的黎曼解保持一致。因此，一维欧拉方程的黎曼求解器可直接用于求解 x 向分裂欧拉方程的黎曼问题。

3. 结构化网格求解多维欧拉方程

由四边形网格（二维问题）或六面体网格（三维问题）构成的拓扑结构单一的网格称为结构化网格。对于中心存储的有限体积法而言，一般的二维结构化网格示意如图 4.28 所示。

在实际使用的过程中，常用到规整的二维结构化网格，如图 4.29 所示。

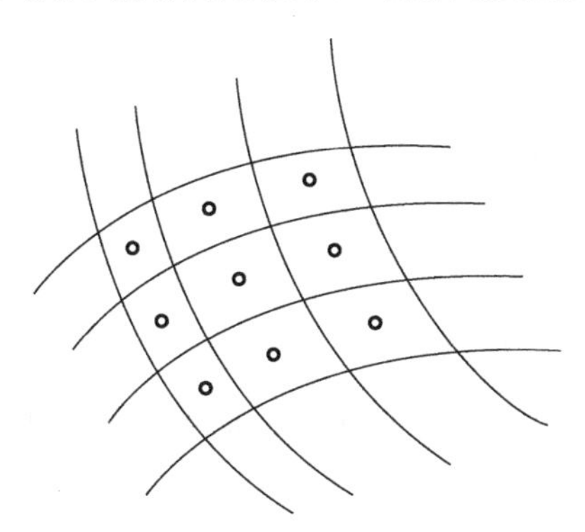

图 4.28　一般的二维结构化网格示意

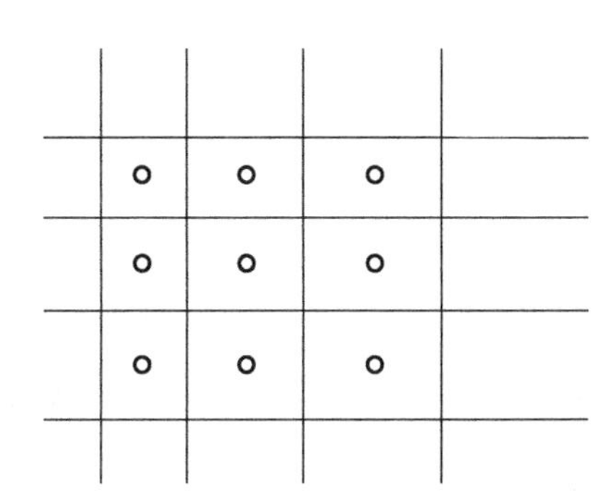

图 4.29　规整的二维结构化网格示意

结构化网格求解三维欧拉方程，可以采用方向分裂的方法，将式（4.66）分裂成 3 个与式（4.68）结构类似的方程组，即

$$\begin{aligned}\boldsymbol{U}_t+\boldsymbol{F}_x(\boldsymbol{U})=\boldsymbol{0}\\ \boldsymbol{U}_t+\boldsymbol{G}_y(\boldsymbol{U})=\boldsymbol{0}\\ \boldsymbol{U}_t+\boldsymbol{H}_z(\boldsymbol{U})=\boldsymbol{0}\end{aligned}$$

分别在三个方向上求数值通量 $\tilde{\boldsymbol{F}}_{j+\frac{1}{2}}$、$\tilde{\boldsymbol{G}}_{k+\frac{1}{2}}$、$\tilde{\boldsymbol{H}}_{i+\frac{1}{2}}$，得半离散格式为

$$\frac{\mathrm{d}\bar{\boldsymbol{U}}_{jki}^{n}}{\mathrm{d}t}=-\frac{1}{\Delta x_j}\left(\tilde{\boldsymbol{F}}_{j+\frac{1}{2}}-\tilde{\boldsymbol{F}}_{j-\frac{1}{2}}\right)-\frac{1}{\Delta y_k}\left(\tilde{\boldsymbol{G}}_{k+\frac{1}{2}}-\tilde{\boldsymbol{G}}_{k-\frac{1}{2}}\right)-\frac{1}{\Delta z_i}\left(\tilde{\boldsymbol{H}}_{i+\frac{1}{2}}-\tilde{\boldsymbol{H}}_{i-\frac{1}{2}}\right) \tag{4.69}$$

再根据空间重构的精度选择匹配的时间离散格式，更新单元均值。

4. 非结构化网格求解多维欧拉方程

结构化网格以外的网格为非结构化网格，在二维问题中可包含任意多边形，三维问题中可包含任意多面体。典型的二维非结构化网格如图 4.30 所示。

在非结构化网格上采用有限体积法求解三维欧拉方程，需要应用其积分形式，即式（4.67）。应用单元均值的定义，可将其写成

$$\frac{\partial\bar{\boldsymbol{U}}_j^n}{\partial t}=-\frac{1}{\left|\Omega_j\right|}\iint_{\partial\Omega_j}\boldsymbol{H}\cdot\vec{n}\mathrm{d}A \tag{4.70}$$

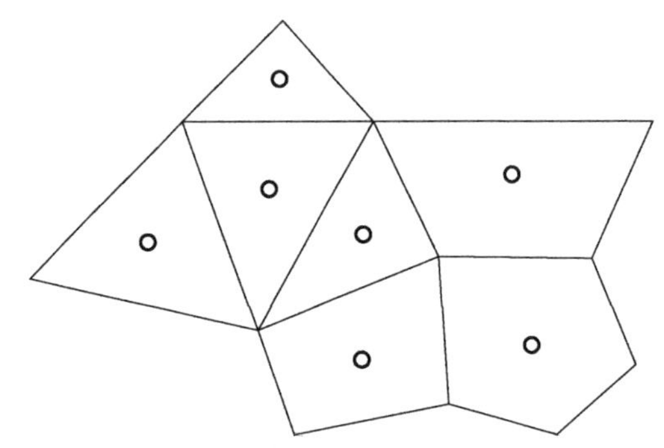

图 4.30　典型的二维非结构化网格

这里$|\Omega_j|$为单元Ω_j的体积，$\partial\Omega_j$为单元边界。根据积分的定义，可将通量写成

$$\iint_{\partial\Omega_j} \boldsymbol{H} \cdot \vec{n} \mathrm{d}A = \sum_{k=1}^{K} \boldsymbol{H} \cdot \vec{n}_{jk} A_{jk}$$

其中，$\vec{n}_{jk}$为单元Ω_j的第$k(k=1,2,\cdots,k)$个面的单位外法向量；A_{jk}为第k个面的面积。利用欧拉方程的旋转不变性，可将通量的求解转换至面法线方向，再利用分裂欧拉方程的黎曼解求得数值通量。

$$\boldsymbol{H} \cdot \vec{n}_{jk} = \boldsymbol{T}_{jk}^{-1} \tilde{\boldsymbol{F}}(\boldsymbol{T}_{jk} \boldsymbol{U}_{jk}^{+}, \boldsymbol{T}_{jk} \boldsymbol{U}_{jk}^{-})$$

其中，$\boldsymbol{U}_{jk}^{\pm}$是单元$\Omega_j$的第$k$个面左右两侧的重构状态，需要注意的是，非结构网格的重构是多维重构。

将数值通量代入式（4.70）可得半离散格式为

$$\frac{\mathrm{d}\bar{\boldsymbol{U}}_j^n}{\partial t} = -\frac{1}{|\Omega_j|} \sum_{k=1}^{K} \boldsymbol{T}_{jk}^{-1} \tilde{\boldsymbol{F}}(\boldsymbol{T}_{jk} \boldsymbol{U}_{jk}^{+}, \boldsymbol{T}_{jk} \boldsymbol{U}_{jk}^{-}) A_{jk} \tag{4.71}$$

4.5.3　多维黏性流动

4.5.1 小节讨论了一维黏性气流的数值解法，下面将其推至多维问题。控制方程为

$$\begin{aligned}
&\frac{\partial \rho}{\partial t} + \nabla \cdot (\rho \vec{V}) = 0 \\
&\frac{\partial}{\partial t}(\rho u) + \frac{\partial}{\partial x}(\rho uu + p) + \frac{\partial}{\partial y}(\rho uv) + \frac{\partial}{\partial z}(\rho uw) = \frac{\partial \tau_{xx}}{\partial x} + \frac{\partial \tau_{yx}}{\partial y} + \frac{\partial \tau_{zx}}{\partial z} \\
&\frac{\partial}{\partial t}(\rho v) + \frac{\partial}{\partial x}(\rho vu) + \frac{\partial}{\partial y}(\rho vv + p) + \frac{\partial}{\partial z}(\rho vw) = \frac{\partial \tau_{xy}}{\partial x} + \frac{\partial \tau_{yy}}{\partial y} + \frac{\partial \tau_{zy}}{\partial z} \\
&\frac{\partial}{\partial t}(\rho w) + \frac{\partial}{\partial x}(\rho wu) + \frac{\partial}{\partial y}(\rho wv) + \frac{\partial}{\partial z}(\rho ww + p) = \frac{\partial \tau_{xz}}{\partial x} + \frac{\partial \tau_{yz}}{\partial y} + \frac{\partial \tau_{zz}}{\partial z} \\
&\frac{\partial E}{\partial t} + \nabla \cdot ((E+p)\vec{V}) = \frac{\partial}{\partial x}\left[k \frac{\partial T}{\partial x}\right] + \frac{\partial u\tau_{xx}}{\partial x} + \frac{\partial u\tau_{yx}}{\partial y} + \frac{\partial u\tau_{zx}}{\partial z} + \\
&\qquad \frac{\partial v\tau_{xy}}{\partial x} + \frac{\partial v\tau_{yy}}{\partial y} + \frac{\partial v\tau_{zy}}{\partial z} + \frac{\partial w\tau_{xz}}{\partial x} + \frac{\partial w\tau_{yz}}{\partial y} + \frac{\partial w\tau_{zz}}{\partial z}
\end{aligned} \tag{4.72}$$

也可记为

$$\boldsymbol{U}_t + \boldsymbol{F}_x(\boldsymbol{U}) + \boldsymbol{G}_y(\boldsymbol{U}) + \boldsymbol{H}_z(\boldsymbol{U}) = \boldsymbol{J}(\boldsymbol{U}) \tag{4.73}$$

其中通量项的记法与欧拉方程相同，为

$$\boldsymbol{J}(\boldsymbol{U}) = \begin{bmatrix} 0 \\ \dfrac{\partial \tau_{xx}}{\partial x} + \dfrac{\partial \tau_{yx}}{\partial y} + \dfrac{\partial \tau_{zx}}{\partial z} \\ \dfrac{\partial \tau_{xy}}{\partial x} + \dfrac{\partial \tau_{yy}}{\partial y} + \dfrac{\partial \tau_{zy}}{\partial z} \\ \dfrac{\partial \tau_{xz}}{\partial x} + \dfrac{\partial \tau_{yz}}{\partial y} + \dfrac{\partial \tau_{zz}}{\partial z} \\ \dfrac{\partial}{\partial x}\left[k\dfrac{\partial T}{\partial x}\right] + \dfrac{\partial u\tau_{xx}}{\partial x} + \dfrac{\partial u\tau_{yx}}{\partial y} + \dfrac{\partial u\tau_{zx}}{\partial z} + \dfrac{\partial v\tau_{xy}}{\partial x} + \dfrac{\partial v\tau_{yy}}{\partial y} + \dfrac{\partial v\tau_{zy}}{\partial z} + \dfrac{\partial w\tau_{xz}}{\partial x} + \dfrac{\partial w\tau_{yz}}{\partial y} + \dfrac{\partial w\tau_{zz}}{\partial z} \end{bmatrix}$$

可采用算子分裂的方法，先利用黎曼求解器求解三维欧拉方程得数值通量，再用中心差分法离散求解黏性项和热传导项。

4.6　湍流与燃气射流的数值仿真

如前所述，燃气射流通常是超声速的高速流动，不存在清晰的流动分层，流线也不再清楚可辨，这种流动状态被称为湍流。层流与湍流的流线如图 4.31 所示，湍流中存在多个尺度的涡以及由此产生的较强的质量、动量和能量交换。

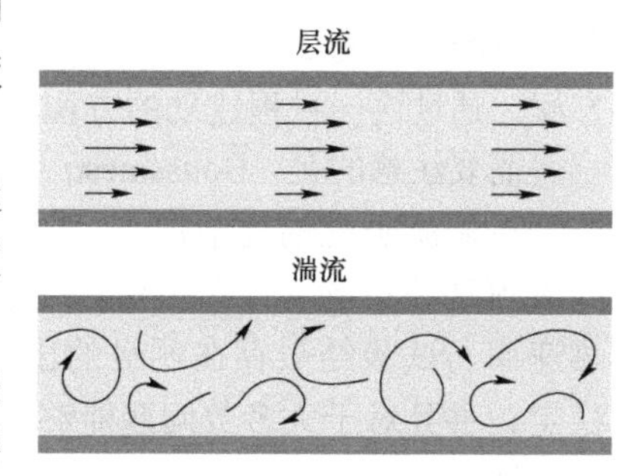

图 4.31　层流与湍流的流线

对于燃气射流动力学问题，湍流的时间与空间尺度远小于几何模型的特征尺寸，要想完全求解其各个时空尺度的流动结构，必须确保数值计算的时间与空间尺度足够小，这对计算资源的要求极高。另外，实际工程中往往更为关注燃气射流流场的时均特性。因此，人们寻求一种不需要解析湍流流动细节而又能够反映湍流对流场时均量的影响的方法。目前常用的方法是对 NS 方程做 Reynolds 平均或 Favre 平均，前者常用于求解不可压缩湍流，后者则用于可压缩湍流。严格来讲，燃气射流中的湍流属于可压缩湍流。但可压缩湍流的计算较为复杂，且工程中燃气射流的湍流可压缩效应影响的区域集中在核心区附近的高速区域，在其余流场则可近似为不可压缩湍流。因此，射流仿真中常用的是雷诺平均（Reynolds-average）湍流模型[6]。

1. Reynolds 平均

为了反映湍流的时均特性，雷诺提出，将流场中的瞬态量 ϕ 写成时均量 $\overline{\phi}$ 与脉动量 ϕ' 之和，即

$$\phi = \overline{\phi} + \phi'$$

其中，时均量定义为

$$\overline{\phi} = \frac{1}{2T}\int_{-T}^{T} \phi \mathrm{d}t$$

对质量方程与动量方程中的速度取雷诺平均可得

$$\frac{\partial \rho}{\partial t}+\frac{\partial \rho u_i}{\partial x_i}=0$$

$$\frac{\partial \rho u_i}{\partial t}+\frac{\partial \rho u_i u_j}{\partial x_j}=-\frac{\partial p}{\partial x_i}+\frac{\partial}{\partial x_j}\left[\mu\left(\frac{\partial u_i}{\partial x_j}+\frac{\partial u_j}{\partial x_i}-\frac{2}{3}\delta_{ij}\frac{\partial u_k}{\partial x_k}\right)\right]+\frac{\partial}{\partial x_j}\left(-\rho\overline{u_i' u_j'}\right)$$

其中，时均后的速度分量省去了时均符号。可以看出，雷诺平均后的 NS（RANS）方程与原方程在形式上基本一致。区别主要在于，待求解的速度分量是时均量而非瞬态量，且动量方程中出现了新的应力导数项 $\frac{\partial}{\partial x_j}\left(-\rho\overline{u_i' u_j'}\right)$。其中 $-\rho\overline{u_i' u_j'}$ 被称为雷诺应力，是由雷诺平均产生的，其物理意义为湍流流动产生的等效黏性力。引入该项后，RANS 方程不再封闭，必须建立关于雷诺应力的新方程。

2. Boussinesq 假设

为了闭合 RANS 方程，Boussinesq 假设湍流对平均流的作用仅相当于增大了扩散系数。对于动量方程而言，相当于增大了流体的黏性，且湍流黏性是各向同性的，即

$$-\rho\overline{u_i' u_j'}=\mu_t\left(\frac{\partial u_i}{\partial x_j}+\frac{\partial u_j}{\partial x_i}\right)-\frac{2}{3}\rho k\delta_{ij}$$

其中，μ_t 为湍流黏性；k 为湍流动能。通过 Boussinesq 假设，RANS 方程中多余未知量由 6 个（三维）变为 2 个。为了使整个方程组封闭，需要进一步构建关于湍流黏性与湍流动能的方程。通过这一过程建立的方程即所谓的湍流模型。

需要注意的是，Boussinesq 当时提出该假设是基于物理直觉的，并没有严谨的理论支撑。随着对湍流研究的逐渐深入，人们逐渐认识到 Boussinesq 假设的各向同性湍流黏性与实际湍流流动并不吻合。在射流冲击传热等各向异性较强的问题上，Boussinesq 假设得到的传热速率与试验结果存在明显的出入。尽管如此，由于 Boussinesq 假设形式紧致，计算结果稳定，并且对于大多数问题能够得到较好的结果，因此目前依然是工程问题中模拟湍流的基本方法。

3. 常见湍流模型及其适用性

1）Spalart-Allmaras（SA）模型

SA 模型是一个单方程模型，该模型求解湍流运动黏性 $\tilde{\nu}$ 的输运方程。SA 模型是专门为航空航天工程问题设计的湍流模型，在壁面边界层流动、逆压梯度流动等问题上表现优秀，并且广泛用于涡轮机械领域。

SA 模型中求解湍流运动黏性 $\tilde{\nu}$ 的输运方程为

$$\frac{\partial}{\partial t}(\rho\tilde{\nu})+\frac{\partial}{\partial x_i}(\rho\tilde{\nu}u_i)=G_\nu+\frac{1}{\sigma_{\tilde{\nu}}}\left[\frac{\partial}{\partial x_j}\left((\mu+\rho\tilde{\nu})\frac{\partial\tilde{\nu}}{\partial x_j}\right)+C_{b2}\rho\left(\frac{\partial\tilde{\nu}}{\partial x_j}\right)^2\right]-Y_\nu$$

其中，ρ 为流体密度；u_i 为流体速度分量；G_ν 为湍流黏性生成项；Y_ν 为湍流黏性耗散项；$\sigma_{\tilde{\nu}}$ 与 C_{b2} 为模型常数。

需要注意的是，除航空航天工程中的气动问题外，SA 模型并不具有普适性。对于自由剪

切流与射流问题，SA 模型会引入较大的误差。

2）realizable $k-\varepsilon$（RKE）模型

RKE 模型是一个两方程湍流模型，该模型求解湍流动能 k 与湍流耗散率 ε 的输运方程，再通过 k 与 ε 计算得到湍流黏性 μ_t 代入雷诺平均 NS 方程中。其求解的输运方程为

$$\frac{\partial}{\partial t}(\rho k)+\frac{\partial}{\partial x_j}(\rho k u_j)=\frac{\partial}{\partial x_j}\left[\left(\mu+\frac{\mu_t}{\sigma_k}\right)\frac{\partial k}{\partial x_j}\right]+G_k+G_b-\rho\varepsilon-Y_M$$

$$\frac{\partial}{\partial t}(\rho \varepsilon)+\frac{\partial}{\partial x_j}(\rho \varepsilon u_j)=\frac{\partial}{\partial x_j}\left[\left(\mu+\frac{\mu_t}{\sigma_\varepsilon}\right)\frac{\partial \varepsilon}{\partial x_j}\right]+\rho C_1 S\varepsilon-\rho C_2\frac{\varepsilon^2}{k+\sqrt{\nu\varepsilon}}+C_{1\varepsilon}\frac{\varepsilon}{k}C_{3\varepsilon}G_b$$

其中

$$C_1=\max\left(0.43,\frac{\eta}{\eta+5}\right),\eta=S\frac{k}{\varepsilon},S=\sqrt{2S_{ij}S_{ij}}$$

其中，μ 为分子黏性；σ_k 与 σ_ε 分别为湍流动能与湍流耗散率普朗特数；C_2 与 $C_{1\varepsilon}$ 为常数。

求解输运方程后，根据下式计算湍流黏度 μ_t。

$$\mu_t=\rho C_\mu\frac{k^2}{\varepsilon},C_\mu=\frac{1}{A_0+A_s\dfrac{kU^*}{\varepsilon}},U\equiv\sqrt{S_{ij}S_{ij}+\tilde{\Omega}_{ij}\tilde{\Omega}_{ij}}$$

引入应变率张量对湍流黏性的影响后，RKE 模型显著改善了 $k-\varepsilon$ 模型对于圆管射流模拟的可靠性，并提高了大曲率旋转流动与大应变流动的模型精度。需要注意的是，由于 RKE 模型本身只适用于充分发展的湍流流动，因此在近壁面区域必须结合壁面函数（wall functions）以确保近壁面流动的合理性。

3）shear stress transport（SST）模型

虽然 RKE 模型对于射流流动能够给出较为合理的结果，但是在实际工程问题中，射流流动经常与壁面冲击结合在一起。近壁面流动对射流冲击区域的流动参数影响较大，而 RKE 模型本身并不能解析边界层流动的细节。SST 模型克服了 RKE 模型的缺陷，能够较好地解析边界层流动。该模型同样是两方程模型，与 RKE 模型的区别在于，SST 模型是基于 $k-\omega$ 模型的，其中，ω 为比湍流耗散率，即湍流耗散率与湍流动能之比。其输运方程为

$$\frac{\partial}{\partial t}(\rho k)+\frac{\partial}{\partial x_j}(\rho k u_j)=\frac{\partial}{\partial x_j}\left[\Gamma_k\frac{\partial k}{\partial x_j}\right]+G_k-Y_k$$

$$\frac{\partial}{\partial t}(\rho \omega)+\frac{\partial}{\partial x_j}(\rho \omega u_j)=\frac{\partial}{\partial x_j}\left[\Gamma_\omega\frac{\partial \omega}{\partial x_j}\right]+G_\omega-Y_\omega$$

其中，Γ_k 与 Γ_ω 分别为湍流动能与比湍流耗散率的有效扩散率。

$$\mu_t=\frac{\rho k}{\omega}\frac{1}{\max\left[\dfrac{1}{\alpha^*},\dfrac{SF_2}{a_1\omega}\right]},\ F_2=\tanh(\Phi_2^2),\ \Phi_2=\max\left(2\frac{\sqrt{k}}{0.09\omega y},\frac{500\mu}{\rho y^2\omega}\right)$$

y 为网格单元中心点到壁面的距离。

SST 模型能够较好地模拟逆压梯度流动、近壁面流动分离，因此适用于研究射流冲击区

域的流动特性。值得注意的是，SST 模型需要额外求解网格单元到壁面的距离，因此其计算效率要低于 RKE 模型。

4.7 自由射流 CFD 仿真方法简介

CFD 仿真是当前燃气射流动力学的重要研究方法之一。本节介绍两种常用平台下自由射流仿真的基本流程，其一是开源 CFD 代码库 OpenFOAM，其二是商用 CFD 仿真软件 Fluent。

对于基于有限体积法的仿真平台来说，射流仿真通常包含以下几个基本步骤。

1. 建立几何模型

CFD 计算所需的几何模型是由一个或多个封闭的边界围成的空间区域，区域内的所有部分都被流体充满。如果计算中包含固体内部的热传导，则在某些或者全部区域内也包含固体体积。

2. 划分网格单元

采用有限体积法求解时，需要将几何模型划分为有限个有限大小的单元，每个单元都是求解过程中的一个控制体（欧拉描述）或者流体微团（拉格朗日描述）。

3. 选择物理模型

对于流体而言，主要是选定是否是定常流动，流体的可压缩性、黏性、导热性、状态方程、湍流模型等，即完全确定仿真时求解的数学模型。

4. 定初边值条件

通常来说，CFD 求解的数学模型是偏微分方程组，需要给定所有几何边界的物理边界条件，并给定所有单元的各物理量的初始值，才能得到唯一的解。

5. 求解数学方程

将数学模型离散到每个网格单元，建立以单元均值表示的近似代数方程组，采用合适的算法求解代数方程组，得到各个物理量均值的近似解，又称数值解。

6. 数值解可视化

得到流场各物理量的数值解之后，通常需要以图形或者表格的方法将数据显示出来，便于开展仿真结果分析。

本节仿真的是标准大气内空气的自由射流，发动机内气体的参数见表 4.2。

表 4.2 发动机内气体的参数

参数	值
流体	空气/air
总温 T_0 /K	3 000.0
总压 P_0 /MPa	6.0

拉瓦尔喷管剖面外形尺寸如图 4.32 所示，喉部直径为 80 mm。

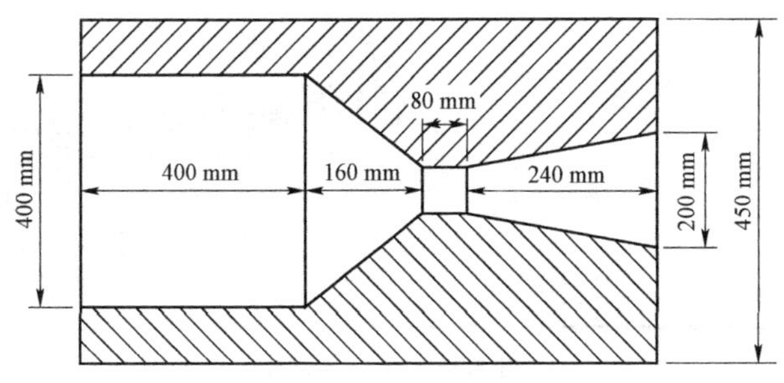

图 4.32　拉瓦尔喷管剖面外形尺寸

4.7.1　基于 OpenFOAM 求解自由射流

OpenFOAM 是基于面向对象程序语言 C + + 开发的 CFD 代码库，从 2004 年起正式开源发布，至今每年都有更新。它包含了丰富的类库和各种实用的工具代码，可以处理多种常见的多面体网格，且支持并行计算。由于其开源的性质，基于 OpenFOAM 的 CFD 程序开发非常便利。下面基于 version 2.1.1 小节简单介绍应用 OpenFOAM 求解自由射流的基本步骤。

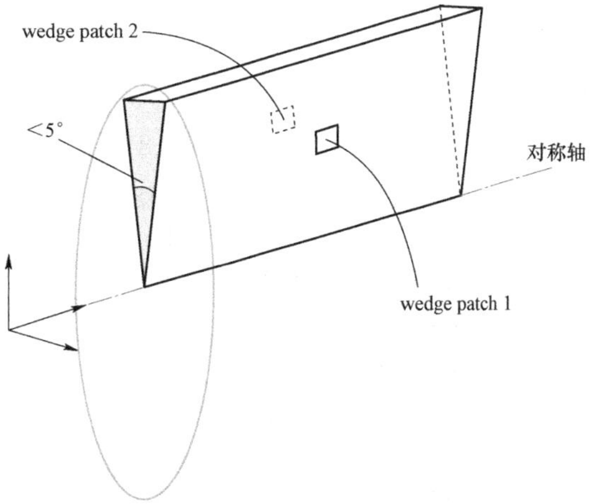

1. 建立几何模型

自由射流具有轴对称性，为减少计算量，可以采用轴对称模型。OpenFOAM 中处理轴对称计算要用到楔形体模型，如图 4.33 所示。

图 4.33　OpenFOAM 使用的轴对称模型

楔形体的旋成角通常小于 5°，对称面可以是某一坐标平面。过对称轴的两个边界的边界条件必须设置成 wedge 型。

用于自由射流计算的楔形计算域的对称面尺寸及 wedge 边界以外的其余边界类型如图 4.34 所示。

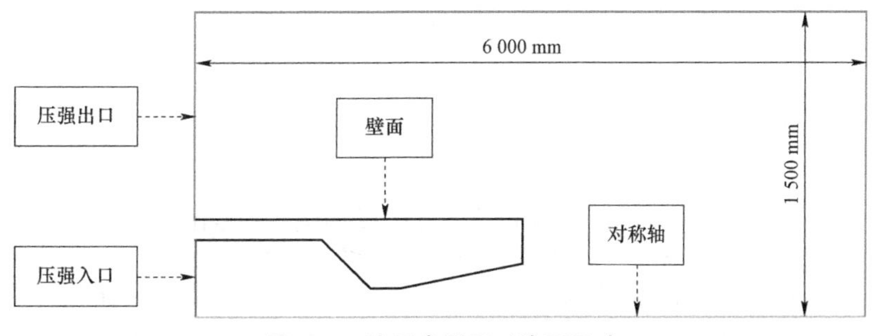

图 4.34　边界类型及对称面尺寸

2. 划分网格单元

计算域沿对称面划分一层网格，如图 4.35 所示。

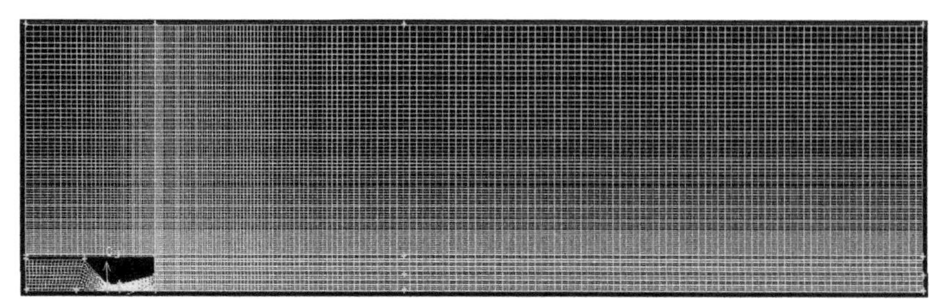

图 4.35　对称面网格

采用完全结构化的网格，喷管出口附近网格加密，逐渐向稀疏过渡。喉部网格尺寸为 4 mm，网格总数为 17 167。

3. 选择物理模型

OpenFOAM 的物理模型分为热力学模型和湍流模型。这里仿真的自由射流为单介质（空气）可压缩流，采用完全气体状态方程，并近似认为黏性系数不随温度变化，湍流模型选择 RNG（re-normalization group）$k-\varepsilon$ 模型。

空气的摩尔质量　$M=28.966$ g/mol

定压比热容　$C_p=1\,004.5$ J/（kg•K）

动力黏度　$\mu=1.789\,4\times10^{-5}$ Pa•s

普朗特常数　$Pr=0.7$

绝热指数　$\gamma=1.4$

4. 定初边值条件

为了使用求解器 rhoCentralFoam，需要指定初边值条件的变量，包括温度T、压强p、速度$\boldsymbol{V}$、湍动能k、湍流耗散率ε、湍流黏性系数μ_t、湍流热扩散系数α_t。

1）边界条件

（1）压强入口。

$$T_0=3\,000\text{ K},\ p_0=6.0\text{ MPa},\ \frac{\partial \boldsymbol{V}}{\partial \boldsymbol{n}}=0,\ I=0.05,\ L=0.005$$

其中，湍动能边界类型为 turbulentIntensityKineticEnergyInlet；湍流强度 I 与入口湍动能的关系为$k_{\text{inlet}}=1.5(I|\boldsymbol{V}|)^2$；湍流耗散率边界类型为 turbulentMixingLengthDissipationRateInlet；混合长度 L 与入口湍流耗散率的关系为$\varepsilon_{\text{inlet}}=\dfrac{C_\mu^{0.75}k_{\text{inlet}}^{1.5}}{L}$；湍流黏性系数和湍流热扩散系数的边界类型为 calculated。

（2）压强出口。

$$\frac{\partial T}{\partial \boldsymbol{n}}=0,\ \frac{\partial p}{\partial \boldsymbol{n}}=0,\ \frac{\partial \boldsymbol{V}}{\partial \boldsymbol{n}}=0,\ \frac{\partial k}{\partial \boldsymbol{n}}=0,\ \frac{\partial \varepsilon}{\partial \boldsymbol{n}}=0$$

其中，温度、压强、湍动能和湍流耗散率的边界类型都是 inletOutlet；速度边界类型为 pressureInletOutletVelocity；湍流黏性系数和湍流热扩散系数的边界类型为 calculated。

（3）壁面。

$$\frac{\partial T}{\partial \boldsymbol{n}}=0,\ \frac{\partial p}{\partial \boldsymbol{n}}=0,\ \boldsymbol{V}=0$$

湍流相关的量均采用对应的壁面函数。

（4）楔形面。所有的变量在 wedge 边界上的边界类型均为 wedge。

2）初始条件

应用 setFields 工具将燃烧室内部设置为高温高压区域，其余区域均为标准大气环境，初始时刻流场静止，湍流参数设置为

$$k_0 = 0.001,\ \varepsilon = 0.1,\ \mu_t = \rho C_\mu \frac{k}{\varepsilon},\ \alpha_t = 0.0$$

5. 求解数学方程

选择基于中心迎风格式的可压缩流瞬态求解器 rhoCentralFoam。

（1）各项的离散格式如下：

```
fluxScheme          Kurganov;    //数值通量

ddtSchemes
{
    default             Euler;    //时间离散格式
}

gradSchemes
{
    default             Gauss linear;    //梯度项离散
}

divSchemes //散度项离散
{
    default             none;
    div(tauMC)          Gauss linear;
    div(phi,k)          Gauss upwind;
    div(phi,epsilon)    Gauss upwind;
}

laplacianSchemes //拉普拉斯项离散
{
    default             none;
    laplacian(muEff,U) Gauss linear corrected;
    laplacian(k,T) Gauss linear corrected;
    laplacian(alpha,e) Gauss linear corrected;
    laplacian(DkEff,k) Gauss linear corrected;
    laplacian(DepsilonEff,epsilon) Gauss linear corrected;
    laplacian(alphaEff,e) Gauss linear corrected;
```

```
}

interpolationSchemes //重构格式
{
    default             linear;
    reconstruct(rho) vanLeer;
    reconstruct(U)    vanLeerV;
    reconstruct(T)    vanLeer;
}

snGradSchemes //面上梯度的计算
{
    default             corrected;
}
```

（2）各变量代数方程组的求解设置如下：

```
solvers
{
    "(rho|rhoU|rhoE)"
    {
        solver              diagonal;
    }

    U
    {
        solver              smoothSolver;
        smoother             GaussSeidel;
        nSweeps               2;
        tolerance           1e-09;
        relTol              0.01;
    }

    "(k|epsilon)"
    {
        $U;
        tolerance           1e-06;
        relTol              0;
    }
    e
    {
        $U;
```

```
        tolerance           1e-9;
        relTol              0;
    }
}
```

为保证计算的稳定性，Courant number 不能大于 1.0，推荐小于 0.5。

4.7.2　基于 Fluent 求解自由射流

ANSYS/Fluent 是主流的商业 CFD 软件之一，在美国的市场占有率高达 60%。下面简要介绍使用该平台计算燃气射流数值解的流程。

1. 建立几何模型、划分网格并选择物理模型

FLUENT 支持平面网格求解二维轴对称问题[7]，可直接建立平面计算域。边界条件设置如图 4.34 所示，网格如图 4.35 所示，物理模型的选择与 4.7.1 小节 OpenFOAM 的计算参数相同。

2. 定初边值条件

1）边界条件

（1）压强入口。

总压 $p_0 = 6.0$ MPa

总温 $T_0 = 3\ 000.0$ K

湍流强度 5%

湍流黏度比（turbulent viscosity ratio）10.0

（2）压强出口。

环境压强 $p_a = 101\ 325.0$ Pa

回流温度 $T_a = 287.15$ K

回流湍流强度 5%

回流湍流黏度比 10.0

2）初始条件

燃烧室内设置成接近（或等于）总温和总压的高温高压区域，其余区域为环境压强和回流温度。

3. 求解数学方程

对于燃气射流问题可以采用压力基（pressure-based）求解器，也可以采用密度基（density-based）求解器。一般而言，压力基求解器的计算量略小于密度基求解器，但就稳定性而言密度基求解器更优，在实际的工程应用中可根据问题的特性和计算条件的限制选择合适的求解器。下面简单介绍基于密度基求解燃气射流的基本设置。

（1）Solver。

Type：density-based（选择密度基求解器）

Time：transient（选择非定常求解器）

2D space：axisymmetric（选择轴对称几何）

（2）Solution methods。

Formulation：explicit（显式格式）

Flux-type：Roe-flux（数值通量采用 Roe 黎曼求解器）

Spatial discretization

① Gradient：least squares cell based（梯度重构采用最小二乘法）

② Flow：second order upwind（流动变量（不含湍流量）二阶迎风格式）

③ Turbulent kinetic energy：first order upwind（湍动能一阶迎风格式）

④ Turbulent dissipation rate：first order upwind（湍流耗散率一阶迎风格式）

Transient Formulation：explicit（时间离散显示格式）

（3）Solution controls。

Courant Number：0.4（最大库朗数为 0.4）

Under-relaxation factor

① Turbulent kinetic energy：0.3

② Turbulent dissipation rate：0.3

③ Turbulent viscosity：0.5

以上为采用显式非定常密度基求解器计算燃气射流问题的基本设置，除了显式求解器以外，也可以采用更稳定的隐式求解器。显式求解器计算量小，但存在较为严格的稳定性限制条件，库朗数不能大于 1 的条件将限制计算的时间步长。隐式求解器可以采用较大的时间步长，但因为需要求解方程组，计算量远大于显式求解器。

如果不关注射流的形成过程，只需要稳态解，也可以采用定常求解器。

4.7.3 数值解可视化

得到燃气射流流场的数值解之后，应用合适的软件将其以图形和曲线的方式展示出来，才能更好地分析数据。OpenFOAM 通常与 ParaView 配合使用，Fluent 自带后处理功能。也可以采用其他单独的后处理软件，如 CFD-Post 和 Tecplot。下面简单介绍几种常见的数据可视化形式。

1. 云图

云图是通过颜色标识变量的数值大小，以形成连续渲染的彩色图像，图 4.36 和图 4.37 所示为温度云图和湍动能云图。

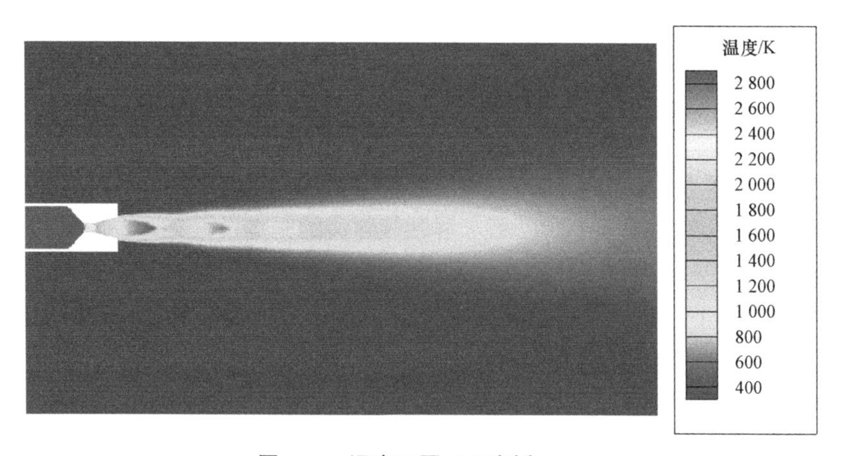

图 4.36 温度云图（见彩插）

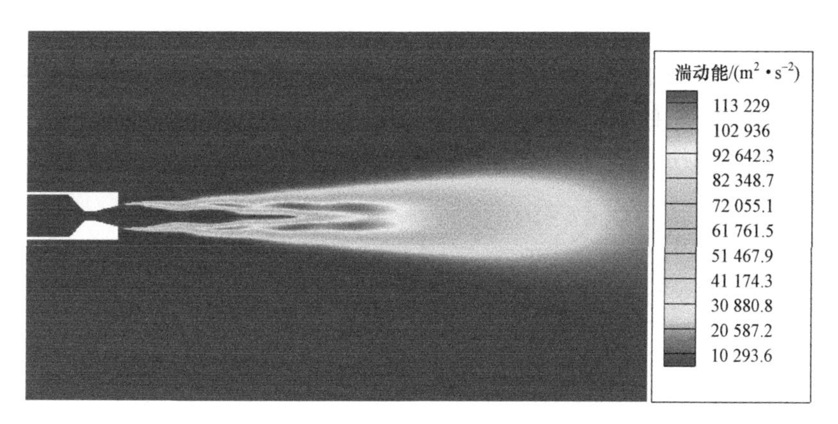

图 4.37　湍动能云图（见彩插）

图 4.36 中红色区域温度最高，蓝色区域温度最低，由温度的变化可以清晰地反映出激波结构。图 4.37 中红色区域的湍动能最强，可直观地显示出射流混合边界层的位置和宽度。

2. 等值线

将某个物理量等于某些离散数值的单元中心（顶点）用光滑曲线连接起来构成曲线族，曲线族越密集的地方物理量的梯度越大。图 4.38 所示为马赫数等值线图，从图中可以更清晰地观察到激波结构。

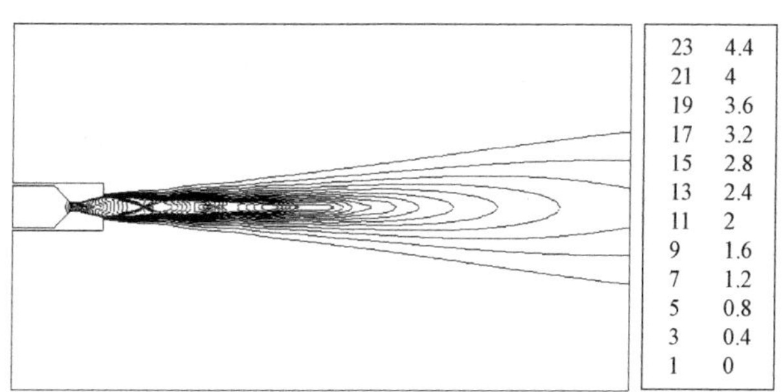

图 4.38　马赫数等值线图

3. 矢量图

将矢量以箭头的形式标识出来，可以直观地展示矢量的大小和方向，如图 4.39 所示的速度矢量图。图 4.39 中箭头长短和颜色都指示速度大小，箭头方向指示当前单元的速度方向。

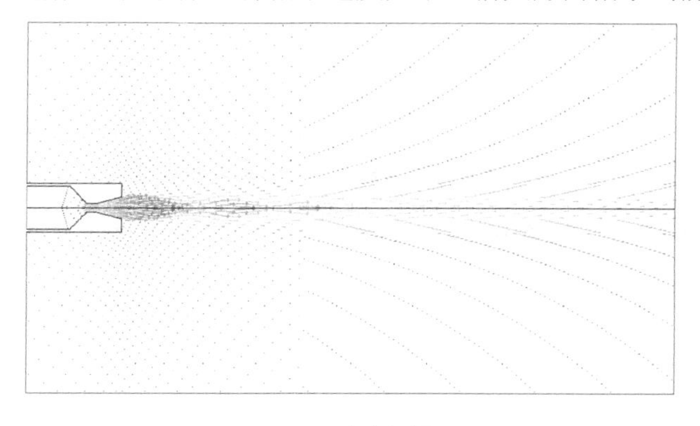

图 4.39　速度矢量图

4. 流线图

绘制流场的流线，可以用于展示旋涡等复杂的流动结构。如图 4.40 所示，显示了由压力入口（pressure-inlet）至压力出口（pressure-outlet）发出的数条流线，流线上的箭头代表当地速度矢量的方向，清晰地展示了全流场气流的流动结构。

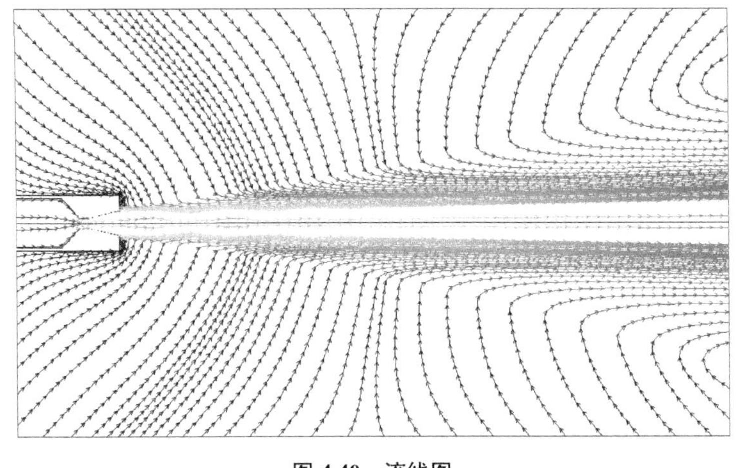

图 4.40　流线图

5. 曲线图

可以将数据绘制成曲线，便于定量地观察参数的变化规律和对比分析。图 4.41 为沿喷管轴线的马赫数分布曲线，可以准确地确定激波的位置，并定量显示轴线上马赫数的分布。

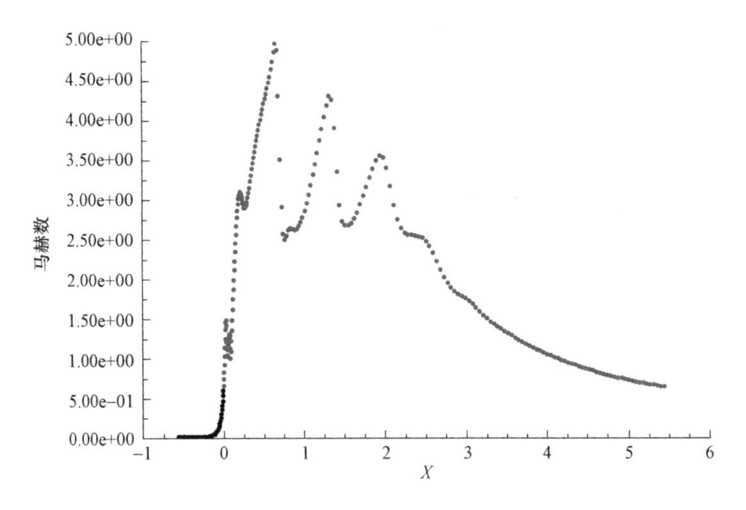

图 4.41　沿喷管轴线的马赫数分布曲线

以上只是简单介绍了几种常用的数据可视化方式，还有更多的其他形式的后处理方法，如等值面、制表等，有待读者自学。

第 5 章
发射工程中的燃气射流动力学问题

运载火箭、大型地–地导弹在发射时发射环境效应问题一直是一个重大课题，它对火箭导弹发射是否成功具有重要影响。随着航空航天技术的发展，运载火箭发射环境效应影响逐渐受到国内外专业人士的关注。

火箭、导弹发射环境效应主要是燃气射流形成的，在发射时，发射环境效应主要包括动力冲击、冲击波作用、地震波作用、噪声作用、引射作用、冲击振动、热冲击及综合作用等方面的影响。其中，动力冲击和热冲击是燃气射流对外部环境的主要作用方式。动力冲击是指发动机点火之初的起始冲击波超压和射流冲击的危害；而热冲击指发射时强烈的火焰和热流所具有的严重破坏性。两种作用的主要表现是武器发射时的冲击、振动、噪声、烧蚀和热辐射对塔架、塔上设备及武器本身的危害。

5.1 大型火箭发射导流槽燃气排导问题

5.1.1 导流槽性能评价指标

为了通过合理的指标参数评价导流槽内燃气射流场的流动情况，分析导流槽内流场流动特性，选定部分参数作为导流槽性能评价的量化指标，以这些指标为依据，分析导流槽的流场特性。导流槽气动外形量化评估指标见表 5.1。

表 5.1 导流槽气动外形量化评估指标

评价内容	评价参数	表示法	指标描述
导流槽冲击和烧蚀强度评价参数	导流面最高温度	$T_{F\max}$	导流面燃气最高温度
	导流面最大压力	$P_{F\max}$	导流面燃气最大压力
	流道最高温度	$T_{W\max}$	流道壁面燃气最高温度
	流道最大压力	$P_{W\max}$	流道壁面燃气最大压力
导流通畅性评价参数	引射系数	γ	燃气稳定排导过程中，导流槽入口处被引射气体质量流率与燃气质量流率的比值。引射系数越大，表明导流槽入口处被引射进去的空气越多，导流能力越强

续表

评价内容	评价参数	表示法	指标描述
导流通畅性评价参数	主流动量修正系数	β_s	流道截面上主流方向总动量与该截面上平均动量的比值，表征截面被引射气体与燃气流混合的均匀程度或燃气射流对周围气体的带动能力。主流动量修正系数越小，说明被引射气体与燃气流的混合越充分，引射能力越强
	主流动能流率损失系数	λ_s	流道各截面上的流体动能流率与入口截面处流体动能流率的比值，表征导流槽内流体流动过程中的动能损失情况。该系数越大，说明流体在导流槽内流动过程中的动能损失越小，引射效率越高

表 5.1 中，$T_{F\max}$、$P_{F\max}$、$T_{W\max}$、$P_{W\max}$ 由流场仿真结果直接得到；γ、β_s、λ_s 在流场仿真结果基础上统计得到，引射系数是导流槽导流通畅性的宏观评价指标，而主流动量修正系数和主流动能流率损失系数是导流通畅性的微观评价指标，各参数计算方法如下：

（1）引射系数。

$$\gamma=\frac{m_T-m_J}{m_J}$$

式中，m_T 为导流槽入口气体总质量流率；m_J 为一级发动机燃气射流总质量流率。

（2）动量修正系数。

$$\beta_s=\frac{\iint\limits_A \rho\vec{V}\cdot\vec{n}V\mathrm{d}A}{\bar{\rho}\bar{V}^2A}$$

式中，A 为截面面积；$\vec{V}$ 为截面面积微元 dA 处的速度矢量；V 为截面主流速度大小；ρ 为密度；$\vec{n}$ 为截面面积微元法向量；$\bar{\rho}=\frac{\iint\limits_A \rho\mathrm{d}A}{A}$ 为截面流体平均密度；$\bar{V}=\frac{\iint\limits_A V\mathrm{d}A}{A}$ 为主流方向平均速度。

（3）动能流率损失系数。

$$\lambda_s=\frac{\left(\iint\limits_A \frac{1}{2}\rho\vec{V}\cdot\vec{n}V^2\mathrm{d}A\right)_C}{\left(\iint\limits_A \frac{1}{2}\rho\vec{V}\cdot\vec{n}V^2\mathrm{d}A\right)_I}$$

式中，下标 C 代表截面；下标 I 代表入口。导流槽截面位置示意图如图 5.1 所示。

5.1.2 导流槽设计方案

导流槽是发射场设备中关系发射安全的重要环节。其功能是将火箭一级发动机高温、高速燃气射流迅速、通畅地导向远离发射台的地方，防止冲击波正面反射、燃气射流回卷及燃气射流冲向地面造成溅起物，危及火箭、航天器和地面设施的安全。

1. 确定问题的区域，建立几何模型

确定所分析问题的明确范围，将问题的边界定在边界条件已知的位置。如果不知道精确的边界而必须做假定，要将分析的边界设在远离研究重点关注的区域，不要将边界设在求解变量变化梯度大的位置。如有必要，可先做试探性分析，再根据结果来修改分析区域。在本问题中，重点研究火箭热发射过程中燃气射流在导流槽内流场分布以及其造成的发射环境热、力学效应，所涉及的区域是导流槽及其出入口附近充满气体的空间，可以根据导流槽方案建立几何模型。发射井模型如图 5.2（a）所示。导流面设计了圆锥形和楔形两种方案，导流面母线采用了相同的线型，如图 5.2（b）所示。燃气排导流场的计算区域包括火箭发动机喷管、导流槽以及中间发射台区域。

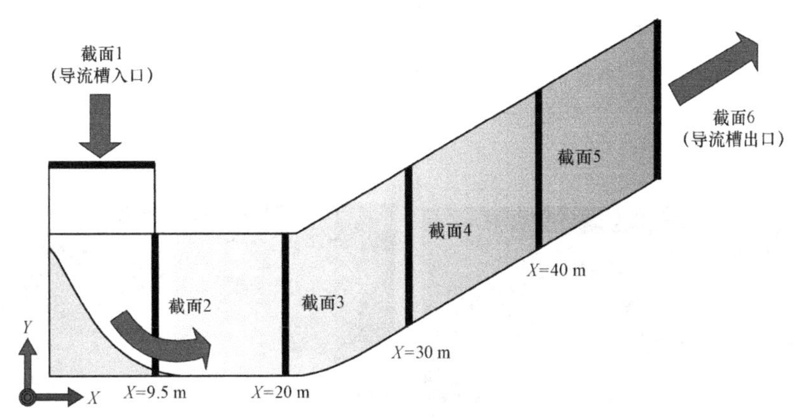

图 5.1　导流槽截面位置示意图

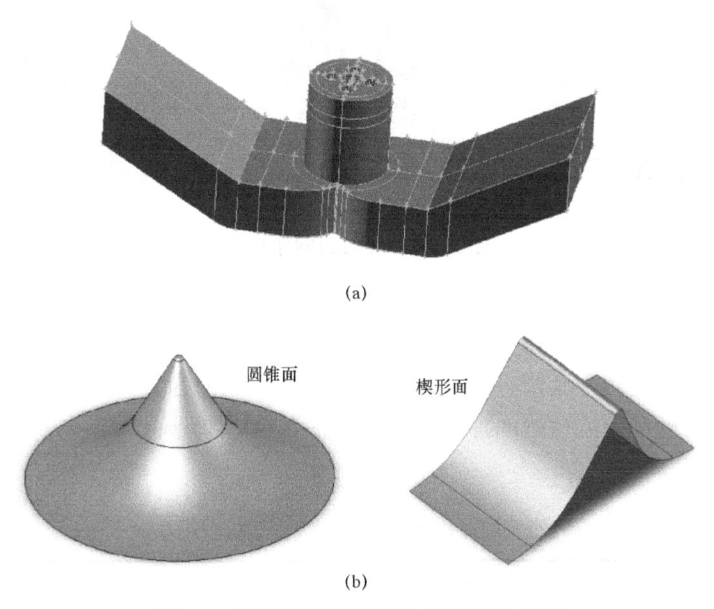

图 5.2　发射井模型及导流面母线和方案

（a）发射井模型；（b）导流面母线和方案

2. 生成有限元网格

计算域的网格划分如图 5.3 所示。针对超声速燃气射流场的物理区域和计算区域特点，需要遵循以下一些网格划分的准则：在发动机喷管出口和壁面处进行适当的网格加密；喷管出口处进行适当调整，使网格尽量正交；导流面承受燃气的直接冲刷，激波近区燃气参数变化剧烈，因此相应提高了这些位置的网格密度；在流速较低的水平段和折流段位置网格较粗。导流面上的网格尽量和燃气流动方向一致，从而减少数值上的耗散误差。

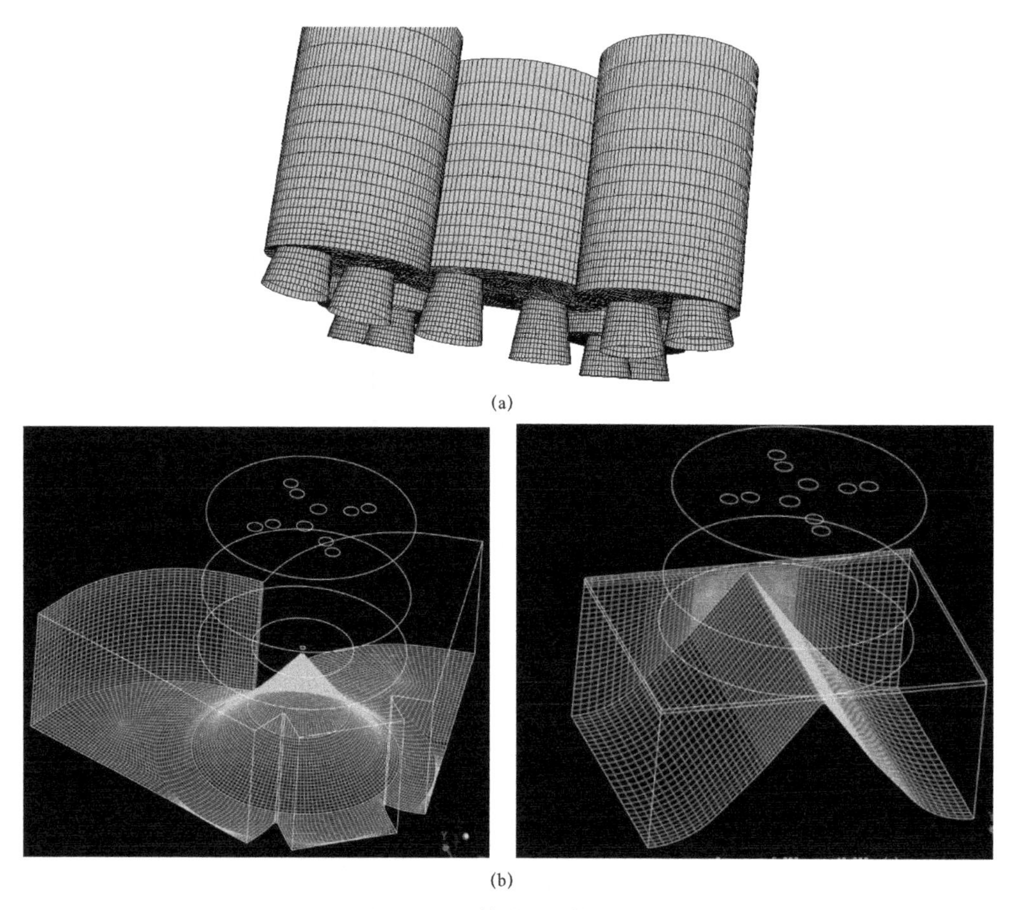

(a)

(b)

图 5.3　计算域的网格划分

（a）发动机出口附近壁面网格示意图；（b）导流槽模型网格划分示意图

发动机燃烧室为压力入口边界，给定总温、总压以及相应的湍流边界条件；出口边界为火箭周围空间和亚声速的导流槽折流段出口，给定出口压力为大气压力，其他出口边界参数由外推得到；发动机及导流槽壁面均取无滑移绝热条件。新一代运载火箭一级发动机出口参数见表 5.2。

表 5.2　新一代运载火箭一级发动机出口参数

序号	发动机出口参数	
2	喷管出口燃气压力/kPa	17.00
3	喷管出口燃气射流速/（$m \cdot s^{-1}$）	3 500
4	喷管出口马赫数	3
5	喷管出口燃气温度/K	1 400
7	燃气质量流量/（$kg \cdot s^{-1}$）	150

为便于数值仿真计算并保证计算精度，因此对模型做以下假设。

由于导流槽壁面和火箭箭体对导流槽内部流场的影响非常小，假设导流槽壁以及火箭箭体为刚体。

发动机内部的化学反应过程对燃气射流场影响较小，假设射流起始处为发动机燃烧室出口，给定总温、总压参数。

假设离开喷口的射流已经发生完全的化学反应。

计算中空气以及燃气处理为理想流体。一般来说，当气体压力小于 20 MPa、温度大于 1 400 K，可认为是理想气体。

3. 设置模拟类型和主参数

在进行模拟前，还要确定所模拟的问题流态方程，对于火箭发动机喷管燃气射流，为高温高速湍流模型，计算中采用标准 $k-\varepsilon$ 湍流模型进行模拟。

在考核导流槽冲击烧蚀性能和通畅性的仿真计算中，瞬时的高温、高压对导流槽耐火材料状态产生的影响较小，短时间内微弱回流也无法影响正常发射，重点关注的是燃气射流流场稳定以后的冲击烧蚀特性评价考核参数以及通畅性评价考核参数。因此，计算采用定常方法，一方面可以提高计算效率；另一方面定常计算对网格的要求低于非定常计算，可以有效节约计算资源。

5.1.3　导流槽燃气流场数值仿真

1. 定义边界条件

1）入口边界条件

导流槽流场仿真计算中选取发动机燃烧室出口喉部为流场入口，根据所给定的发动机热力学参数，给定喉部的总温、总压条件为流场的入口边界条件，并根据不同发动机设定各自的流体类型，将前面编辑的流体赋予对应的发动机。

2）壁面边界条件

导流槽壁面和发动机表面均给定固定壁面边界条件，壁面边界条件中，物面边界采用无滑移壁面边界条件，近壁面湍流计算采用标准壁面函数法处理。由于发动机出口燃气射流速度非常快，其在导流槽内部流动过程所需时间很短，传热和导热过程基本可以忽略不计，计算中假定壁面均为绝热固壁边界条件，不发生热传导。而在混凝土烧蚀等材料特性研究中，将对这方面问题予以考虑。

3）出口边界条件

给定当地的大气环境为开放边界条件，参考压力为 101 325 Pa，参考温度为 300 K。

4）设置求解控制参数

根据问题的实际情况，选择求解模式、迭代的次数以及收敛的精度等参数。在本研究中，采用一阶迎风格式，收敛精度是 0.001。

2. 设置输出控制

通过设置输出控制，控制模拟结果的输出。每隔 500 迭代步输出一个瞬时结果文件。

完成以上的工作后，将最终文件保存为*.cas 文件，以备在 Fluent 仿真软件中计算求解。

进入 Fluent 的求解器进行求解，在求解过程中，可以同时给出求解信息以及收敛曲线。

在 CFD-Post 中可以查看计算结果，如温度、压强、密度、速度等参数信息。

5.1.4 数值仿真结果与实测结果验证

选择某次发射过程中火箭发动机燃气射流流场测量结果来验证本研究采用的数值仿真计算方法的可靠性。模拟火箭点火后发动机射流在导流槽内部建立流场的过程，获得导流槽内流场分布特性及热力学参数结果。图 5.4 为流动稳定导流槽底面的温度分布情况。图 5.5 给出了导流槽底面某点温度–时间曲线的仿真结果与实测结果对比情况，发现二者的曲线变化规律基本吻合。仿真结果较好地反映了射流流场的真实特性，该方法能够正确地求解射流流场问题，计算结果具有较高的可信度。

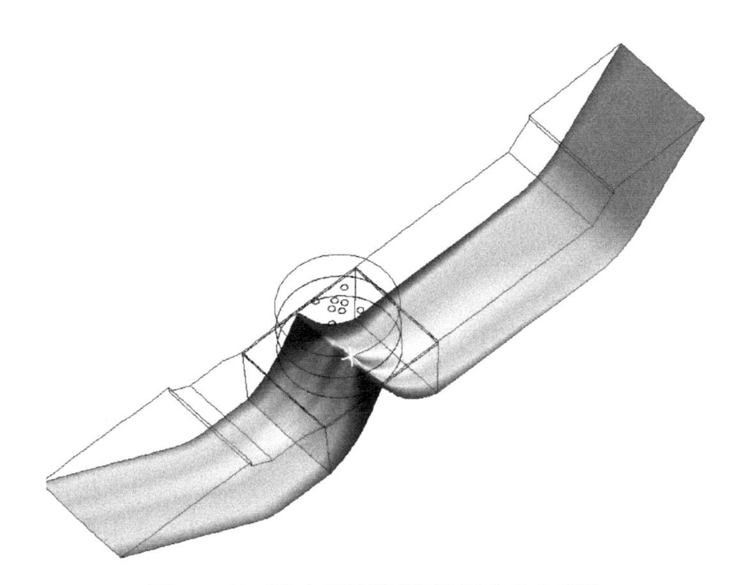

图 5.4 流动稳定导流槽底面的温度分布情况

5.1.5 仿真结果分析

1. 导流槽形面分析

图 5.6 为两种导流面的发动机轴线剖面的马赫数云图对比。图 5.7 为导流面上温度和压力云图的对比。结果表明，导流面形式对发动机射流的核心区流场结构影响没有较大区别，楔形面上燃气马赫数较低，可见在楔形面上更多的燃气动能转化为压力能。锥形导流面上最高温度为 2 217 K，作用区域在直线段末端及圆弧段。导流面上最大压力为 2.22 个大气压，同样为助推发动机尾焰引起，主要作用在圆弧段上。楔形导流面作用区域同锥形导流面，导流面最高温度为助推级发动机的 2 134 K，最大压力为 1.89 个大气压。可见，锥形导流面上的高温烧蚀要大于楔形导流面，同时受到的燃气冲刷更严重。

图 5.8 为流道内各个截面上的温度和速度分布云图及速度矢量图。可以看出，楔形导流面后的流道内，燃气流比较均匀地沿着流道底面流动，速度和温度梯度较小。锥形导流面后的流道内，燃气从地面中心逐渐向两侧壁面卷动，并扩散到流道顶部的两侧，最后在顶部中心区形成无燃气的空洞区，另外，高温燃气集中在流道底面两侧底角。

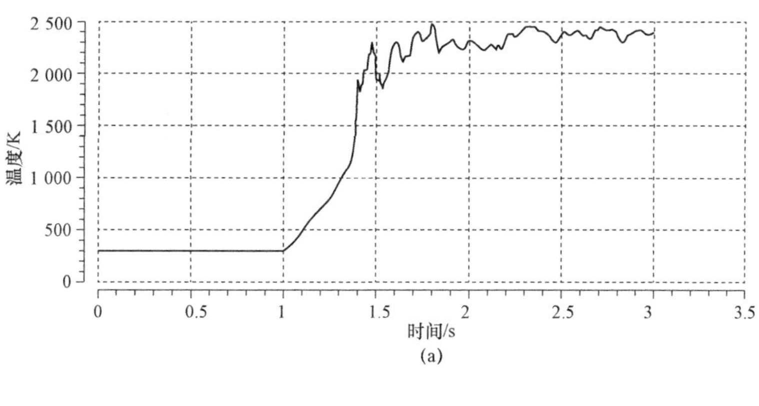

(a)

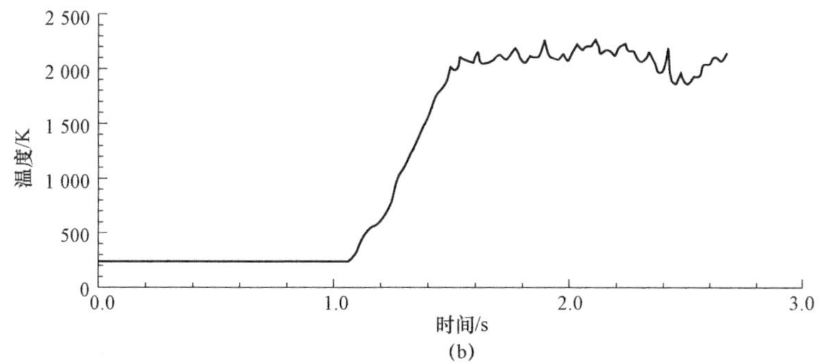

(b)

图 5.5　导流槽底面某点温度−时间曲线

（a）仿真结果；（b）实测结果

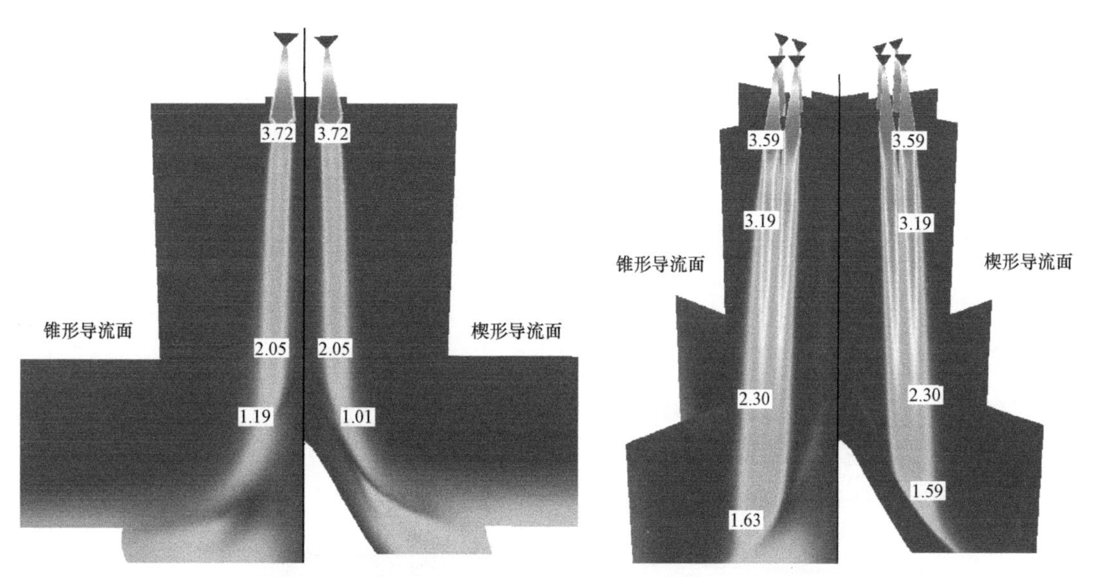

图 5.6　两种导流面的发动机轴线剖面的马赫数云图对比

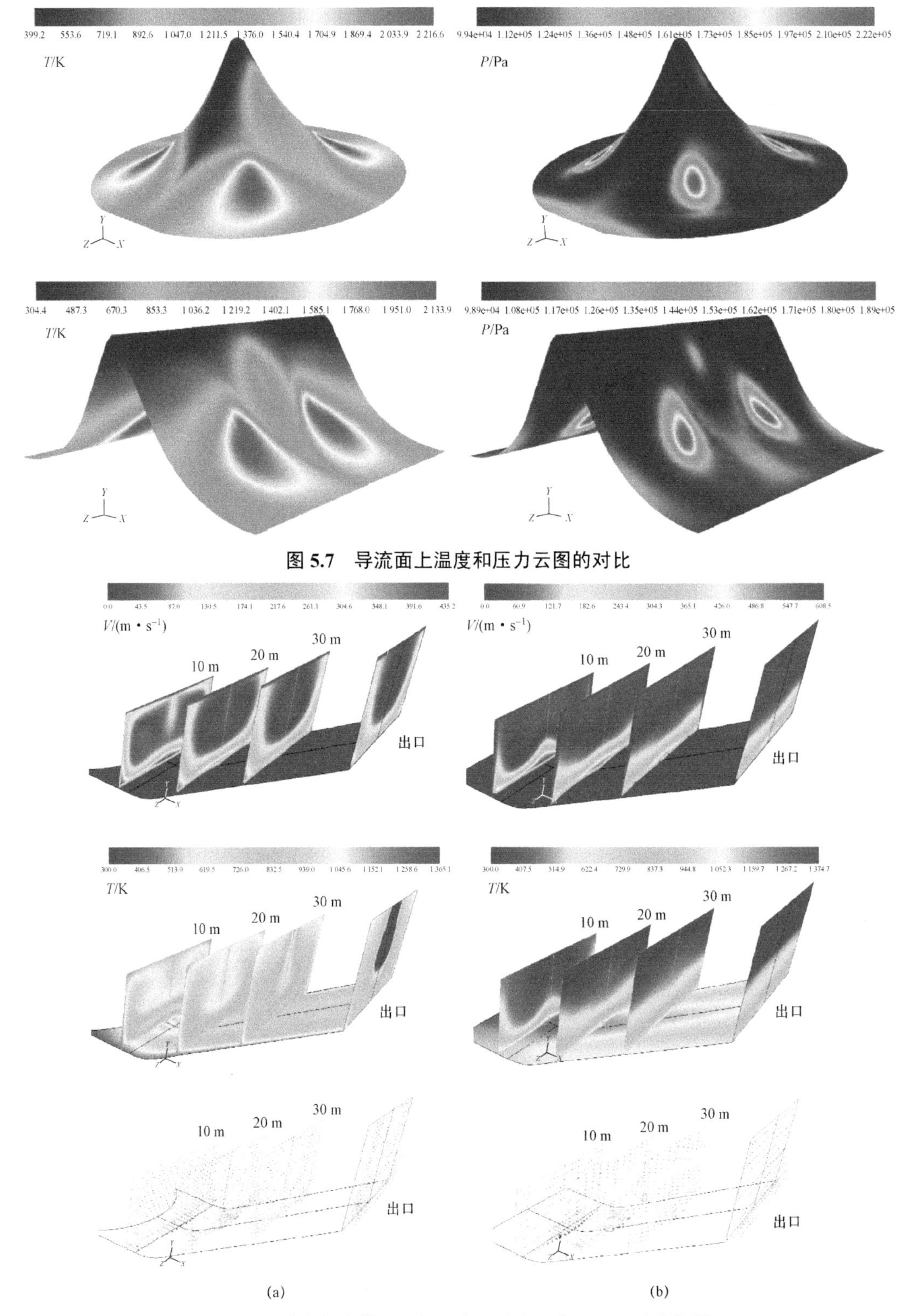

图 5.7 导流面上温度和压力云图的对比

图 5.8 流道内各个截面上的温度和速度分布云图及速度矢量图

(a) 锥形导流面；(b) 楔形导流面

图 5.9 为沿流道底面两侧底角的温度分布和压力曲线。通过曲线的比较可以发现，锥形导流面在整个流道范围内，侧壁底角的高温燃气堆积整体上都高于楔形导流面，尤其在导流面和侧壁面相交区域的燃气堆积更为严重，温度可达 1 200 K 以上，同时，燃气压力也在相应区域达到 1.7 个大气压。进入流道后，两种方案下侧壁压力变化趋势基本一致。

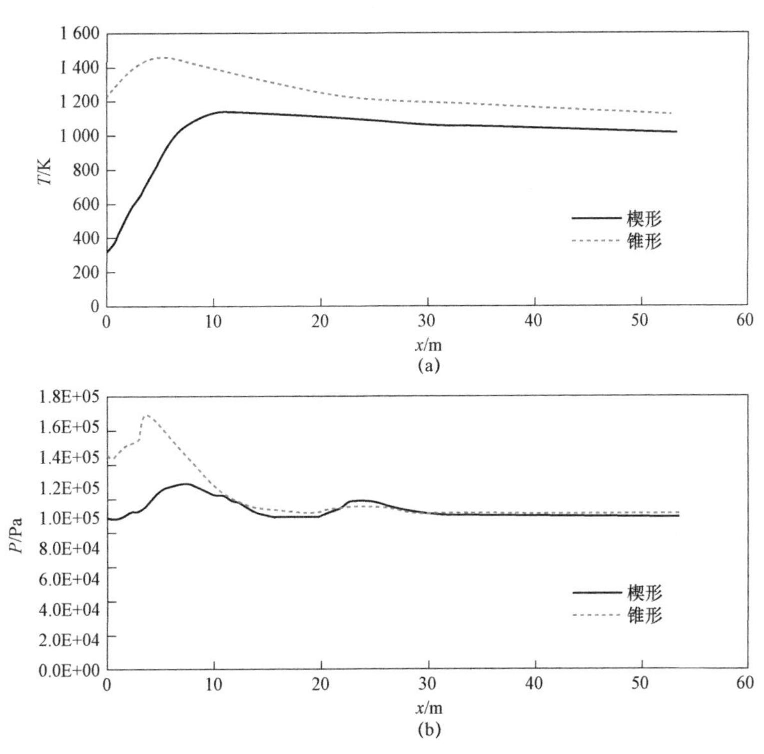

图 5.9　沿流道底面两侧底角的温度分布和压力曲线

（a）温度分布；（b）压力分布

引射系数 λ 表征了导流槽的排导通畅性，设导流槽入口秒流量为 $\dot{m}_{\text{in}}$，发动机秒流量为 $\dot{m}_e$，则 λ 可表示为 $\lambda = \dot{m}_{\text{in}} / \dot{m}_e$。表 5.3 为两种方案的流量及引射系数。锥形导流面的引射系数略高于楔形导流面，幅度为 0.68%。

表 5.3　两种方案的流量及引射系数

截面	锥形导流面		楔形导流面	
	流量/（kg • s^{-1}）	引射系数	流量/（kg • s^{-1}）	引射系数
$\dot{m}_{\text{in}}$	3 711.17	4.43	3 685.37	4.40
$\dot{m}_e$	837.48		837.53	

通过以上一系列的结果分析可以看出，楔形导流面和锥形导流面两种结构方案在各个性能对比中体现出各自的优缺点。锥形导流面具有理论上的无限导流性，因此在抗烧蚀和抗冲刷方面性能更好；楔形导流面的导流方向明确，因此在燃气流动均匀性方面，效果明显好于锥形方案，使导流流道结构可以获得更小的结构应力和热应力；在燃气排导通畅性

的比较中，由于两种方案的导流槽的基本结构形式差别不大，因此，获得的引射特性也是基本相同的。

2. 导流槽冲击烧蚀特性分析

本部分以锥形面导流模型分析，图 5.10 和图 5.11 为导流面温度云图和导流面压力云图。由单机自由射流仿真结果分析可知，芯级发动机出口的拦截正激波强度较大，经过激波后的燃气射流为亚声速流动，燃气射流的温度也下降较快，在导流面形成的冲击和烧蚀强度较弱。由于助推发动机出口拦截正激波退化，并未形成马赫盘，因此经过出口拦截激波后的燃气射流仍然为超声速流动，燃气射流的温度下降较慢，在到达导流面形成的冲击和烧蚀强度较大，形成了局部高温高压区域。导流面上的最高温度和最大压力均出现在助推级发动机作用在导流面上的位置处，并随着流动向下游延伸，到达导流面与侧壁面交界位置。导流面上部承受芯级发动机冲击的区域内温度和压力均远低于下游助推发动机的核心冲击区。导流面上最高温度为 2 270 K，最大压力为 0.315 MPa。

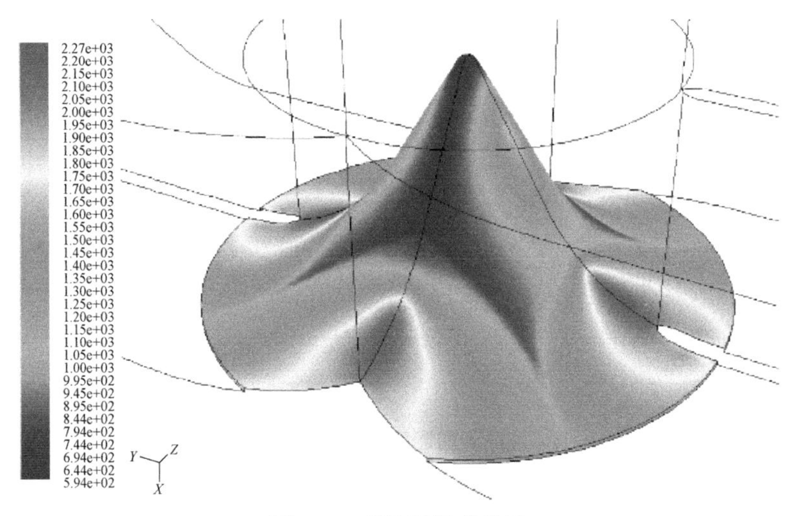

图 5.10　导流面温度云图

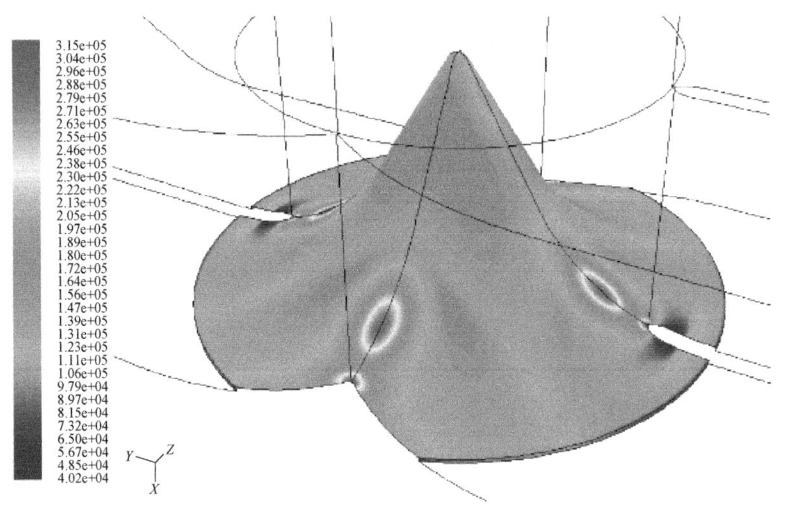

图 5.11　导流面压力云图

燃气射流从发动机出口沿着射流方向流动，遇到导流面后发生转向，沿着导流面流动并形成原始的冲击区，在导流面上形成一定面积的高温高压区域，由于发动机布局的原因，转向后的燃气射流在沿着导流面向下游流动的过程中冲击导流槽侧壁面和中间隔墙，在侧壁面和隔墙上发生第二次转向并形成第二个高温高压区域。导流槽壁面温度云图和导流槽壁面压力云图如图 5.12 和图 5.13 所示。由图 5.12 和图 5.13 可知，壁面上形成的高温高压区域主要集中在导流槽底部壁面和底面交界的区域内，主要因为燃气射流在此经壁面导流发生强制转向，流动方向转为沿着导流槽通道朝出口方向流动。侧壁面最高温度达到 2 160 K，最大压力 0.31 MPa，略低于导流面上的峰值。值得注意的是，由于导流槽宽度影响，燃气射流冲击导流面转向之后，很快再次形成对侧壁面的冲击，两次冲击区域距离较近，因而两者的温度和压力峰值非常接近。在不同发动机布局方案中，这种情况是对发射和导流很不利的。

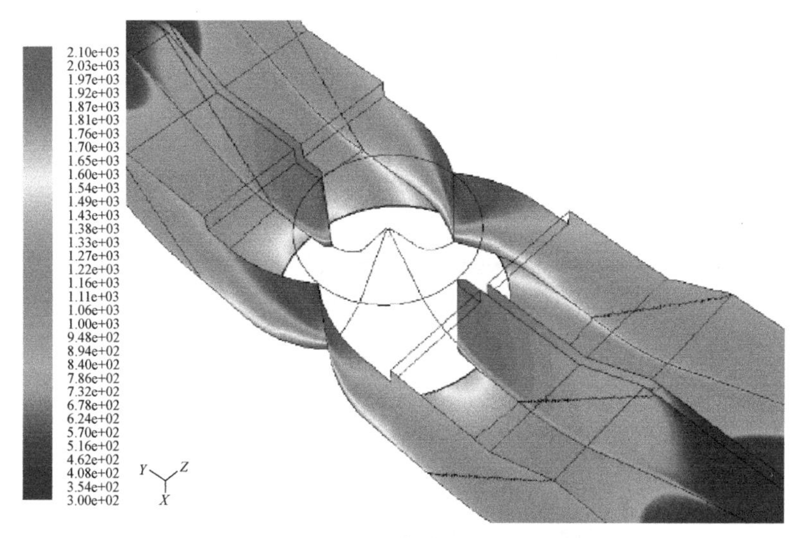

图 5.12　导流槽壁面温度云图

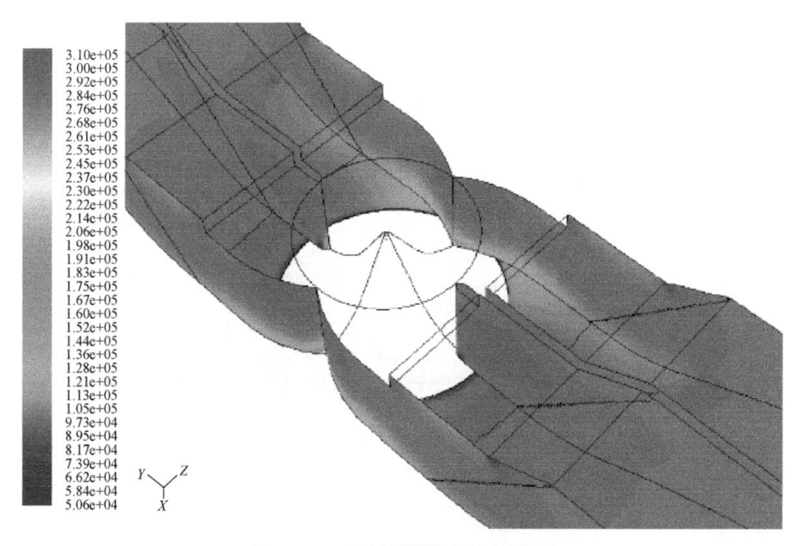

图 5.13　导流槽壁面压力云图

燃气射流在导流面和侧壁面上两次强制转向后，燃气进入导流槽通道进行排导，流动方向为导流槽出口方向。由前面分析可知，发动机射向特征决定了占据燃气射流主要部分的助推级发动机的燃气射流正对着侧壁面和中间隔墙。锥形导流面自身结构并未对燃气射流方向形成强制约束，而是造成燃气流的扩散效应，使燃气从底面开始向侧壁面流动，并在流动过程中不断向上方发展，形成螺旋式流动结构，最终占据了大部分流道面积。导流槽内部流动方向发展情况如图 5.14 所示。导流槽出口速度云图和导流槽出口温度云图如图 5.15 和图 5.16 所示。由图 5.15 和图 5.16 可知，经过导流槽通道之后，导流槽出口处大部分的燃气流动贴近外侧壁面，在导流槽通道中间形成空穴，气流有向通道中间卷起、形成旋涡的趋势。

3. 导流槽导流通畅特性分析

导流槽的主要作用在于将发动机排出的高温高速燃气迅速通畅地排导向远离发射台的地方，降低燃气射流对发射安全的影响。导流通畅性指标参数是评价导流槽排焰能力的重要依据。

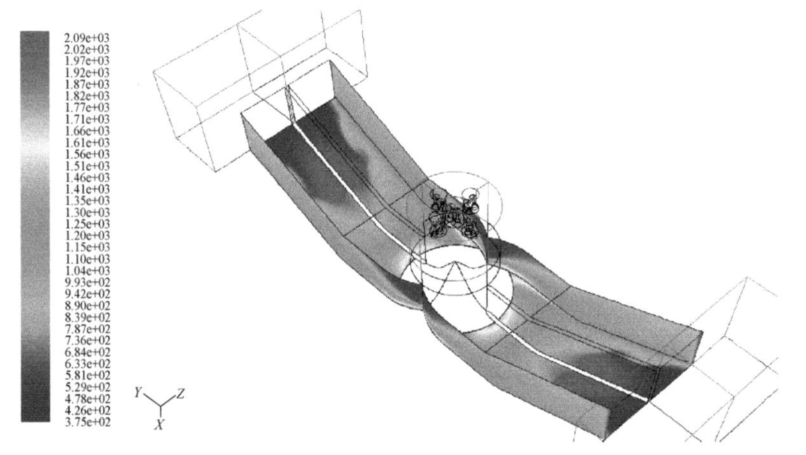

图 5.14　导流槽内部流动方向发展情况

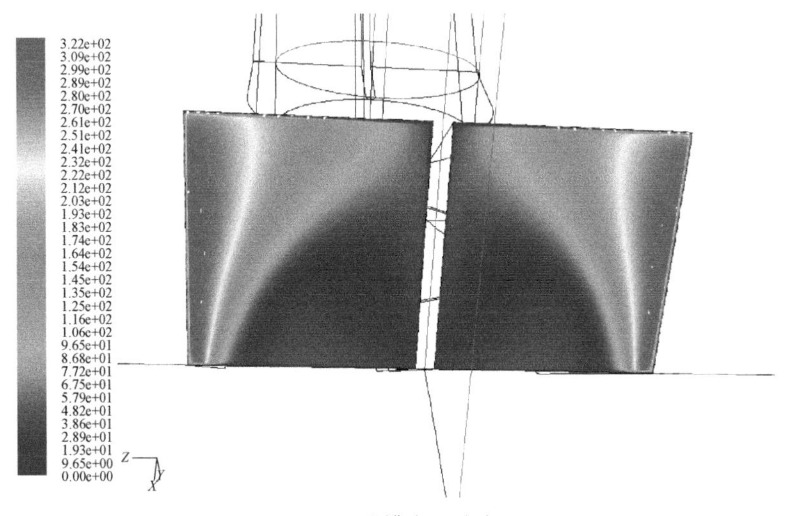

图 5.15　导流槽出口速度云图

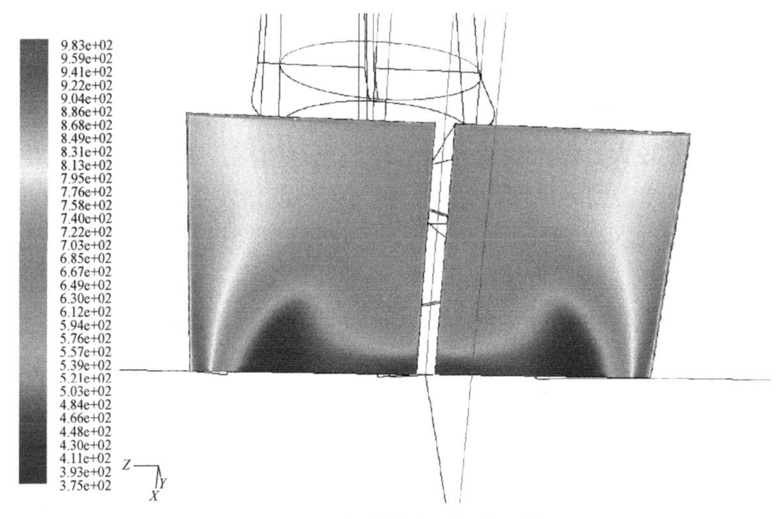

图 5.16　导流槽出口温度云图

燃气稳定排导过程中，导流槽入口处被引射气体质量流率与燃气质量流率的比值称为引射系数。引射系数越大，表明导流槽入口处被引射进去的空气越多，导流能力越强。在以往的发射测量结果中，引射系数大于 2.6 时导流槽排焰的通畅性即可满足需求，不发生燃气流回火现象，导流槽设计方案仿真计算引射系数为 5.37，即导流槽入口处引射的空气流量为燃气射流的 5.37 倍。

通道主流动量修正系数定义为流道截面上主流方向总动量与该截面上平均动量的比值，其表征截面被引射气体与燃气流混合的均匀程度或燃气射流对周围气体的带动能力。主流动量修正系数越小，说明被引射气体与燃气流的混合越充分，引射能力越强。在流动的开始阶段，燃气射流的方向比较明确，主要是因为燃气流冲击到导流面和侧壁面上的强制转向，加上燃气射流与引射空气的掺混耗散程度不大，燃气流基本沿着底面与侧壁的交界流动，流动方向比较一致，动量修正系数的变化不大；随着燃气流向着导流槽出口方向发展，燃气流的发展并无明确的限制，燃气流与引射的空气以及导流槽内部原有的空气的掺混程度加剧，流动影响的空间不断增加，由前面的分析可知，由于燃气流主流贴近侧壁面并向流道中间卷起，流道截面上的切向二次流动不断加强，主流的动量损失增加，动量修正系数不断上升，如图 5.17 所示。

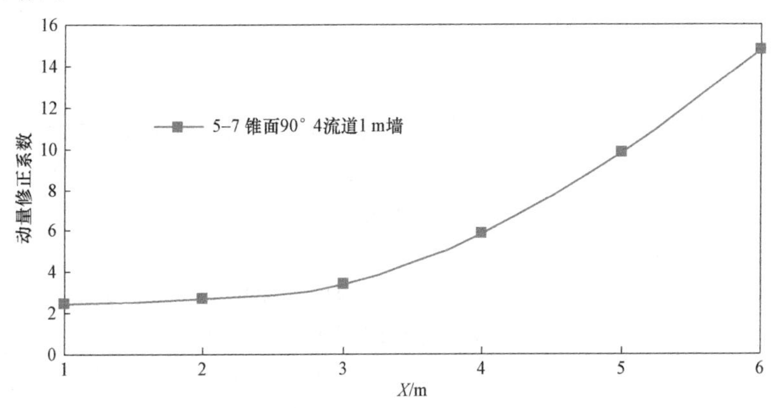

图 5.17　导流槽通道内流动的动量修正系数变化

通道主流动能流率损失系数定义为流道各截面上的流体动能流率与入口截面处流体动能流率的比值，表征导流槽内流体流动过程中的动能损失情况。该系数越大，说明流体在导流槽内流动过程中的动能损失越小，引射效率越高。从导流槽入口开始，由于燃气射流的速度很快，与空气的速度差较大，燃气射流与引射空气迅速掺混，射流的动能发生耗散，动能流率的损失急剧上升，在冲击到导流面上之后，燃气流的能量发生转化，部分动能转化为热能，形成导流面上的高温烧蚀区，燃气流的速度大幅度下降，经过与侧壁面的冲击第二次转向之后，燃气流的速度进一步下降，与周围引射气流的速度差进一步减小，两者之间的掺混形式从前面的边界层湍流耗散转化为通道内的二次流耗散，速度的方向变化取代了速度大小的变化成为流动的主要特征，因此动能流率的变化幅度减小，动能的损失降低，如图 5.18 所示。

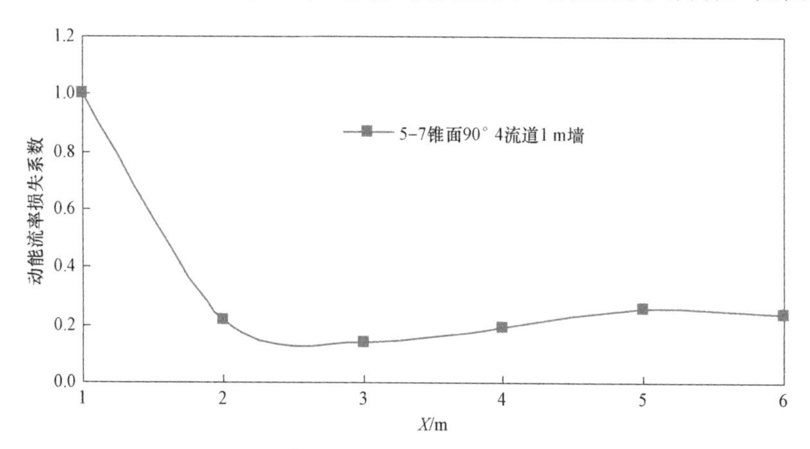

图 5.18　导流槽通道内流动的动能流率损失系数变化

5.2　运载火箭发射喷水降温降噪问题

5.2.1　运载火箭发射喷水降温降噪技术

运载火箭是用于输送飞船、卫星等有效载荷的重要且唯一的运输工具，各航天大国都在大力发展。随着人类探索宇宙的不断深入，对运载火箭的飞行距离和运载能力的要求也越来越高。而运载火箭的运载能力主要由捆绑火箭发动机的个数和单台发动机的推力所构成，推力越大，捆绑个数越多，则运载能力越大。而现役的运载火箭已满足不了大有效载荷、长飞行距离的需求，新一代运载火箭应运而生。

与现役运载火箭相比，新一代运载火箭在地面推力、发动机出口参数等方面变化显著，燃气射流的温度、速度、火焰长度、一级发动机总排气量、点火后火箭在发射台上的停留时间以及发射时的噪声等都显著增加，而与之相配套的新型发射场导流系统则需要承受比原来发射环境严苛得多的热效应、冲击效应、烧蚀效应等相关效应。为了保证发射场导流系统的使用寿命并节约成本，需要想办法来减少燃气射流所带来的环境效应问题。而国外部分发射场为了达到相同目的，已经做出了探索，并且取得了较好的效果。

欧洲 Ariane 火箭发射时（图 5.19）就采用注水的方式来降低导流装置的温度，并进行了仿真计算，得到了许多有用的结果。美国肯尼迪航天发射中心（图 5.20）也采用注水方式来降低装置温度，并且有效降低了燃气射流噪声，防止其对火箭飞行产生重大影响。而注水方式是一种简易而有效的高性价比降温降噪方式，因此，配置大流量冷却水系统用来冷却发射台、导流槽等装置并降低火箭起飞前时间段内的噪声成为首选方案。

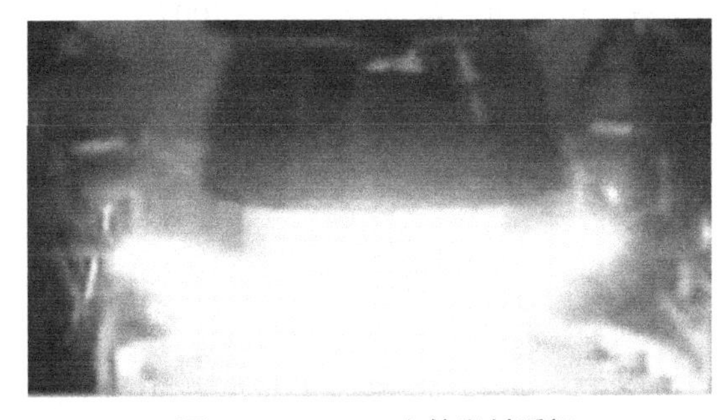

图 5.19　Ariane 火箭发射瞬间

图 5.20　肯尼迪航天发射中心

据国外资料，喷水冷却系统在欧洲 Ariane 火箭发射平台上获得了应用，法国航天局于 1992—1993 年组织进行了大量的小比例试验，从而确定了冷却水的优化喷射方案。

1998—1999 年，法国航天局应用仿真软件对某固体火箭发动机发射试验台喷水降温问题进行了专门研究，并根据仿真结果确定了最终的喷水方案，其设计结果可以有效降低导流槽壁面附近的燃气温度达 18%，降低燃气流速 20%。喷水设施分为两个部分，一部分为径向喷水，其目的是吸收射流的动能和热能，喷水量为燃气流量的 40%；另一部分为底部喷水，目的是冷却射流冲击到的导流槽壁面，喷水量为燃气流量的 110%。其部分研究结果如图 5.21～图 5.23 所示。

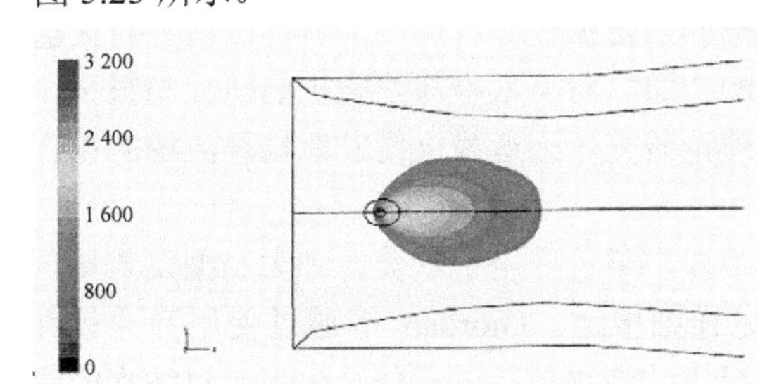

图 5.21　未喷水导流槽内温度

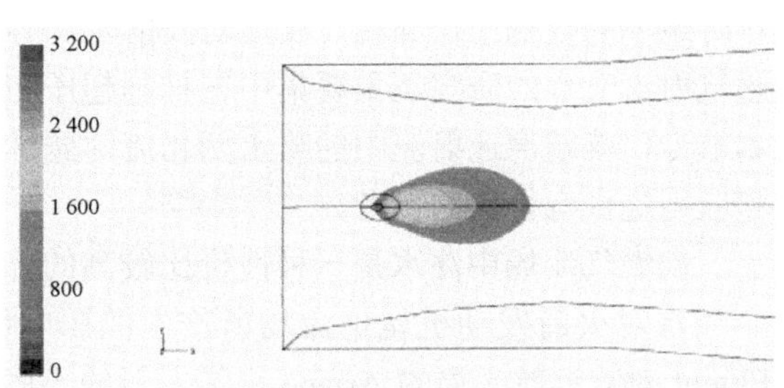

图 5.22　初步设计喷水系统作用后导流槽内温度

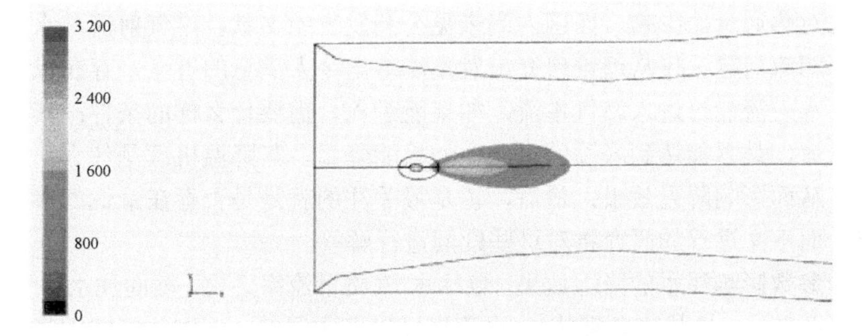

图 5.23　优化设计喷水系统作用后导流槽内温度

从图 5.21～图 5.23 中可以看出，经优化设计后的喷水系统，可以极大地降低导流槽内的温度及其影响范围。

图 5.24 NASA 喷水降噪试验装置

NASA（美国国家航空航天局）于 1997 年开始对高速喷管进行喷水降噪的研究，共发表相关 AIAA（美国航天航空学会）报告 6 篇左右，最新的一篇报告发表于 2007 年，主要研究喷水对混合区降噪的影响。美国相关报告的研究方法为针对喷水的质量流量、喷水位置以及雾化模式三个方面进行研究，研究结论分别为：① 喷水的质量流量越大，噪声降低越明显；② 在喷管出口位置喷水比在射流混合区喷水降噪效果更为显著；③ 喷水越接近喷管轴线，降噪效果越好；④ 雾化模式对于降噪的影响相对较小。NASA 喷水降噪试验装置如图 5.24 所示。此外苏联拜科努尔航天发射场在导流槽内同样采用了喷水降噪技术。而在国内关于此方面的研究还较少。

5.2.2 冷却水降温效果仿真研究

火箭喷出的超声速流在导流系统底部产生正冲激波，造成激波后的局部高压，势必有部分高温燃气流反吹，使火箭处于高温状态中，这对火箭及整个发射系统来说是非常危险的。因此，必须采取强有效的消防措施来降低火箭箭体的温度，以确保火箭整个发射系统的安全。在发射台周围布置喷水系统最初是以消防为主要目的，在紧急关机和火箭起飞后对发射台和箭体进行冷却降温，将喷水过程扩展到新型大推力火箭发射过程中，可以有效应对发动机工作时造成的极端工作环境，实现对发射台和导流槽的热防护任务。然而，目前国内外对火箭燃气射流喷水的研究还主要集中在抑制超压和降噪方面，对喷水冷却热防护的研究却很少。本书专门就超声速射流中的喷水两相流问题进行理论研究，为运载火箭发射场导流槽的设计和应用提供有价值的参考。

向燃气流场中注水是一种性价比较高的降温手段，早已应用于欧美各种大小型发射场，而注水对火箭发动机尾焰流场所产生的影响鲜见详细报道。Giordan 等通过使用商业软件 Fluent 对欧洲航天局的 Ariane 火箭发射的不同工况下的注水效果进行仿真模拟，对注水的降温防护效果进行了比较分析。Miller 等通过多组试验来分析注水的降温效果，确定了燃气与水的动量之比对热通量的影响。而国内尚未见公开发表的文献。燃气射流与水的作用是一个非常复杂的两相流问题，仅从理论研究出发不能得出令人满意的答案，存在以下几个疑问：首先是注入的水射流能否进入燃气主流，如果能进入，需要什么样的条件；其次，注水如果能进入燃气主流，是否能达到降温的目的，如果能降温，其降温机理是什么，是否会出现水流反弹现象，从而影响降温效果；最后，也是最关注的就是是否存在最优的参数组合达到最佳降温效果。而下文进行的研究将对这些疑问进行解答。

许多设计参数影响注水的降温效果，包括水/气质量流率之比、轴向注水位置、注水角度、喷头数量、注水方式（柱状或者雾状）、水流速度以及水温等。而这些影响因素很多是耦合在一起共同发挥作用的，要想将这些影响因素完全研究清楚需要大量的针对性试验和数值仿真。而本部分的研究结果主要针对发射场工程应用，因为注水位置受到发射场各种地面设备布置的限制，而注水角度的选择还需要兼顾降噪效果。因此，本部分并不就注水位置和注水角度的影响进行研究，此外，为了便于注水的工程实现，一般采用常温水进行降温，而喷头注水方式也一般采用柱状，因此这两个因素在本部分也视为常量。

本部分主要针对水质量流率 $\dot{m}_w$（本部分所有的试验、仿真所用的发动机为相同发动机，其各种燃气参数完全一致，包括燃气秒流量 $\dot{m}_g$，因此改变水的质量流率则改变了水/气质量流率比 k)、喷头数量 n、水流速度 v、喷头出口截面积 s 这四个因素对注水降温效果进行研究。而以上几个因素并不是相互独立的影响因子，其中 $\dot{m}_w = \rho_w \cdot s \cdot v \cdot n$。在常温常压下水的密度是一定的，因此所研究的四个因素只需确定其中三个即可。通常情况下，如果一个研究对象的影响因素有多种，为了研究各种因素各自的效应，需要进行单一变量法研究；而本部分所研究的这四个因素并不完全独立，因此采用保持两个因素不变、改变另外两个因素的双变量法。

降温效果主要体现在以下这些方面：降低射流轴线温度、降低地面温度和减少烧蚀现象等。除了这些方面之外，为了更好地理解注水降温的机理，需要对注水燃气复杂两相流场进行深入分析。因此，本部分还将对流场迹线分布概况、沿轴线等距截面及对称面等进行研究，旨在得到可说明注水降温机理的流场形态特征。

首先，对迹线分布图的物理含义进行解释，该图显示从某一出口流出的所有粒子（流体微团）的主要流场迹线分布。需要指出的是在水射流从喷管出口到底板的流动过程中发生了汽化现象，而该现象并不影响其迹线分布。也就是说，当其温度高于饱和温度时，原来的液态粒子就变成了气态粒子，但其相变过程在迹线图中无法体现。需要指出的是，本部分所用的流场迹线分布图左侧显示的均为温度范围，单位为 K；所有温度云图的单位也都为 K。

利用燃气流、冷却水及水蒸气共同作用的气液两相仿真模型，建立流场计算模型，通过数值模拟，研究混合流场分布情况，从而研究冷却水降温效果。本部分采用有限体积法来离散控制方程，湍流模型选用 RNG $k-\varepsilon$ 模型，壁面附近采用标准壁面函数。气液两相流模型采用耦合了液态水汽化方程的 Mixture 多相流计算模型。通过非定常算法计算各个时间步内流场分布，直到流场稳定。

1. 几何模型及初边条件

以双水管注水工况为例，计算域示意图如图 5.25 所示。坐标原点 O 为喷管出口中心，X 轴为发动机射流轴线，XOY 平面为水管所在平面，XOZ 平面为无水管平面。需要说明的是如果水管数量变为 4，则在 XOZ 平面上再添加一组水管即可。计算域共包含两个入口和一个出口，喷管出口为燃气相入口，水管出口为水相入口，计算域外边界则为出口。从喷管出口至地面距离为 1.76 m，注水的交汇点为距喷管出口 0.26 m 处，注水方向与发动机轴线夹角为 60°。根据对称性选取 1/4 面对称三维计算域进行计算（图 5.25）。边界条件设置见表 5.4，其具体位置如图 5.26 所示。

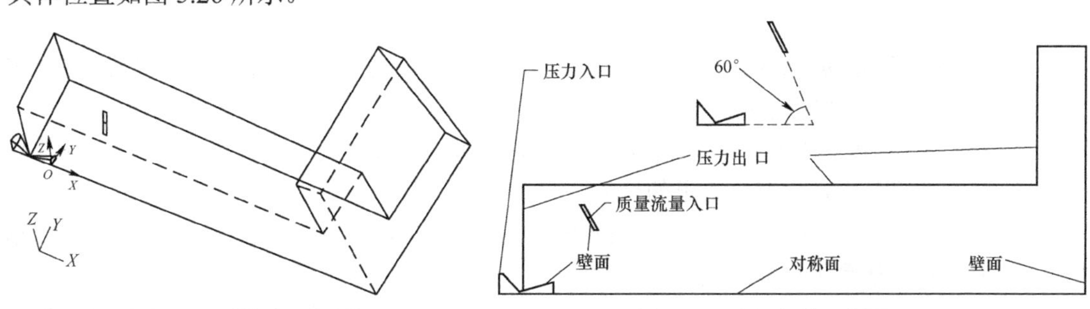

图 5.25　计算域示意图　　**图 5.26　边界条件示意图**

表 5.4　边界条件设置

参数	压力入口边界条件	压力出口边界条件	质量出口边界条件
T/K	3 000	300	300
P/MPa	7	0.101 325	0.301 325
q/（$kg \cdot s^{-1}$）	—	—	1.5，5.25，7.5，10.5，52.5

1）初始条件

在进行数值模拟之前，必须对流场进行初始化，即给定流场的初始条件。本次计算中，喷管以外计算区域的初始流场取静止大气的参数：P=101 325 Pa，T=300 K，V=0 m/s；初始情况下只有水管出口内有液态水存在，且体积分数为 1；喷管内初始条件为：P=7 MPa，T=3 000 K。

2）压力入口边界条件

压力入口边界条件即发动机喷管入口处的条件，由于不考虑点火瞬间的压力攀升过程，发动机的燃烧室压力基本保持恒定，所以压力入口条件为：P_0=7 MPa，T_0=3 000 K。

3）质量入口边界条件

质量入口（mass-inlet）边界条件即水管入口处的条件，根据本部分各种工况下的注水量的不同而不同。

4）对称面边界条件

由于计算域关于 XOY 平面和 XOZ 平面均对称，为了减少计算量，则将这两个面都设置为对称面边界条件，这样可以将计算网格数降低为无对称边界条件下的 1/4。

5）壁面边界条件

在数值模拟的过程中，喷管壁面、水管壁面、地面等固壁处采用壁面边界条件。壁面边界条件中，物面边界采用无滑移壁面和绝热壁面边界条件，近壁面湍流计算采用标准壁面函数法处理。

6）压力出口边界条件

压力出口边界条件即周围环境的条件，设为常温常压，位于计算域的外围。P_{out}=101 325 Pa，T_{out}=300 K。

2. 计算工况

由于 $\dot{m}_w = \rho_w \cdot s \cdot v \cdot n$ 中 $\dot{m}_w$、s、v、n 这四个影响因子并不完全独立，因此采用保持两个因素不变、改变另外两个因素的双变量法。在工程实际应用中最为关心的是下面几种情况。

（1）当水的流量 $\dot{m}_w$ 和水管数量 n 已经固定，是否可以通过调整单个水管出口截面积 s 来调整流速 v，从而达到优化降温效果的目的。

（2）当水流速度 v 和水管数量 n 已经固定，是否可以通过增大单个水管出口截面积 s 来增大流量 $\dot{m}_w$，从而达到优化降温效果的目的。

（3）当水流速度 v 和单个水管出口截面积 s 已经固定，是否可以通过增加水管数量 n 来增大流量 $\dot{m}_w$，从而达到优化降温效果的目的。

（4）当单个水管出口截面积 s 和水管数量 n 已经固定，是否可以通过提高出口速度 v 来增

大流量 $\dot{m}_w$，从而达到优化降温效果的目的。

根据所关心情况并且本着最大限度利用所设置的工况进行多组对比将八种工况设置如下，分为 4 组，分别进行对比，见表 5.5～表 5.8。下面将分别对这几组工况展开详细研究，需要说明的是，如某些个别工况是几组中同时包含的，将不再重复介绍。

表 5.5　水的流量与水管数量固定条件下各个工况

参数	A	B	C
质量流率之比	5.5	5.5	5.5
出口水流速度/（m・s^{-1}）	24.5	34.6	44.7
水管数量/个	2	2	2
单个水管出口面积/m^2	0.000 161	0.000 115	0.000 088 3
水质量流量/（kg・s^{-1}）	8.25	8.25	8.25
水射流动量（kg・m・s^{-2}）	202.125	285.45	368.775

表 5.6　水的流速与水管数量固定条件下各个工况

参数	B	D	E
质量流率之比	5.5	1	3.5
出口水流速度/（m・s^{-1}）	34.6	34.6	34.6
水管数量/个	2	2	2
单个水管出口面积/m^2	0.000 115	0.000 020 5	0.000 073 6
水质量流量/（kg・s^{-1}）	8.25	1.5	5.25
水射流动量（kg・m・s^{-2}）	285.45	51.9	181.65

表 5.7　单个水管出口截面积与水的流速固定条件下各个工况

参数	F	G
质量流率之比	3.5	7
出口水流速度/（m・s^{-1}）	15	15
水管数量/个	2	4
单个水管出口面积/m^2	0.000 169	0.000 169
水质量流量/（kg・s^{-1}）	5.25	10.5
水射流动量（kg・m・s^{-2}）	78.75	157.5

表 5.8　单个水管出口截面积与水管数量固定条件下各个工况

参数	G	H
质量流率之比	7	35
出口水流速度/（m・s^{-1}）	15	35

续表

参数	G	H
水管数量/个	4	4
单个水管出口面积/m^2	0.000 169	0.000 169
水质量流量/（kg • s^{-1}）	10.5	52.5
水射流动量（kg • m • s^{-2}）	157.5	3 937.5

此外，作为各种注水工况的对比工况，对无水自由射流工况下的流场也进行了计算。无水自由射流工况下流场迹线图如图 5.27 所示，图 5.28 显示的是轴线上距喷管出口距离为 0.1～1.3 m、间距为 0.1 m 的 13 个截面上燃气射流分布温度云图。而其他计算结果会在与其他工况的比较中列出。燃气流量约为 1.5 kg/s，出口速度约为 2 000 m/s，则燃气主流的动量为 $\dot{m}_g = 3\,000\ \text{kg} \bullet \text{m/s}^2$。

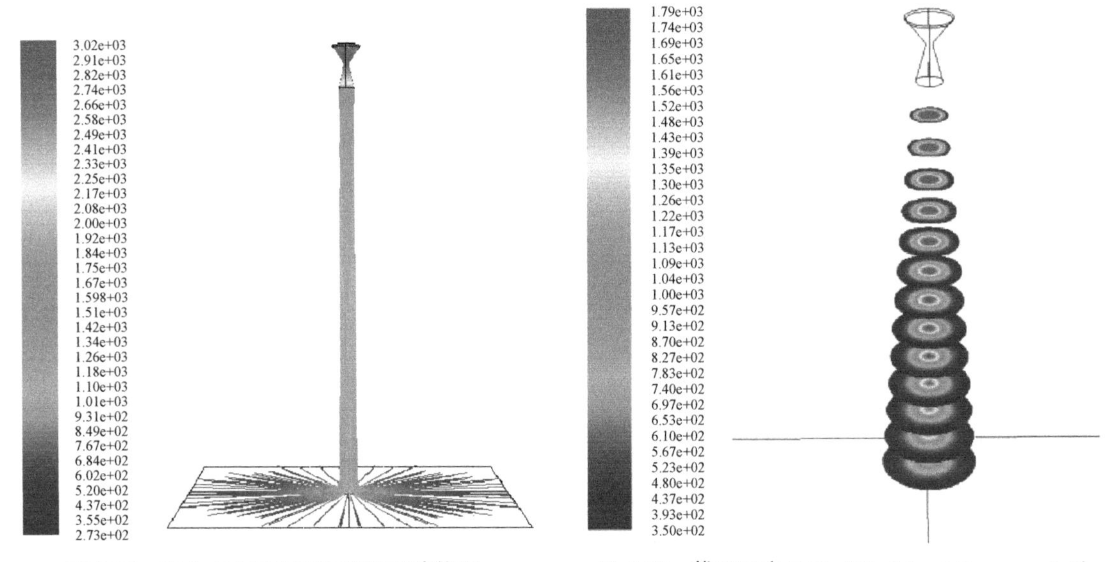

图 5.27　无水自由射流工况下流场迹线图　　**图 5.28　截面温度云图（X=0.1，0.2，…，1.3）**

5.2.3　冷却水降温效果仿真结果分析

1. 单个水管出口截面积与流速的影响

$\dot{m}_w = \rho_w \bullet s \bullet v \bullet n$，其中 $\dot{m}_w = 5.5 \times 1.5 = 8.25\ \text{kg/s}$，$n = 2$，而这一组共选择三种工况，分别为: A: $s = 0.000\,161\ \text{m}^2$，$v = 24.5\ \text{m/s}$; B: $s = 0.000\,115\ \text{m}^2$，$v = 34.6\ \text{m/s}$; C: $s = 0.000\,088\,3\ \text{m}^2$，$v = 44.7\ \text{m/s}$。

工况 A

$s = 0.000\,161\ \text{m}^2$，$v = 24.5\ \text{m/s}$，$\dot{m}_w = 8.25\ \text{kg/s}$，$n = 2$。

1）流场迹线分布概况

从无水自由射流迹线分布图（图 5.27）来看，其轴对称特性非常明显，在地面上的燃气分布也呈轴对称形式。而从工况 A 两相流场迹线图（图 5.29）看来，水射流注射到燃气主流上没有出现反弹现象，也没有截断燃气主流，而是紧贴燃气主流的外围，顺着燃气主流往下流动，并且可以很明显地看出水射流的降温效果。这正回答了 5.2.2 小节中提出的疑问。

从工况 A 燃气相流场迹线图（图 5.30）中可以更清晰地看出燃气主流并没有被水射流截断，其燃气流场大致形状没有发生变化，但是由于注水的冲击挤压作用，在水射流与燃气流接触位置出现了明显的压缩现象和压缩后的膨胀现象。此外，燃气主流的温度从与水射流接触开始也有了显著降低，由于水射流的汽化吸热作用，形成一个类似锥形的 1 000 K 以上的高温区域，而不是像无水自由射流状态下从喷管出口到地面整体温度都高于 1 000 K。同时，注水工况下地面温度也有大幅度降低，最低温度甚至降到了 600 K 以下，与水射流的温度相近。可见，水射流对燃气射流边界附近的燃气降温效果十分明显。尤其是可以清楚地看出，由于水射流的挤压作用，在地面上形成了 4 股明显的射流堆积，沿着正方形地面对角线方向流去。

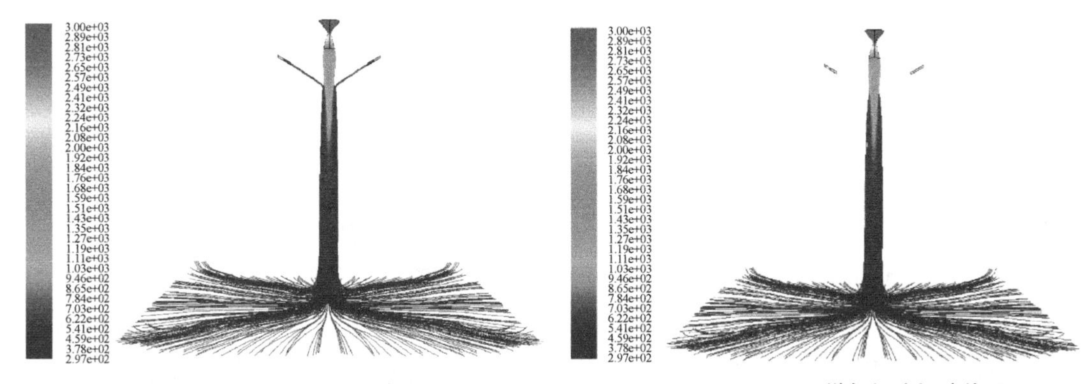

图 5.29　工况 A 两相流场迹线图　　**图 5.30　工况 A 燃气相流场迹线图**

从工况 A 水相流场迹线图（图 5.31）看来，水射流的温度上升速度也非常快，根据不同压力下的水的饱和温度可以看出，跟燃气主流接触之后的大部分水射流的温度已经高于其饱和温度，也就是说大部分水射流都通过与燃气主流进行热量传递吸热汽化了，并且汽化效果十分明显，在燃气射流的边界部分水射流和燃气组分的温度基本上一致，说明热量交换已经完成。并且可以看出水射流迹线与地面并没有接触，所以可以知道从注水与燃气主流接触开始直到两相混合流体流出计算域为止，水相一直是附着在燃气相之上的。

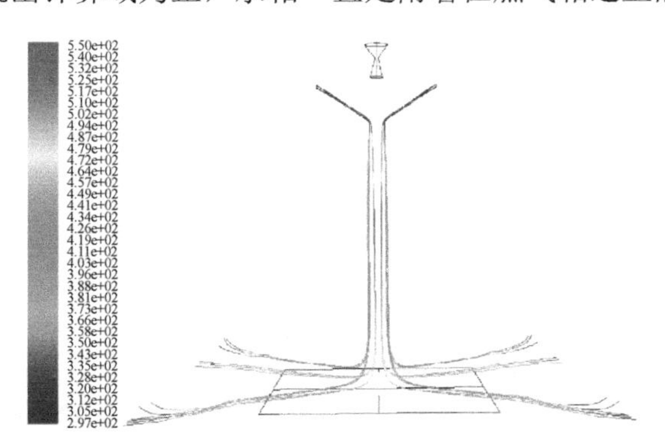

图 5.31　工况 A 水相流场迹线图

图 5.32 为工况 A 燃气相流场迹线的剖面图，剖面为 *XOZ* 平面，图 5.32（a）为斜轴测图，图 5.32（b）为正视图。从图 5.32 的两幅图中可以看出，燃气主流受到水射流的挤压作用出

现了十分明显的局部压缩现象，说明了水射流的动量作用对燃气流场的分布有很大作用，并且出现了燃气主流的分叉现象。水射流与燃气主流发生动量交换和热量交换，使得燃气主流变形、分叉，在水射流的冲击作用下，燃气主流正冲击面向内凹，而无水射流冲击的面则向外凸出。在水射流的挤压作用下，燃气主流向两边扩散，中间出现分叉，其扩张角度为 30°左右。

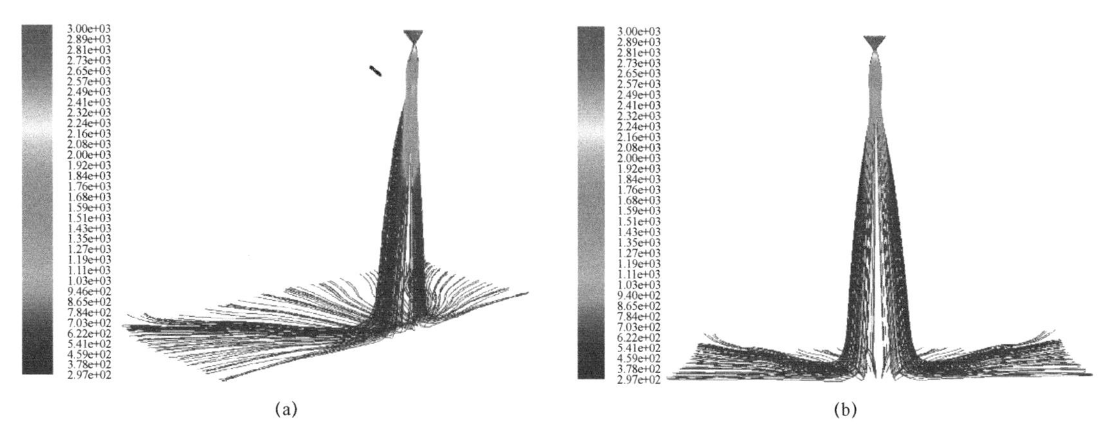

图 5.32　工况 A 燃气相流场迹线的剖面图

（a）工况 A 燃气相流场迹线剖面斜轴测图；（b）工况 A 燃气相流场迹线剖面正视图

图 5.33 为工况 A 水相流场迹线的剖面图，剖面为 *XOZ* 平面，图 5.33（a）为斜轴测图，图 5.33（b）为正视图。从图 5.33 中可以看出，水射流没有反弹，也没有截断燃气主流，而是由一股分叉成为许多小股射流，或者说是成为面状射流，附着在燃气主流的外边界，同时发生剧烈的热交换和汽化吸热。由于水管出口水流截面积较大，大致分成 4 股，并且沿着 45°对角线方向向四周流动，在这个流动过程中不断分叉，但大致流向基本不变。

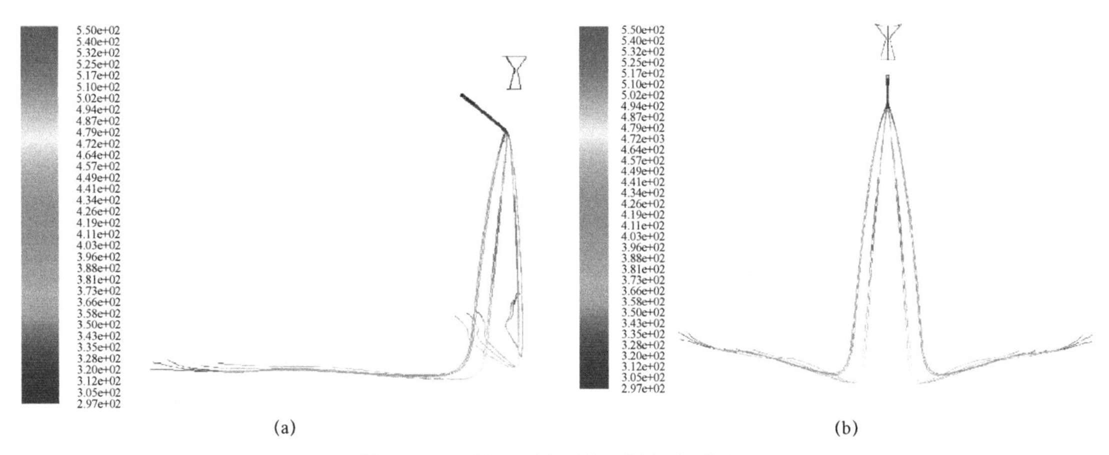

图 5.33　工况 A 水相流场迹线的剖面图

（a）工况 A 水相流场迹线剖面斜轴测图；（b）工况 A 水相流场迹线剖面正视图

2）沿轴线等距截面及对称面

从图 5.34、图 5.35 中可以很清晰地看出燃气主流的分布范围和水射流的分布范围。由于水射流的挤压作用，原本为圆形的燃气主流截面变成了“蝴蝶状”，与水射流接触的部分呈现弧形往内压缩，没接触的部分则向外扩张，从而形成了不规则的“蝴蝶状”高温燃气截面。而水射流则分叉成多股，或者说是一个弧形扇面附着在主流上，类似于一对圆括号“)(”。

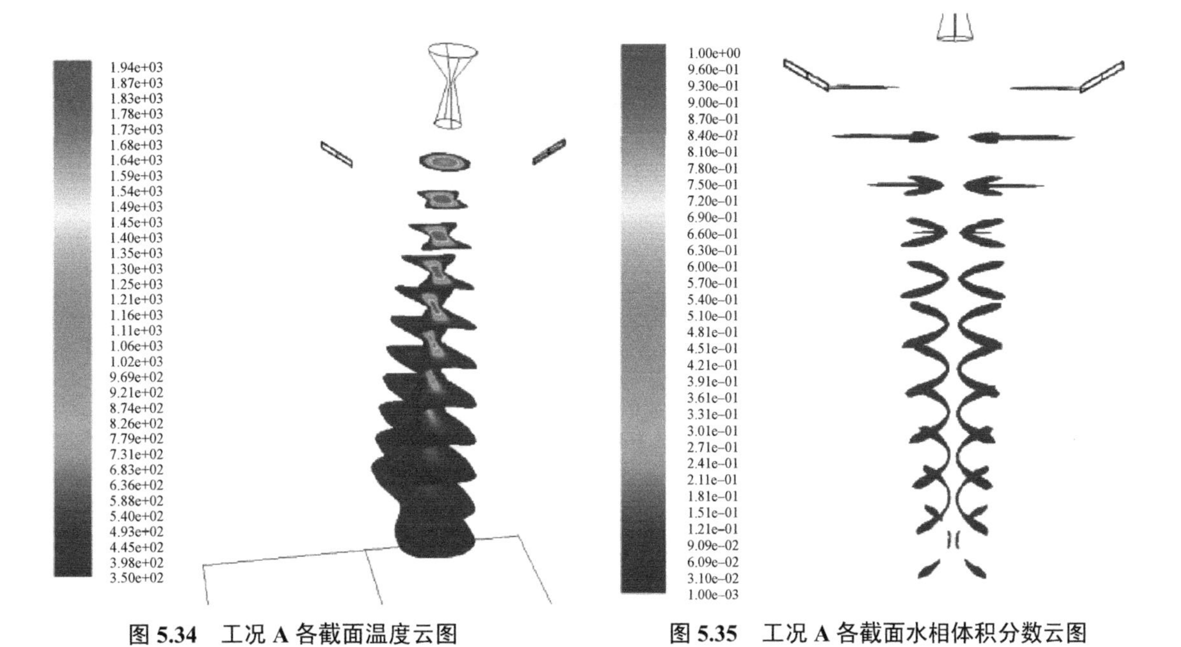

图 5.34　工况 A 各截面温度云图　　**图 5.35　工况 A 各截面水相体积分数云图**

从图 5.36 可以看出燃气主流在 *XOY* 对称面上被水射流挤压得非常厉害，以注水汇集点为顶点，往上的高温区域呈倒三角形分布，往下的高温部分则仅局限在轴线附近的狭长地带；反观垂直于 *XOZ* 对称面，由于注水方向上受到挤压，燃气主流均向垂直方向扩散，该对称面上燃气主流膨胀得十分厉害，远大于无水情况下的对称面燃气分布，并且从受到挤压这点开始，往下呈三角形分布。可以从图 5.37 中看出燃气主流存在一定程度的分叉，而燃气主流的这种形态是与迹线图相互呼应的。而从图 5.38 中则能更显著地看出燃气主流的这种一侧受挤压、另一侧膨胀的分布规律。因此可以看出燃气主流受到水射流的阻滞作用还是十分明显的。高温核心区在水射流交汇点之后基本就向水流两侧分叉了。

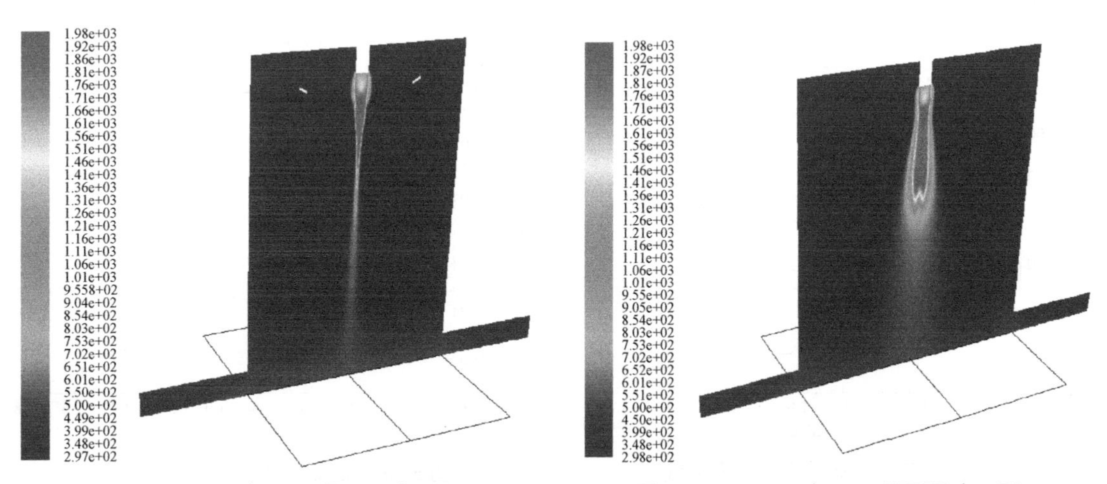

图 5.36　工况 A 中 *XOY* 平面温度云图　　**图 5.37　工况 A 中 *XOZ* 平面温度云图**

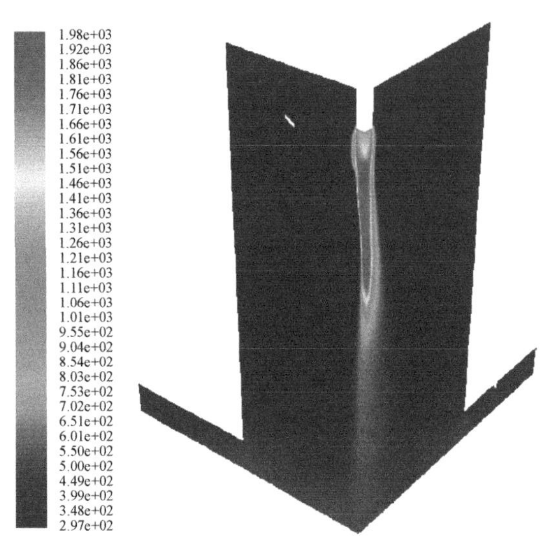

图 5.38 工况 A 中 1/4 模型两个对称面的温度云图

3）轴线及地面温度分布

从图 5.39 中无水自由射流的轴线温度分布（实线）可以很清晰地看出，燃气射流存在一个高温核心区，其分界点位置在 0.95～1 m，在此分界点之前燃气温度虽有振荡，但始终维持在一个较高的温度范围，而在此分界点之后温度迅速下降（可同时参考图 5.40 中速度的迅速衰减分界点），直到地面处出现滞止升温现象（由于燃气主流冲击到地面速度瞬间变成零而导致动能转化为热能，出现滞止升温现象）。而从工况 A 的轴线温度分布曲线同样可以看出，以 0.55 m 位置为界，存在一个高温核心区，只不过由于注水影响，相比较无水状态下其长度大大缩短，并且不再出现滞止升温现象，这是由于水射流的挤压和吸热效应导致燃气主流能量被分散和消耗所致，这与迹线图中所看到的燃气主流分叉现象是一一对应的。正是由于燃气主流受到水射流作用而分叉从而导致高温核心区长度由 0.95 m 左右变为 0.55 m。而需要注意的是在 0～0.55 m 这段区域，由于水射流阻挡了燃气主流的流经通道，燃气主流的速度降低（图 5.40），而这部分动能转化为热能，因此这段区域温度反而比无水自由射流状态下更高。从后处理结果中读出：轴线平均温度为 1 453 K，温度范围是 514～1 976 K。

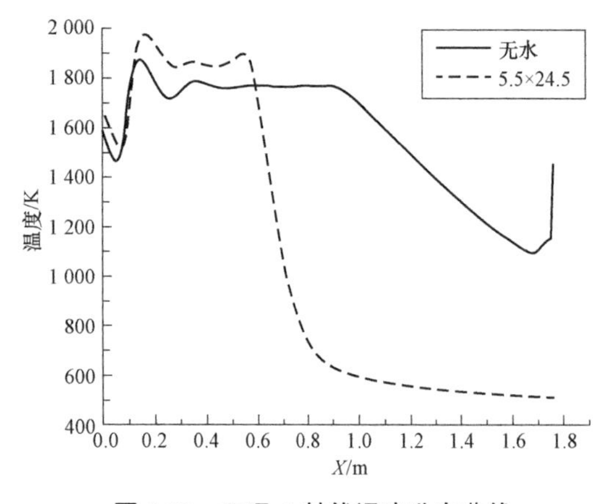

图 5.39 工况 A 轴线温度分布曲线

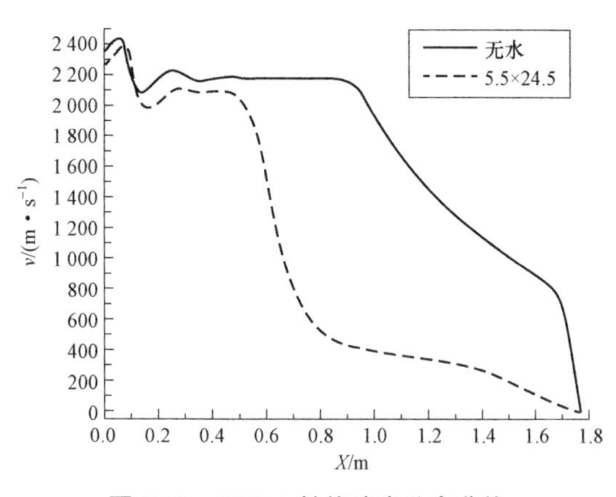

图 5.40 工况 A 轴线速度分布曲线

图 5.41 显示了所对比的线段的位置，一条线段位于 Y 轴上，另一条位于 X 轴上。由于无水自由射流工况的对称性，其 OY、OZ 线上的流场特征均相同，因此可以将两条曲线合并为一条，如图 5.41 中实线所示。从图 5.42 中可以看出，地面的降温效果也十分明显，中心点附近降低了 900 K 以上，而 Y 轴、Z 轴上其他位置也有不同程度的降低。由于水射流与燃气主流接触之后迅速分叉，从而导致在 Y 轴上的降温效果反而不如 Z 轴上的降温效果，但总体说来，两者差距不大。从后处理结果中读出：地面平均温度为 430 K，温度范围在 307～514 K 之间。

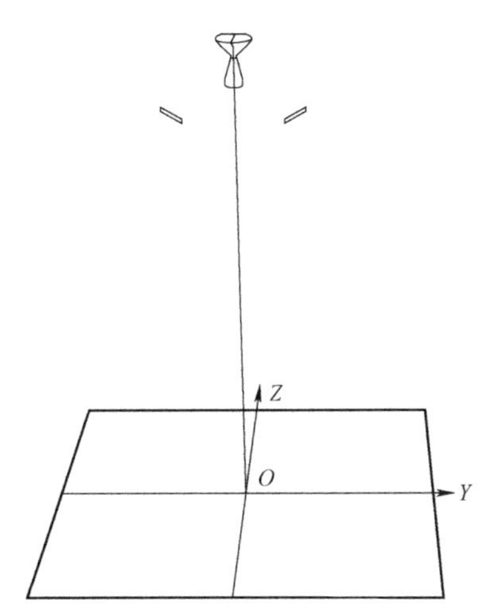

图 5.41　地面 Y、Z 轴位置示意图

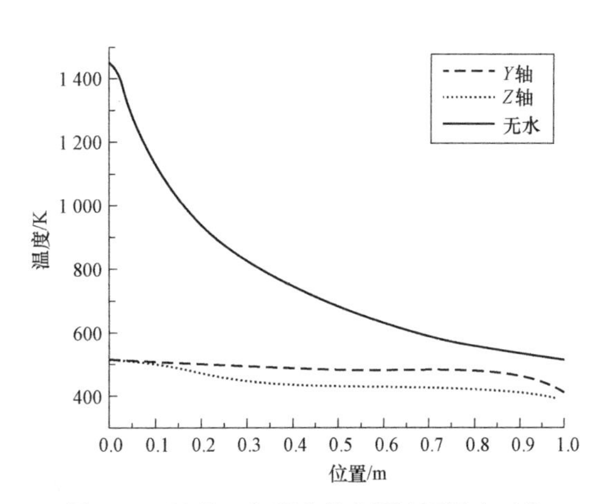

图 5.42　工况 A 与无水状态下地面温度对比

工况 B

$s = 0.000\,115\ \text{m}^2$， $v = 34.6\ \text{m/s}$， $\dot{m}_w = 8.25\ \text{kg/s}$， $n = 2$ 。

1）流场迹线分布概况

从工况 B 两相流场迹线图（图 5.43）看来，水射流注射到燃气主流上没有出现反弹现象，也没有截断燃气主流，而是紧贴燃气主流的外围，顺着燃气主流往下流动，并且可以很明显地看出水射流的降温效果。其基本流场形态与工况 A 比较相似。

从工况 B 燃气相流场迹线图（图 5.44）中可以更清晰地看出燃气主流并没有被水射流截断，其燃气流场大致形状没有发生变化，在与工况 A 相似的位置出现了明显的压缩现象和压缩后的膨胀现象。此外，其他流场形态也与工况 A 比较类似。

从工况 B 水相流场迹线图（图 5.45）看来，水相流场与工况 A 比较相似，但该工况下注水射流的分叉现象没有工况 A 那么明显，每个水管出口出来的水柱只有两个主要的分叉。

图 5.46 为工况 B 燃气相流场迹线剖面图，剖面为 XOZ 平面，图 5.46（a）为斜轴测图，图 5.46（b）为正视图。从图 5.46 的两幅图中可以看出，燃气主流受到水射流的挤压作用出现了十分明显的局部压缩现象和燃气主流的分叉现象，与工况 A 非常类似，但分叉更加明显。在水射流的挤压作用下，其扩张角度为 35° 左右。

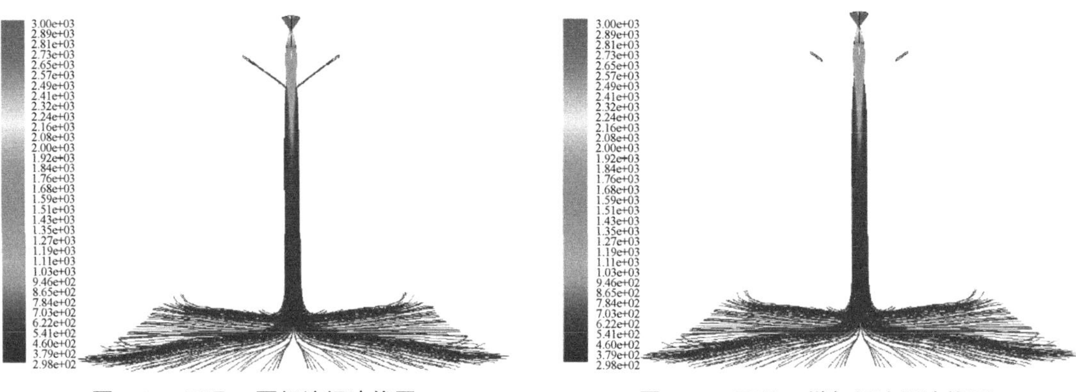

图 **5.43**　工况 **B** 两相流场迹线图　　　　图 **5.44**　工况 **B** 燃气相流场迹线图

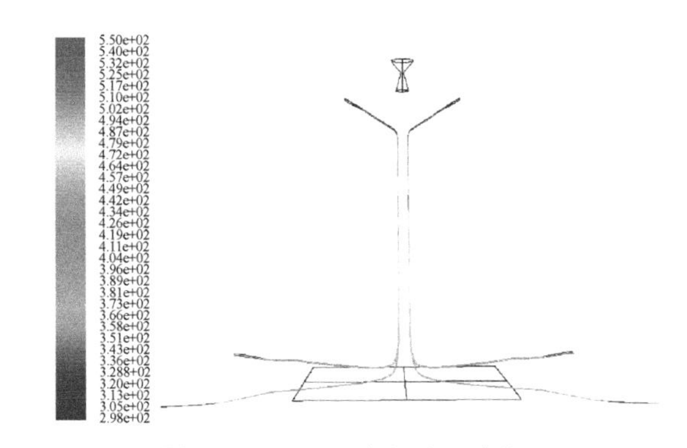

图 **5.45**　工况 **B** 水相流场迹线图

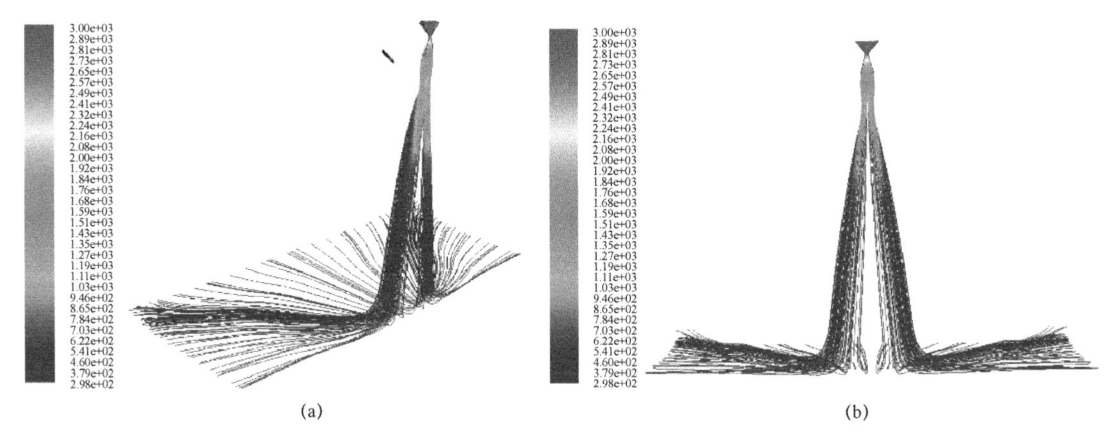

图 **5.46**　工况 **B** 燃气相流场迹线剖面图

（a）工况 B 燃气相流场迹线剖面斜轴测图；（b）工况 B 燃气相流场迹线剖面正视图

图 5.47 为工况 B 水相流场迹线剖面图，剖面为 *XOZ* 平面，图 5.47（a）为斜轴测图，图 5.47（b）为正视图。从图 5.47 中可以看出，水射流没有反弹，也没有截断燃气主流，而是由一股主要分叉成为两股射流，附着在燃气主流的外边界，同时发生剧烈的热交换和汽化吸热，并且沿着 45° 对角线方向向四周流动，在这个流动过程中不断分叉，但大致流向基本不变。

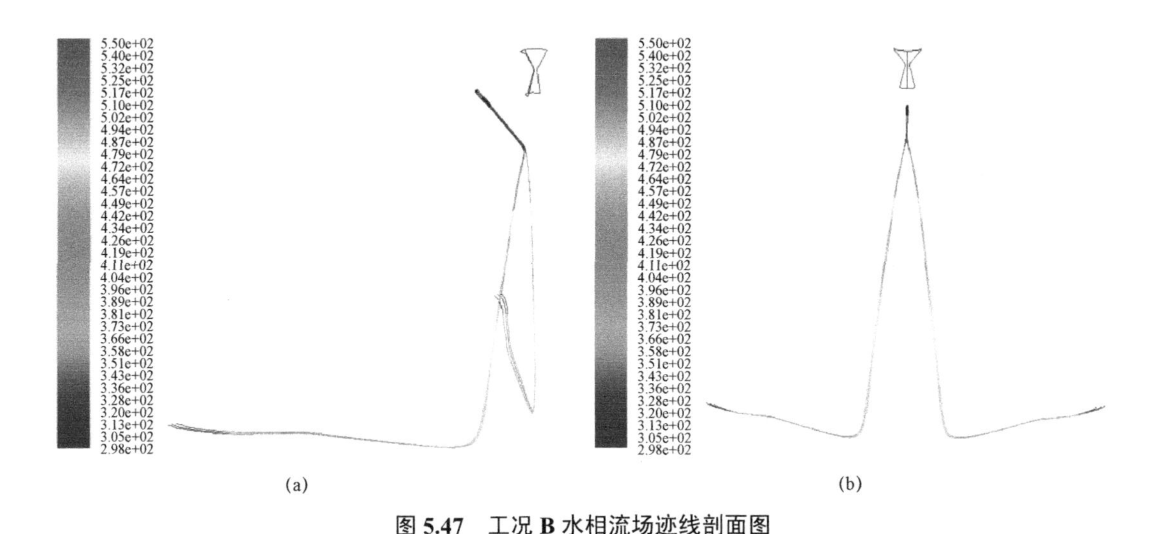

图 5.47　工况 B 水相流场迹线剖面图

（a）工况 B 水相流场迹线剖面斜轴测图；（b）工况 B 水相流场迹线剖面正视图

2）沿轴线等距截面及对称面

从图 5.48、图 5.49 中可以很清晰地看出燃气主流的分布范围和水射流的分布范围。由于水射流的挤压作用，原本为圆形的燃气主流截面变成了“蝴蝶状”，与水射流接触的部分呈现弧形往内压缩，没接触的部分则向外扩张，从而形成了不规则的“蝴蝶状”高温燃气截面。而水射流则分叉成多股，或者说是一个弧形扇面附着在主流上。与工况 A 有所不同的是该工况水射流的挤压作用更加明显，使得高温区域的面积更狭小，而水射流所形成的型面也由两条圆弧逐渐转为类似于一对尖括号“＞＜”形，这也与迹线图相互呼应。

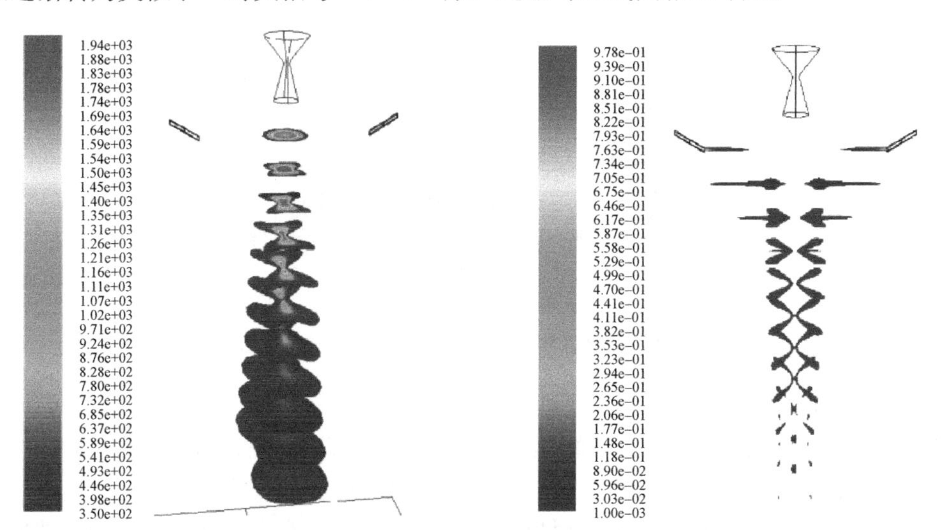

图 5.48　工况 B 各截面温度云图　　**图 5.49　工况 B 各截面水相体积分数云图**

从图 5.50 中可以看出燃气主流在 *XOY* 对称面上被水射流挤压得非常厉害，以注水汇集点为顶点，往上的高温区域呈倒三角形分布，往下的高温部分则仅局限在轴线附近的狭长地带；反观垂直于 *XOZ* 对称面，由于注水方向上受到挤压，燃气主流均向垂直方向扩散，该对称面上燃气主流膨胀得十分厉害，远大于无水情况下的对称面燃气分布，并且从受到挤压这点开始，往下呈三角形分布。可以从图 5.51 中看出燃气主流存在非常明显的分叉，而燃气主流的这种形态是与迹线图相互呼应的。而从图 5.52 中则能更显著地看出燃气主流的这种一侧受挤压、另一侧膨胀的分布规律。因此可以看出燃气主流受到水射流的阻滞作用还是十分明显的。高温核心区在水射流交汇点之后基本就向水流两侧分叉了。

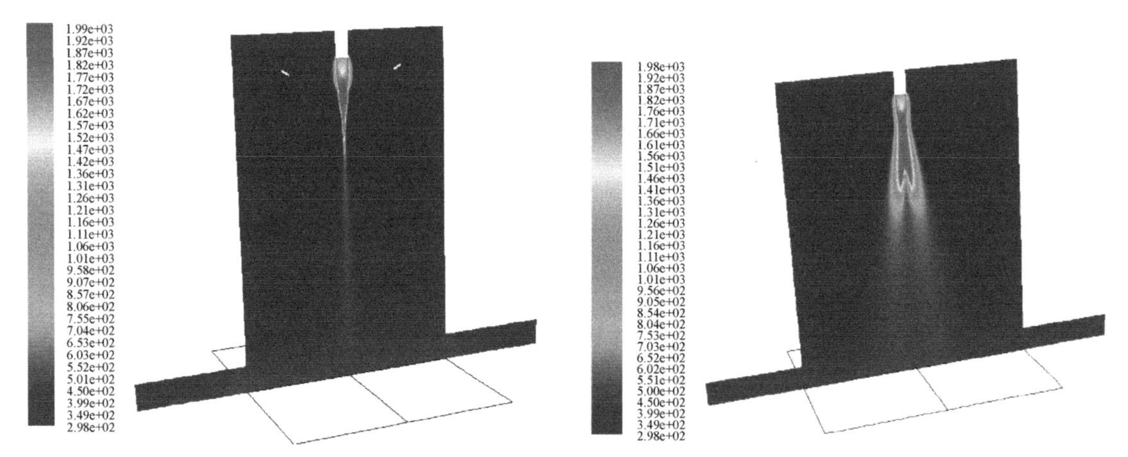

图 5.50　工况 B 中 *XOY* 平面温度云图　　**图 5.51　工况 B 中 *XOZ* 平面温度云图**

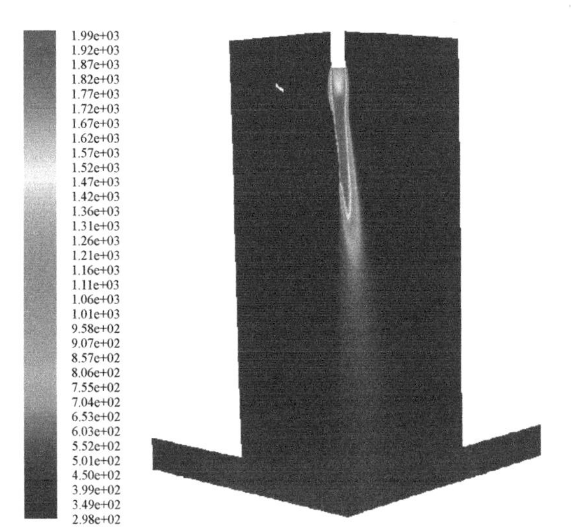

图 5.52　工况 B 中 1/4 模型两个对称面的温度云图

3）轴线及地面温度分布

从图 5.53 中工况 B 轴线温度分布曲线（虚线）同样可以看出，由于注水影响，以 0.42 m 位置为界，存在一个缩短的高温核心区。由于水射流的挤压和吸热效应导致燃气主流能量被分散和消耗，地面不再出现滞止升温现象，这与迹线图中所看到的燃气主流分叉现象是一一对应的。正是由于燃气主流受到水射流作用而分叉从而导致高温核心区长度由 0.95 m 左右变为 0.42 m。而需要注意的是在 0～0.42 m 这段区域，由于水射流阻挡了燃气主流的流经通道，燃气主流的速度降低（图 5.54），而这部分动能转化为热能，因此这段区域温度反而比无水自由射流状态下更高。从后处理结果中读出：轴线平均温度为 1 297 K，温度范围为 456～1 984 K。

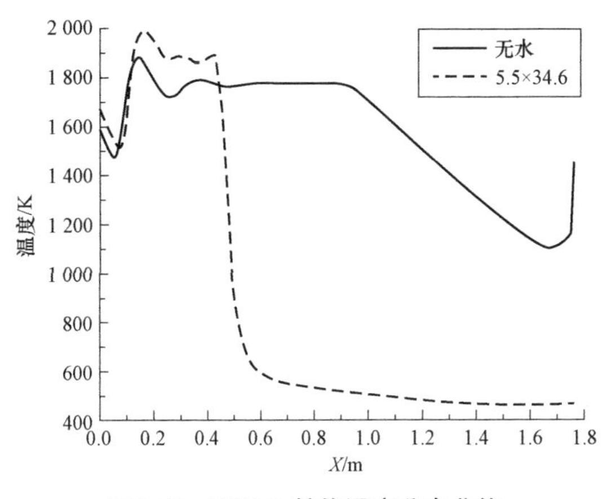

图 5.53　工况 B 轴线温度分布曲线

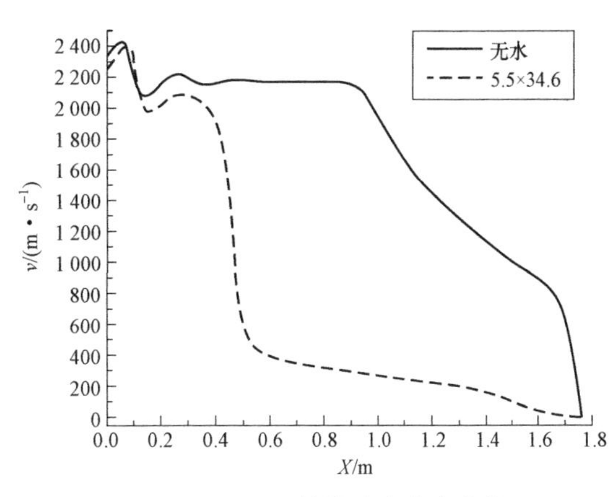

图 5.54　工况 B 轴线速度分布曲线

从图 5.55 中可以看出，地面的降温效果也十分明显，中心点附近降低了 1 000 K 左右，而 Y 轴、Z 轴上其他位置也有不同程度的降低。需要注意的是 Z 轴上中心点位置温度不是最高，这说明水射流的挤压效应非常明显，导致燃气主流中轴线附近的燃气能量都向外扩散，使得温度最高点出现在距离中心点 0.15 m 处的 Z 轴上。但整体说来，地面温度分布还比较平均，温度差值不是很大。从后处理结果中读出：地面平均温度为 420 K，温度范围在 307～472 K 之间。

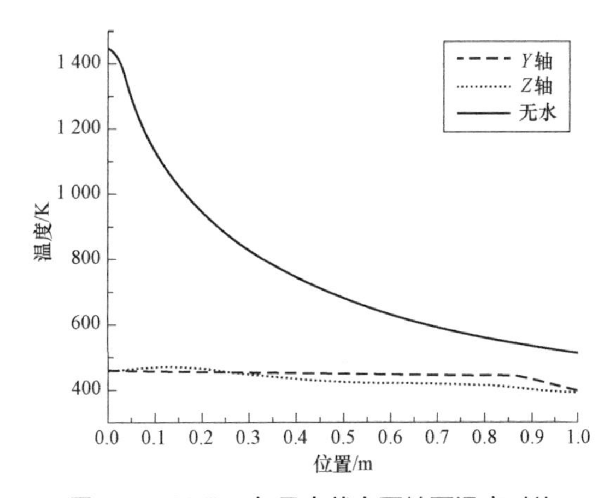

图 5.55　工况 B 与无水状态下地面温度对比

工况 C

$s = 0.000\,088\,3\ \text{m}^2$， $v = 44.7\ \text{m/s}$， $\dot{m}_w = 8.25\ \text{kg/s}$， $n = 2$ 。

1）流场迹线分布概况

从工况 C 两相流场迹线图（图 5.56）看来，可以发现燃气主流受到挤压之后的厚度变得更小，由此可以知道该工况挤压作用比前两个工况要更明显。

从工况 C 燃气相流场迹线图（图 5.57）中可以更清晰地看出燃气主流并没有被水射流截断，但其燃气流场形状发生较大变化，受到水射流的挤压后明显变薄了。从温度分布来看，燃气主流与水射流接触开始温度有了显著降低，由于水射流的汽化吸热作用，形成一个类似锥形的 1 000 K 以上的高温区域，地面温度也有大幅度降低。最低温度也降低到 450 K 以下，与水射流的温度一样，可见水射流对燃气射流边界附近的燃气降温效果十分明显。射流堆积现象不明显，在地面上分布较为均匀。

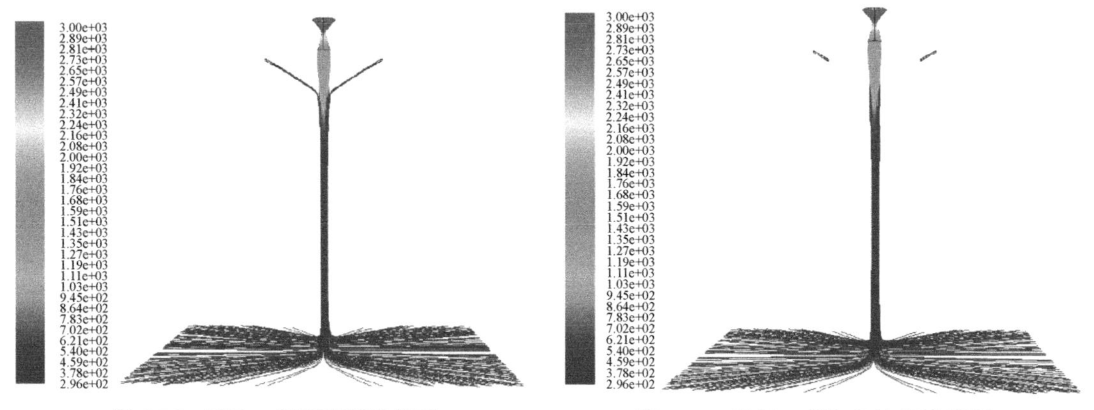

图 5.56　工况 C 两相流场迹线图

图 5.57　工况 C 燃气相流场迹线图

从工况 C 水相流场迹线图（图 5.58）看来，水相流场与工况 A、B 比较相似，但该工况下注水射流的分叉现象比工况 A 更加明显，每个水管出口出来的水柱分叉非常严重。

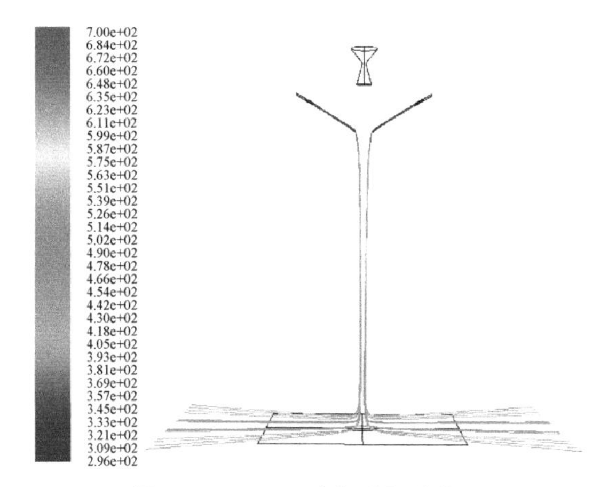

图 5.58　工况 C 水相流场迹线图

图 5.59 为工况 C 燃气相流场迹线剖面图，剖面为 *XOZ* 平面，图 5.59（a）为斜轴测图，图 5.59（b）为正视图。从图 5.59 的两幅图中可以看出，燃气主流受到水射流的挤压作用出现了十分明显的局部压缩现象和燃气主流的分叉现象，与工况 A、B 比较类似，但分叉比 A、B 更加明显。在水射流的挤压作用下，其扩张角度为 38° 左右。

图 5.60 为工况 C 水相流场迹线剖面图，剖面为 *XOZ* 平面，图 5.60（a）为斜轴测图，图 5.60（b）为正视图。从图 5.60 中可以看出，水射流没有反弹，也没有截断燃气主流，而是由一股分叉成为许多小股射流，或者说是成为面状射流，附着在燃气主流的外边界，同时发生剧烈的热交换和汽化吸热。由于水管出口水流截面积较小、出口速度快，水射流与燃气主流接触后迅速分叉，最终几乎形成一个扇面形状的水帘顺着燃气主流往下发展，并在流动过程中不断分叉，增大接触面积。

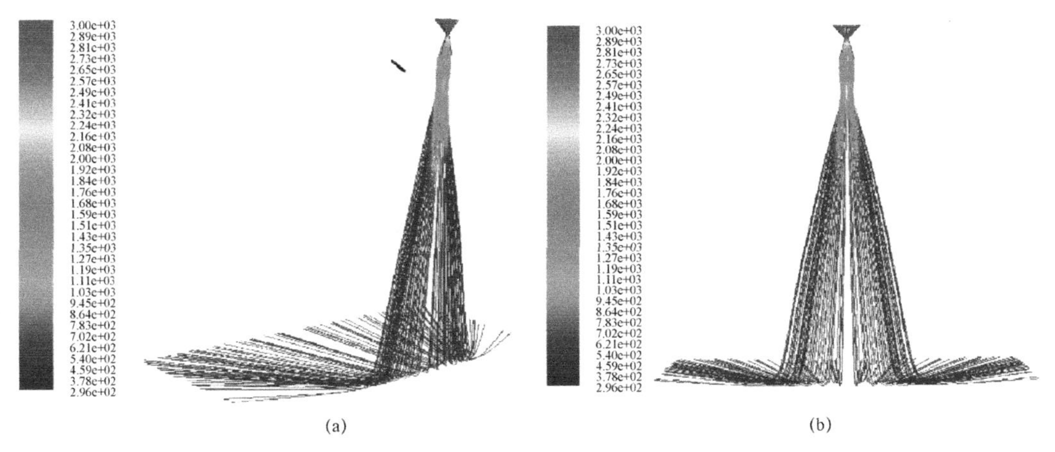

图 5.59 工况 C 燃气相流场迹线剖面图

（a）工况 C 燃气相流场迹线剖面斜轴测图；（b）工况 C 燃气相流场迹线剖面正视图

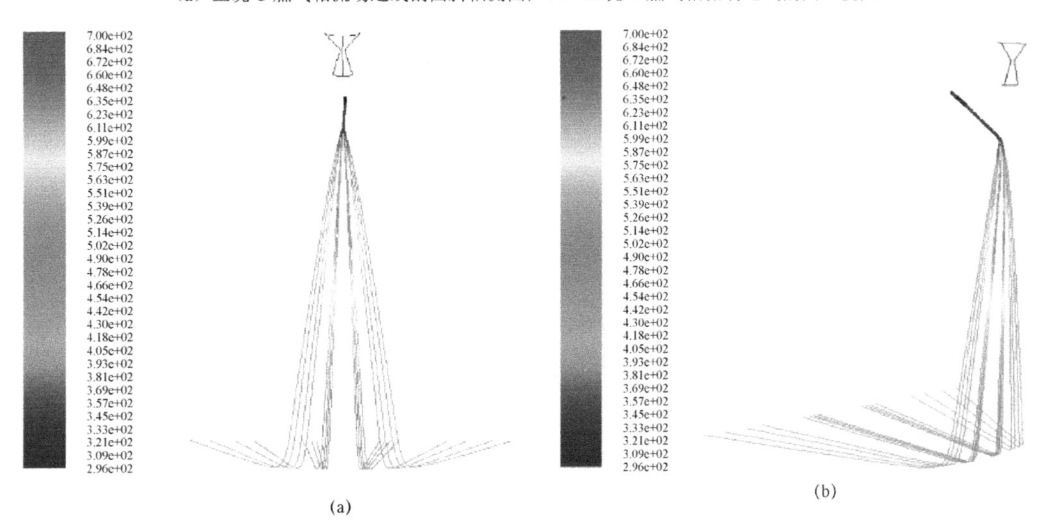

图 5.60 工况 C 水相流场迹线剖面图

（a）工况 C 水相流场迹线剖面斜轴测图；（b）工况 C 水相流场迹线剖面正视图

2）沿轴线等距截面及对称面

从图 5.61、图 5.62 中可以很清晰地看出燃气主流的分布范围和水射流的分布范围。在水射流的挤压作用下，燃气主流截面不再呈现“蝴蝶状”，而是呈现两头大、中间细的“骨头状”。而注水在垂直注水平面方向上也连接起来，形成连续的整体。这是由于燃气截面变得狭长，而水射流可将其包裹所造成的。水射流的截面也类似于一对花括号“}{”。

从图 5.63 中可以看出燃气主流在 *XOY* 对称面上被水射流挤压得非常厉害，以注水汇集点为顶点，往上的高温区域呈倒三角形分布，往下的高温部分则仅局限在轴线附近的狭长地带；反观垂直于 *XOZ* 对称面，由于注水方向上受到挤压，燃气主流均向垂直方向扩散，该对称面上燃气主流膨胀得十分厉害，远大于无水情况下的对称面燃气分布，并且从受到挤压这点开始，往下呈三角形分布。可以从图 5.64 中看出燃气主流存在一定程度的分叉，而燃气主流的这种形态是与迹线图相互呼应的。而从图 5.65 中则能更显著地看出燃气主流的这种一侧受挤压、另一侧膨胀的分布规律。因此可以看出燃气主流受到水射流的阻滞作用还是十分明显的。高温核心区在水射流交汇点之后基本就向水流两侧分叉了。

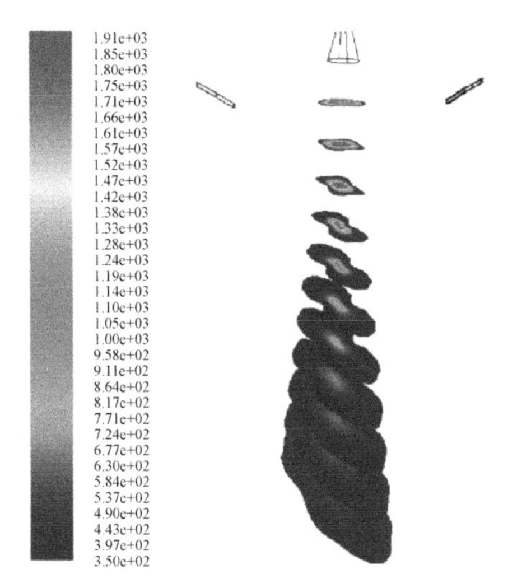

图 5.61　工况 C 各截面温度云图

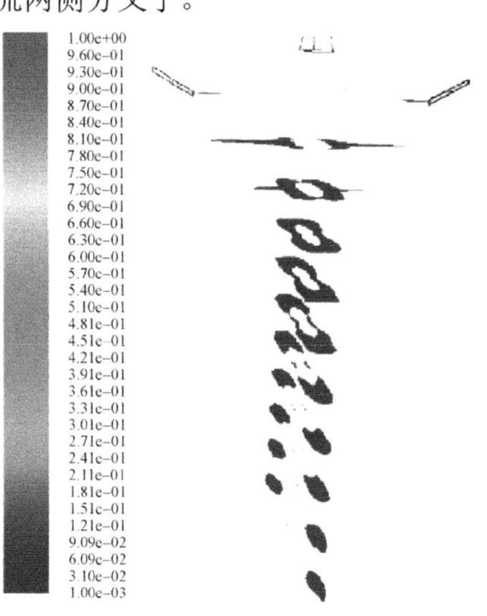

图 5.62　工况 C 各截面水相体积分数云图

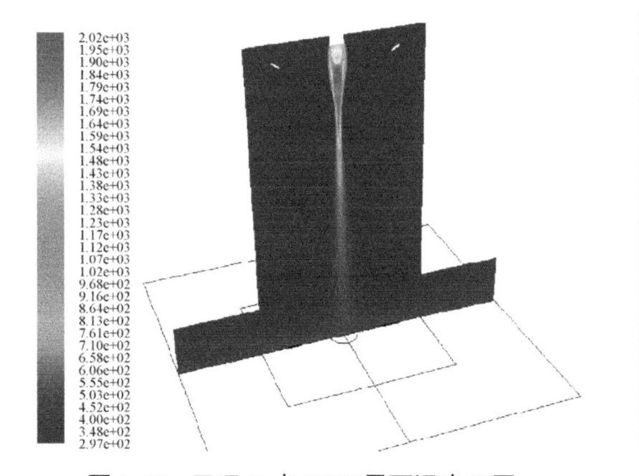

图 5.63　工况 C 中 ***XOY*** 平面温度云图

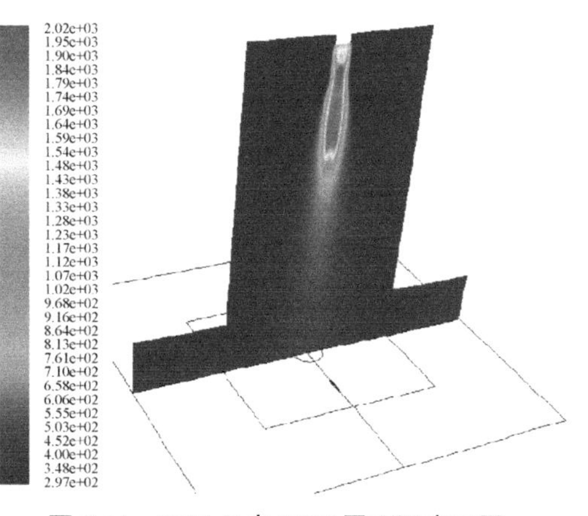

图 5.64　工况 C 中 ***XOZ*** 平面温度云图

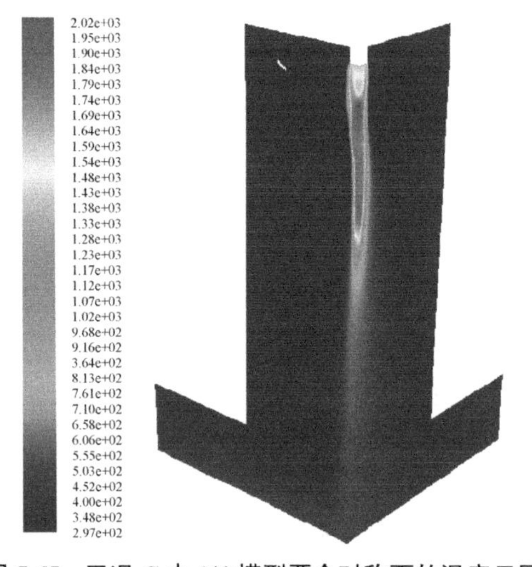

图 5.65　工况 C 中 1/4 模型两个对称面的温度云图

3）轴线及地面温度分布

从图 5.66 中工况 C 轴线温度分布曲线（虚线）同样可以看出，由于注水影响，以 0.50 m 位置为界，存在一个缩短的高温核心区。由于水射流的挤压和吸热效应导致燃气主流能量被分散和消耗，地面不再出现滞止升温现象，这与迹线图中所看到的燃气主流分叉现象是一一对应的。正是由于燃气主流受到水射流作用而分叉从而导致高温核心区长度由 0.95 m 左右变为 0.50 m。而需要注意的是在 0～0.50 m 这段区域，由于水射流阻挡了燃气主流的流经通道，燃气主流的速度降低（图 5.67），而这部分动能转化为热能，因此这段区域温度反而比无水自由射流状态下更高。此外，在 0.15 m 附近注水工况也出现了局部速度偏高、温度偏低的现象，这是由于水射流速度非常高，这部分燃气主流的波动更大，因此在个别位置出现了与整体趋势不一致的情况。从后处理结果中读出：轴线平均温度为 1 462 K，温度范围为 499～2 016 K。

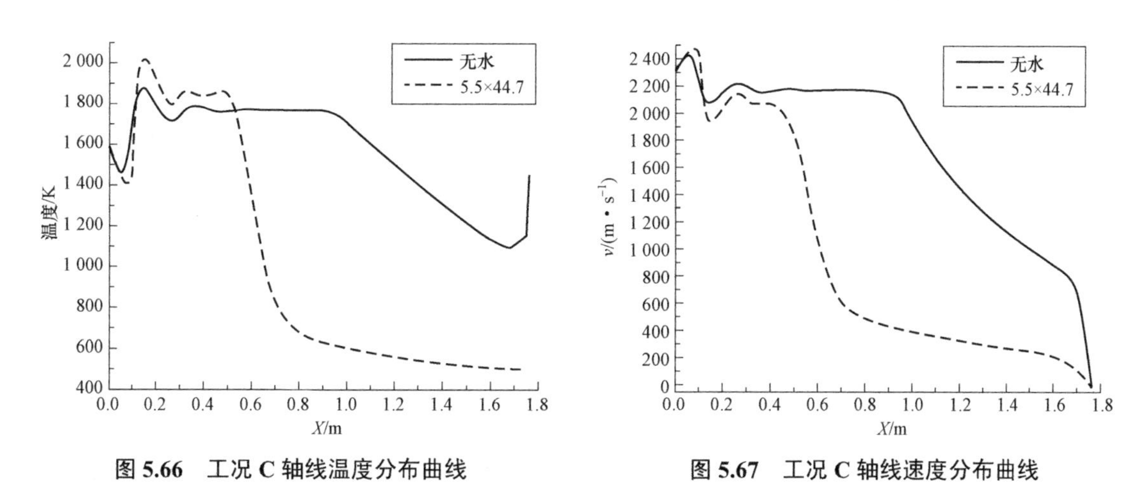

图 5.66　工况 C 轴线温度分布曲线

图 5.67　工况 C 轴线速度分布曲线

从图 5.68 中可以看出，地面的降温效果也十分明显，中心点附近降低了 950 K 左右，而 Y 轴、Z 轴上其他位置也有不同程度的降低。由于水射流与燃气主流接触之后迅速分叉，从而导致在 Y 轴上的降温效果反而不如 Z 轴上的降温效果，但总体说来，两者差距不大。从后处理结果中读出：地面平均温度为 445.230 71 K，温度范围在 363.523 6～498.939 3 K。

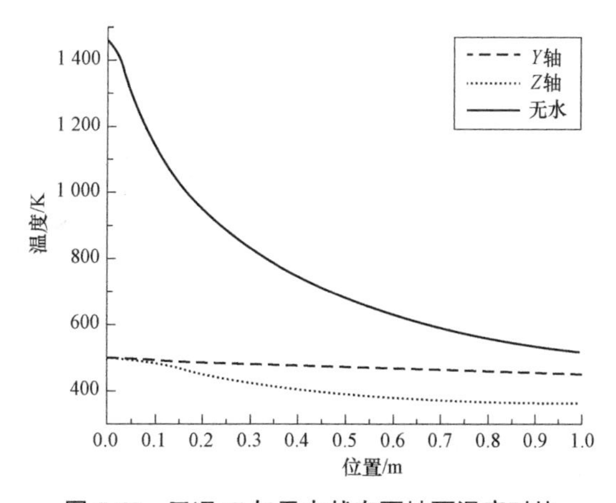

图 5.68　工况 C 与无水状态下地面温度对比

小结

1）流场形态对比

（1）A、B、C 三种工况随着流速的增大，水射流对燃气主流的挤压和阻滞效应愈加明显，使得燃气主流的分叉角度越来越大，从 30° 变为 35°，最后变成 38°。

（2）A、B、C 三种工况在水射流的挤压作用下，燃气主流沿轴线等距截面由圆形分别变成了类似于圆括号“）（”、尖括号“＞＜”、花括号“}{”的三种形状。

（3）在相同水流量和相同水管数量的前提下，增大水管出口截面积则水柱变粗，速度变小，与燃气主流接触面变大，但穿透能力不足；而减小水管出口截面积则水柱变细，速度变大，穿透能力更强，但容易散开。

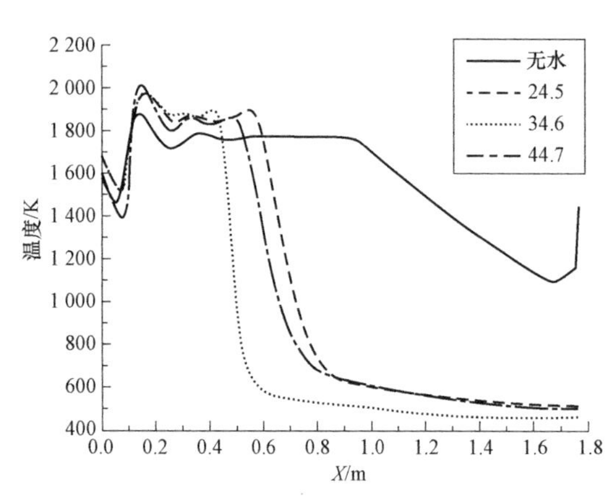

图 5.69 工况 A、B、C 与无水状态下轴线温度对比

2）轴线温度及核心区长度对比

从图 5.69 轴线温度分布来看，首先关注核心区长度，A、B、C 分别为：0.55 m、0.42 m、0.50 m，从对比图上也可以很清晰地看出在减小核心区长度方面 B 的效果最好，C 次之，A 最差；其次，平均温度分别为：1 453 K、1 297 K、1 462 K，就平均降温效果来说，也是 B 最佳，A 次之，C 最差；然后是最高温度分别为 1 976 K、1 984 K、2 016 K，由于水射流的速度越大，其阻滞效应越强，故降速升温效果越明显；最低温度分别为 514 K、456 K、499 K，可见就最低温度（均位于轴线与地面相交点）来说 B 最佳，C 次之，A 最差。就轴线温度来说，最重要的是代表能量的核心区长度，以及关注高温对地面的烧蚀作用（体现在最低温度），就这两项来说 B 都是最好的。此外，B 在平均温度方面的降温效果也最好。

3）地面温度分布对比

首先从地面平均温度对比来看，A、B、C 分别为：430 K、420 K、445 K，就降低地面平均温度来看 B 的效果最好，A 次之，C 最差（图 5.70）；其次是最高温度对比，A、B、C 分别为：514 K、472 K、499 K，就温度极限值的降低效果来看 B 最佳，C 次之，A 最差（图 5.71）。

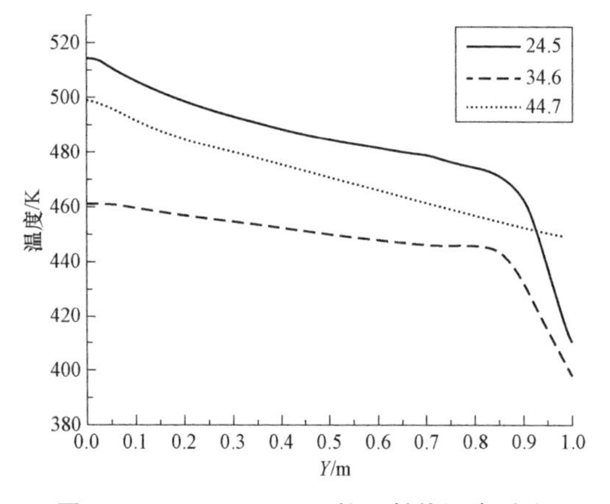

图 5.70 工况 A、B、C 的 *Y* 轴线温度对比

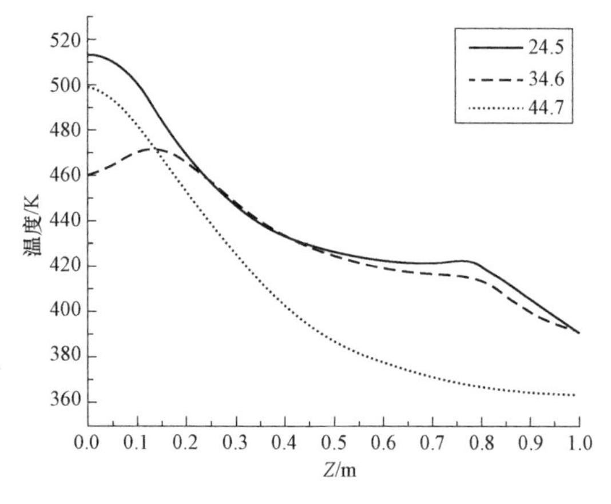

图 5.71 工况 A、B、C 的 *Z* 轴线温度对比

2. 单个水管出口截面积与流量的影响

$\dot{m}_w = \rho_w \cdot s \cdot v \cdot n$，其中 $v = 34.6\ \text{m/s}$，$n = 2$，而这一组共选择三种工况，分别为：D：$s = 0.000\ 020\ 5\ \text{m}^2$，$\dot{m}_w = 1 \times 1.5 = 1.5\ \text{kg/s}$；E：$s = 0.000\ 073\ 6\ \text{m}^2$，$\dot{m}_w = 3.5 \times 1.5 = 5.25\ \text{kg/s}$；B：$s = 0.000\ 115\ \text{m}^2$，$\dot{m}_w = 5.5 \times 1.5 = 8.25\ \text{kg/s}$。

工况 D

$s = 0.000\ 020\ 5\ \text{m}^2$，$\dot{m}_w = 1.5\ \text{kg/s}$，$v = 34.6\ \text{m/s}$，$n = 2$。

1）流场迹线分布概况

从工况 D 两相流场迹线图（图 5.72）看来，水射流注射到燃气主流上没有出现反弹现象，也没有截断燃气主流，而是紧贴燃气主流的外围，顺着燃气主流往下流动，但是由于流量较小，不能完全包裹燃气流场。从图 5.72 中还可以看出水射流的挤压作用并不是很明显，整体流场还是基本呈轴对称特性，与无水自由射流流场相似。

从工况 D 燃气相流场迹线图（图 5.73）中可以更清晰地看出燃气主流并没有被水射流截断，其燃气流场形状基本呈轴对称，可见水射流的挤压作用很小。但从温度分布来看，燃气主流与水射流接触开始温度有了显著降低，由于水射流的汽化吸热作用，同样形成了一个类似锥形的 1 000 K 以上的高温区域，不过该高温区域面积比前三种工况要大很多。地面温度也有所降低，但不改变地面的轴对称迹线分布，可见水射流对燃气射流边界附近的燃气降温效果还比较明显。射流堆积现象不明显，在地面上分布较为均匀。

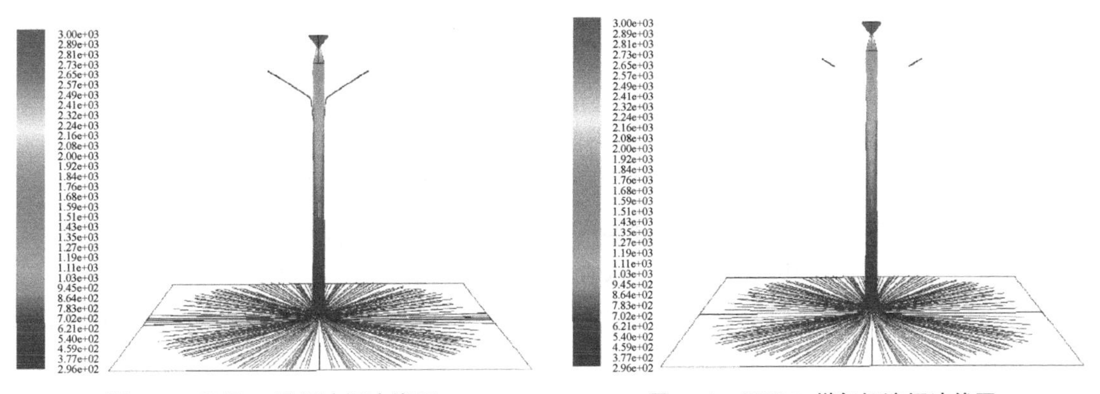

图 5.72　工况 D 两相流场迹线图　　**图 5.73　工况 D 燃气相流场迹线图**

从工况 D 水相流场迹线图（图 5.74）看来，水射流的温度上升速度非常快，根据不同压力下的水的饱和温度可以看出，跟燃气主流接触之后的大部分水射流的温度已经高于其饱和温度，也就是说大部分水射流都通过与燃气主流进行热量传递吸热汽化了，并且汽化效果十分明显，在燃气射流的边界部分水射流和燃气组分的温度基本上一致，说明热量交换已经完成。但水流迹线在地面分布范围很小，仅分布在靠近 *Y* 轴线附近区域，可见由于流量小，其影响区域范围也缩小很多。

图 5.75 为工况 D 燃气相流场迹线剖面图，剖面为 *XOZ* 平面，图 5.75（a）为斜轴测图，图 5.75（b）为正视图。从图 5.75 的两幅图中可以看出，燃气主流受到水射流的挤压作用出现了些微的局部压缩现象，说明水射流的动量作用对燃气流场的分布影响很小，基本不出现燃气主流的分叉现象。在水射流的挤压作用下，燃气主流向两边扩散角度很小，只有 5° 左右。

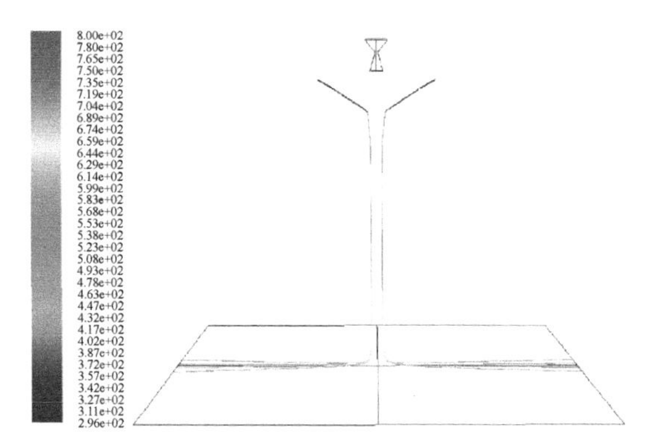

图 5.74　工况 D 水相流场迹线图

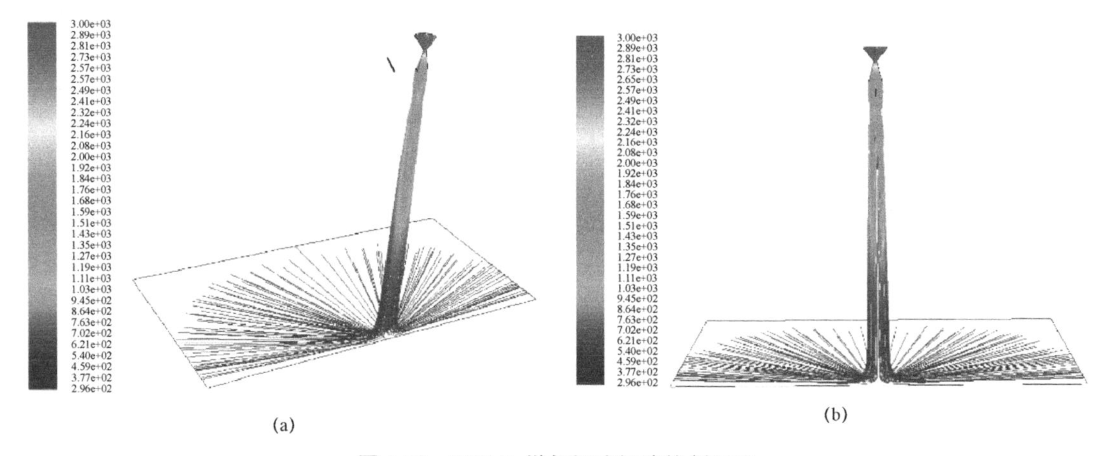

图 5.75　工况 D 燃气相流场迹线剖面图

（a）工况 D 燃气相流场迹线剖面斜轴测图；（b）工况 D 燃气相流场迹线剖面正视图

图 5.76 为工况 D 水相流场迹线剖面图，剖面为 *XOZ* 平面，图 5.76（a）为斜轴测图，图 5.76（b）为正视图。从图 5.76 中可以看出，水射流没有反弹，也没有截断燃气主流，基本上没有分叉，只在与地面接触之后产生了小股分叉，但分布范围都较小，紧贴 *Y* 轴线。这是由于水量较小，所以无法覆盖大部分区域。

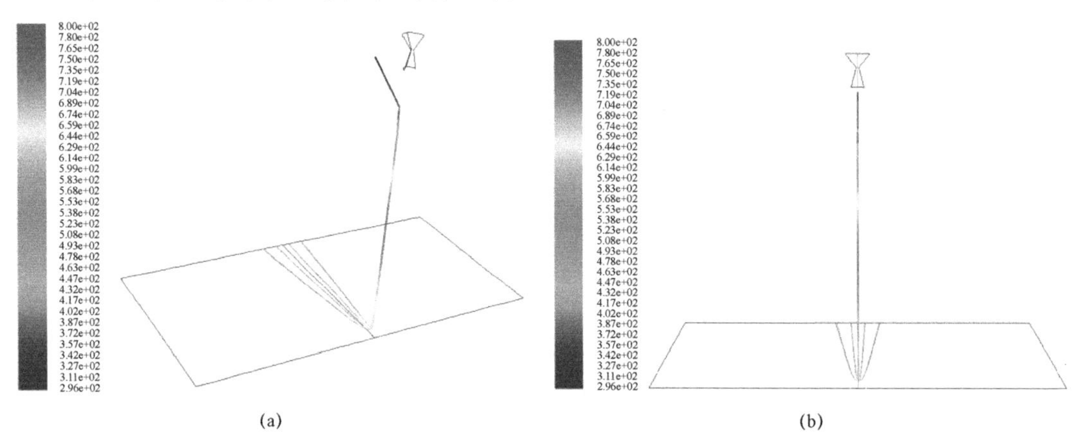

图 5.76　工况 D 水相流场迹线剖面图

（a）工况 D 水相流场迹线剖面斜轴测图；（b）工况 D 水相流场迹线剖面正视图

2）沿轴线等距截面及对称面

从图 5.77、图 5.78 中可以很清晰地看出燃气主流的分布范围和水射流的分布范围。在水射流的挤压作用下，燃气主流截面不再呈现“蝴蝶状”，而是呈现为一个在对称位置挖掉两个角的圆形，在水射流与燃气主流刚接触的部位效果比较显著，压缩效应还比较明显，随着射流发展则影响越来越小，或者说是水基本都汽化吸热从而损失掉了。

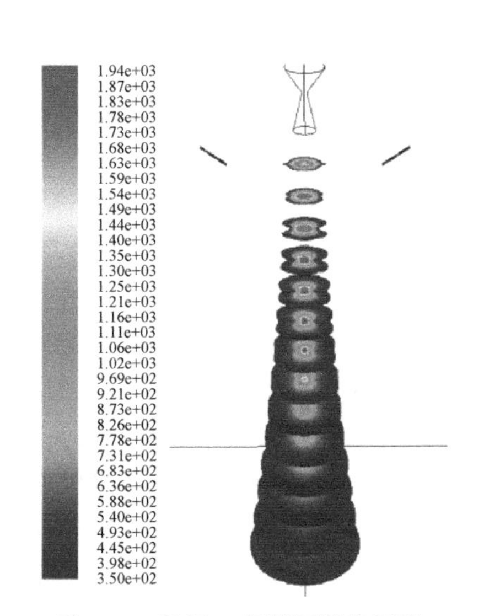

图 5.77　工况 D 各截面温度云图

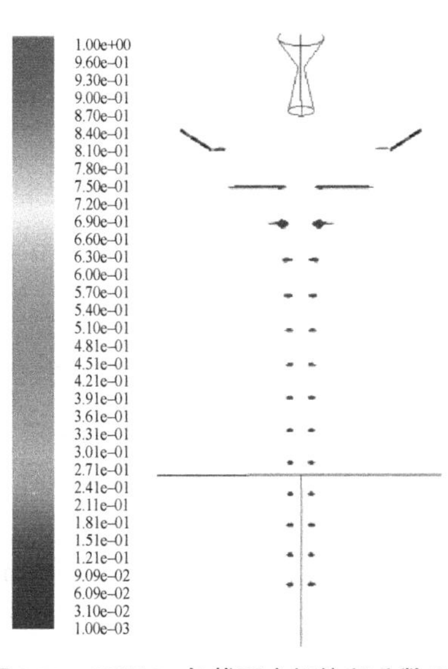

图 5.78　工况 D 各截面水相体积分数云图

从图 5.79 中可以看出燃气主流在 *XOY* 对称面上受到水射流一定程度的挤压，但其高温区域形状基本不发生变化；反观垂直于 *XOZ* 对称面（图 5.80），由于注水方向上受到挤压较小，燃气主流往垂直方向扩散程度也小，该对称面上燃气主流膨胀不很厉害，因此其燃气主流的分叉效应也小，而燃气主流的这种形态是与迹线图相互呼应的。从图 5.81 中则能更显著地看出水射流对燃气主流的这种轻微挤压作用。高温核心区在水射流交汇点之后依然可以从 *XOY* 平面清晰地看出来。

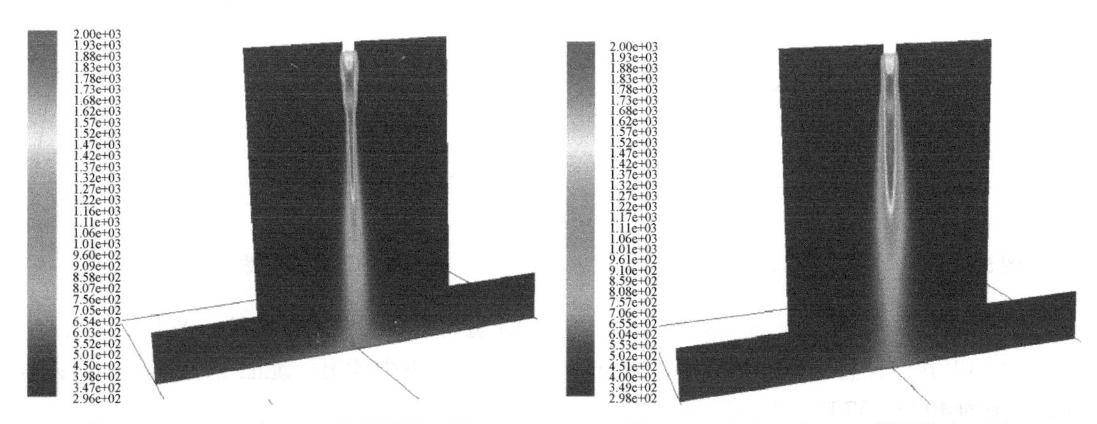

图 5.79　工况 D 中 *XOY* 平面温度云图　　**图 5.80　工况 D 中 *XOZ* 平面温度云图**

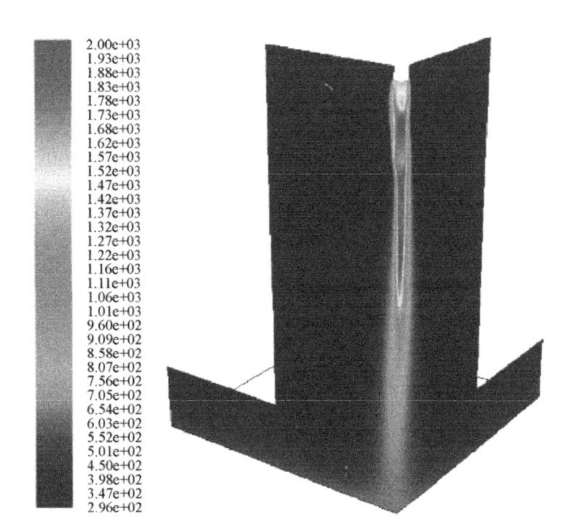

图 5.81　工况 D 中 1/4 模型两个对称面的温度云图

3）轴线及地面温度分布

从图 5.82 中工况 D 轴线温度分布曲线（虚线）同样可以看出，由于注水影响，以 0.69 m 位置为界，存在一个缩短的高温核心区。由于水射流的挤压和吸热效应导致燃气主流能量被分散和消耗，地面不再出现滞止升温现象，这与迹线图中所看到的燃气主流分叉现象是一一对应的。正是由于燃气主流受到水射流作用而分叉从而导致高温核心区长度由 0.95 m 左右变为 0.69 m。而需要注意的是在 0～0.69 m 这段区域，由于水射流阻挡了燃气主流的流经通道，并且该水射流流量小、速度高，因此导致了这部分燃气主流波动变大，在几个位置都出现了温度、速度波动变大（图 5.83）的情况。这是由于水射流面积小且速度非常高、穿透力很强，大大增加了这部分燃气主流的波动性。从后处理结果中读出：轴线平均温度为 1 590 K，温度范围为 637～1 998.51 K。

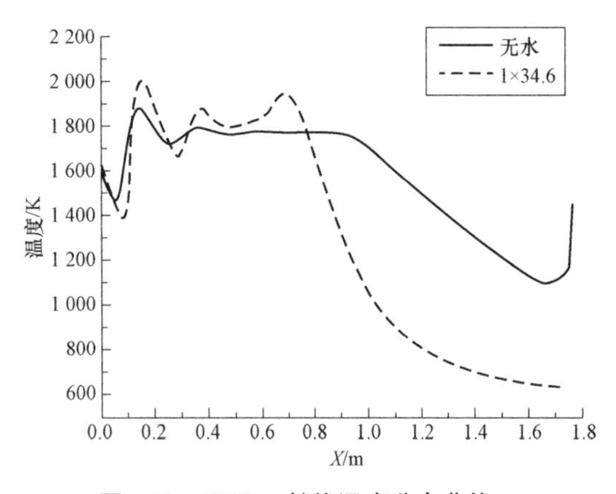

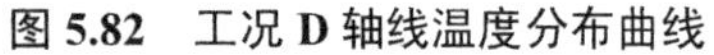
图 5.82　工况 D 轴线温度分布曲线

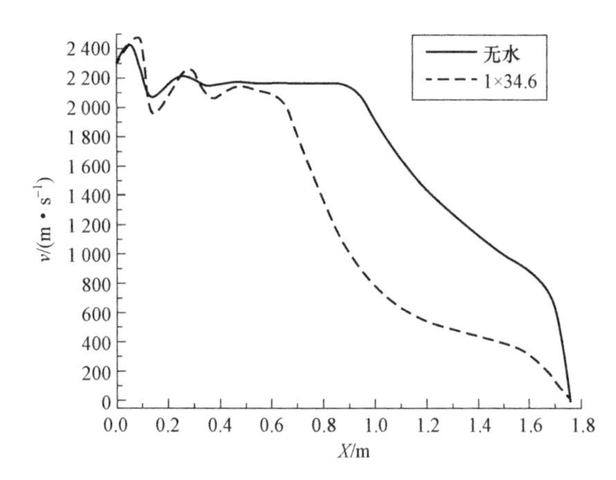

图 5.83　工况 D 轴线速度分布曲线

从图 5.84 中可以看出，地面的降温效果也十分明显，中心点附近降低了 800 K 左右，而 Y 轴、Z 轴上其他位置也有不同程度的降低。从后处理结果中读出：地面平均温度为 519 K，温度范围为 407～637 K。

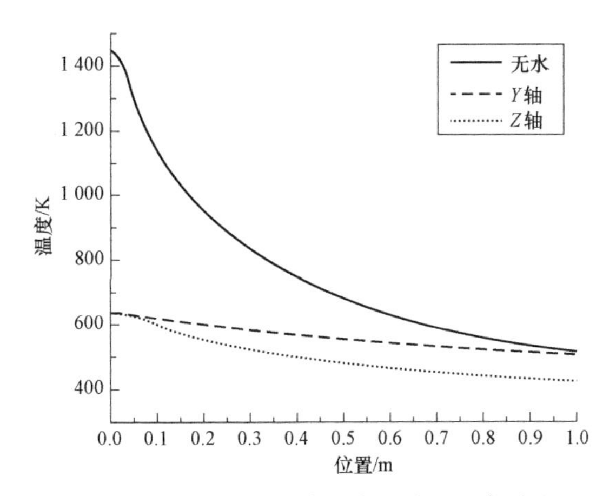

图 5.84　工况 D 与无水状态下地面温度对比

工况 E

$s = 0.000\,073\,6\ \text{m}^2$，$\dot{m}_w = 5.25\ \text{kg/s}$，$v = 34.6\ \text{m/s}$，$n = 2$。

1）流场迹线分布概况

从工况 E 两相流场迹线图（图 5.85）看来，水射流注射到燃气主流上没有出现反弹现象，也没有截断燃气主流，而是紧贴燃气主流的外围，顺着燃气主流往下流动，但是由于流量不大，不能完全包裹燃气流场。从图 5.85 中还可以看出水射流的挤压作用比较明显，整体流场不再呈轴对称特性。

从工况 E 燃气相流场迹线图（图 5.86）中可以更清晰地看出燃气主流并没有被水射流截断，其燃气流场大致形状没有发生变化，出现了明显的压缩现象和压缩后的膨胀现象。此外，燃气主流的温度从与水射流接触开始也有了显著降低，由于水射流的汽化吸热作用，同样形成了一个类似锥形的 1 000 K 以上的高温区域，而不是像无水自由射流状态下从喷管出口到地面整体温度都高于 1 000 K。同时注水工况下地面温度也有大幅度降低，最低温度甚至降到了 600 K 以下，与水射流的温度一样，可见水射流对燃气射流边界附近的燃气降温效果十分明显。尤其是可以清楚地看出，由于水射流的挤压作用，在地面上形成了 4 股明显的射流堆积，这 4 股射流构成两个抛物线形状，最终沿着平行于 Y 轴方向流去。

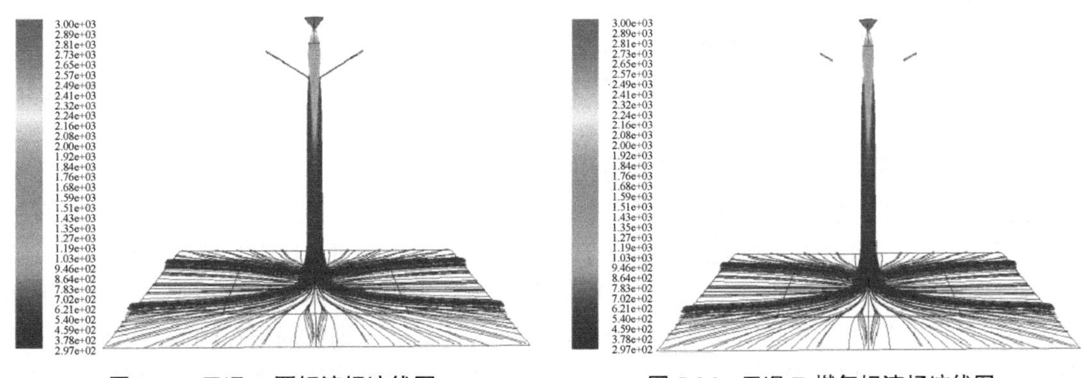

图 5.85　工况 E 两相流场迹线图　　**图 5.86　工况 E 燃气相流场迹线图**

从工况 E 水相流场迹线图（图 5.87）看来，水射流的温度上升速度非常快，根据不同压力下的水的饱和温度可以看出，跟燃气主流接触之后的大部分水射流的温度已经高于其饱和温度，

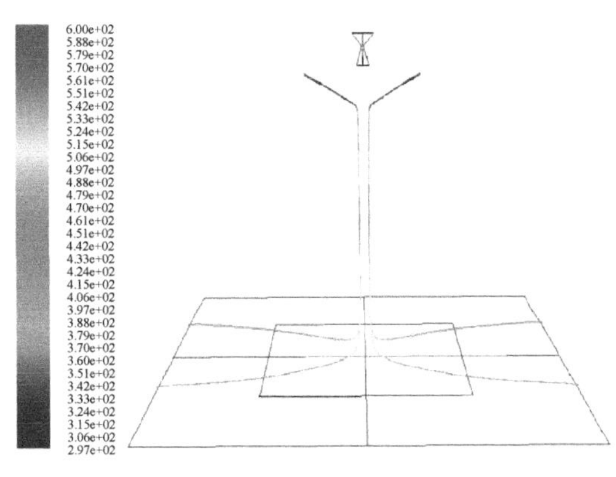

图 5.87　工况 E 水相流场迹线图

也就是说大部分水射流都通过与燃气主流进行热量传递吸热汽化了，并且汽化效果十分明显，在燃气射流的边界部分水射流和燃气组分的温度基本上一致，说明热量交换已经完成。但水流迹线在地面分布范围较小，仅分布在靠近 *Y* 轴线附近的抛物线区域内，可见相比于 A、B、C 工况，由于流量较小，其影响区域范围也缩小一些。

图 5.88 为工况 E 燃气相流场迹线剖面图，剖面为 *XOZ* 平面，图 5.88（a）为斜轴测图，图 5.88（b）为正视图。从图 5.88 的两幅图中可以看出，燃气主流受到水射流的挤压作用出现了十分明显的局部压缩现象，说明水射流的动量作用对燃气流场的分布有很大作用，并且出现了燃气主流的分叉现象，而该分叉比较明显，其扩张角度为 28° 左右。

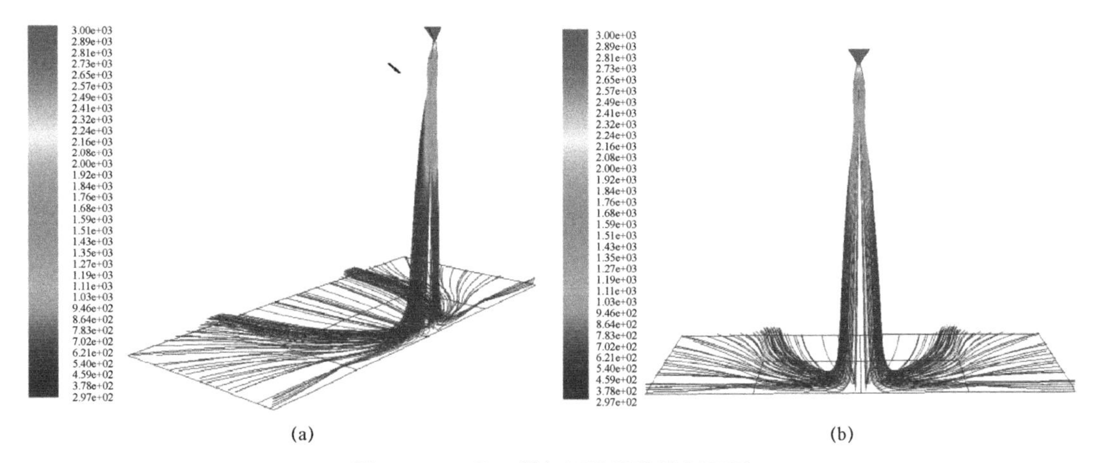

图 5.88　工况 E 燃气相流场迹线剖面图

（a）工况 E 燃气相流场迹线剖面斜轴测图；（b）工况 E 燃气相流场迹线剖面正视图

图 5.89 为工况 E 水相流场迹线剖面图，剖面为 *XOZ* 平面，图 5.89（a）为斜轴测图，图 5.89（b）为正视图。从图 5.89 中可以看出，水射流没有反弹，也没有截断燃气主流，而是主要由一股分叉成为两股，不再沿着 45° 对角线方向流去，而是沿着抛物线方向向外流去。

2）沿轴线等距截面及对称面

从图 5.90、图 5.91 中可以很清晰地看出燃气主流的分布范围和水射流的分布范围。在水射流的挤压作用下，燃气主流截面呈现“蝴蝶状”，与工况 A、B 类似。但与工况 A、B 有所不同的是该工况下水射流所形成的型面介于圆括号和尖括号之间，这也与迹线图相互呼应。

从图 5.92 中可以看出燃气主流在 *XOY* 对称面上被水射流挤压得非常厉害，以注水汇集点为顶点，往上的高温区域呈倒三角形分布，往下的高温部分则仅局限在轴线附近的狭长地带；反观垂直于 *XOZ* 对称面（图 5.93），由于注水方向上受到挤压，燃气主流均向垂直方向扩散，该对称面上燃气主流膨胀得十分厉害，远大于无水情况下的对称面燃气分布，并且从受到挤压这点开始，往下呈三角形分布。可以从图 5.93 中看出燃气主流存在非常明显的分叉，而燃气主流的这种形态是与迹线图相互呼应的。从图 5.94 中则能更显著地看出燃气主流的这种一侧受挤压、另一侧膨胀的分布规律。因此可以看出燃气主流受到水射流的阻滞作用还是十分明显的。高温核心区在水射流交汇点之后基本就向水流两侧分叉了。

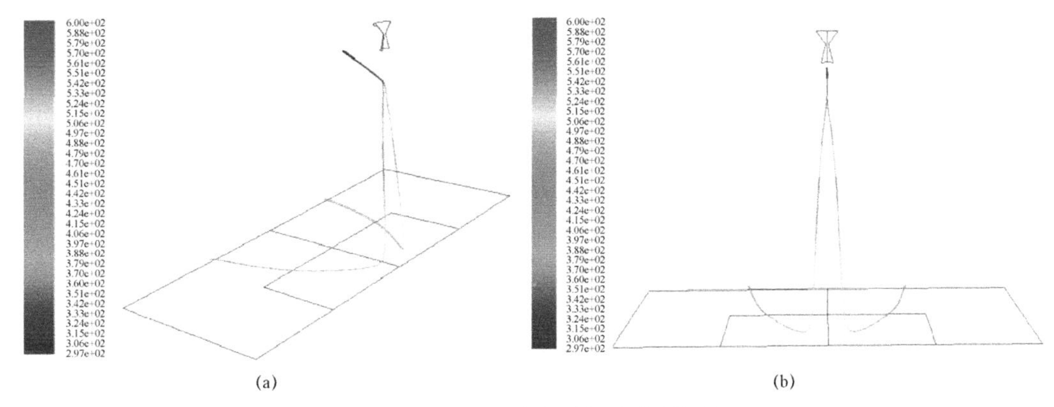

图 5.89　工况 E 水相流场迹线剖面图

（a）工况 E 水相流场迹线剖面斜轴测图；（b）工况 E 水相流场迹线剖面正视图

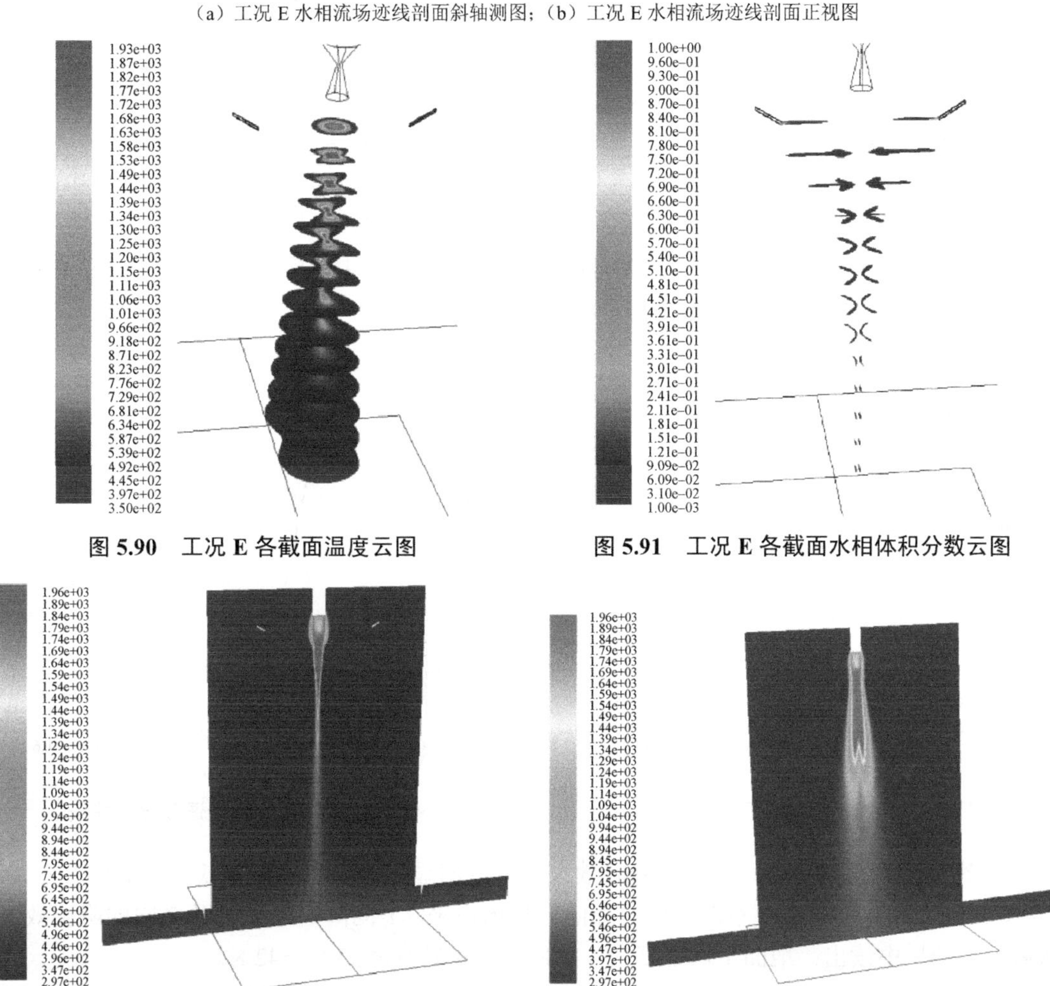

图 5.90　工况 E 各截面温度云图

图 5.91　工况 E 各截面水相体积分数云图

图 5.92　工况 E 中 *XOY* 平面温度云图

图 5.93　工况 E 中 *XOZ* 平面温度云图

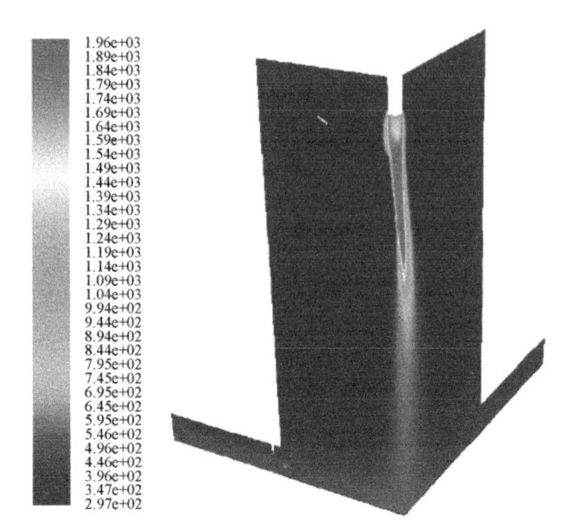

图 5.94　工况 E 中 1/4 模型两个对称面的温度云图

3）轴线及地面温度分布

从工况 E 轴线温度分布曲线（图 5.95）同样可以看出，由于注水影响，以 0.48 m 位置为界，存在一个缩短的高温核心区。由于水射流的挤压和吸热效应导致燃气主流能量被分散和消耗，地面不再出现滞止升温现象，这与迹线图中所看到的燃气主流分叉现象是一一对应的。正是由于燃气主流受到水射流作用而分叉从而导致高温核心区长度由 0.95 m 左右变为 0.48 m。而需要注意的是，在分界点以上，由于注水影响，虽然水射流与燃气主流还没有接触上，但是水射流阻挡了燃气主流的流经通道，燃气主流在交汇点上游速度降低（图 5.96），而这部分动能转化为热能，因此这段区域温度反而比无水自由射流状态下更高。从后处理结果中读出：轴线平均温度为 1 352 K，温度范围为 542～1 956 K。

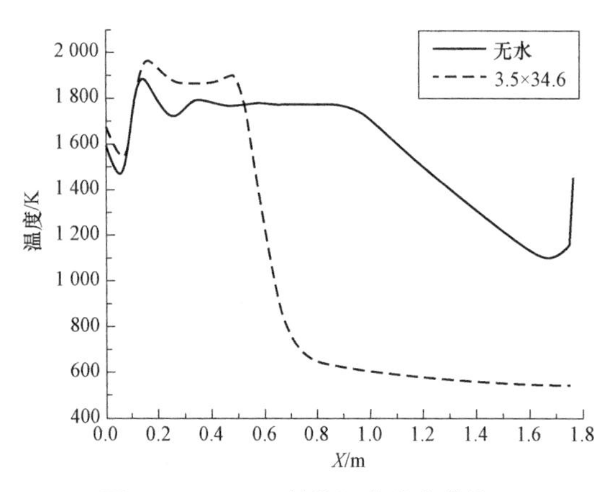

图 5.95　工况 E 轴线温度分布曲线

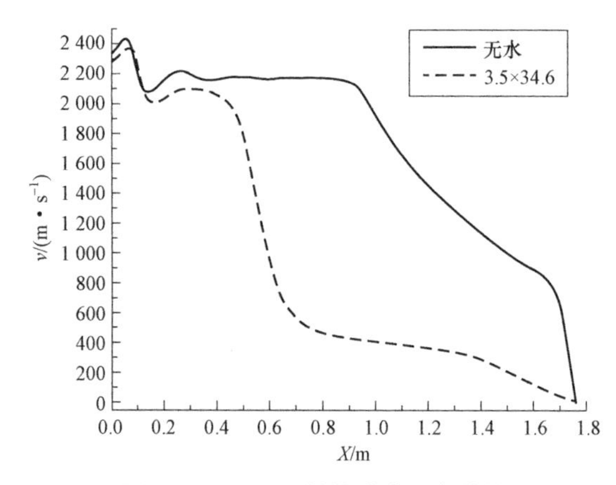

图 5.96　工况 E 轴线速度分布曲线

从图 5.97 中可以看出，地面的降温效果也十分明显，中心点附近降低了 900 K 左右，而 Y 轴、Z 轴上其他位置也有不同程度的降低。整体说来，Y 向降温效果不及 Z 向的降温效果。从后处理结果中读出：地面平均温度为 445 K，温度范围为 338～542 K。

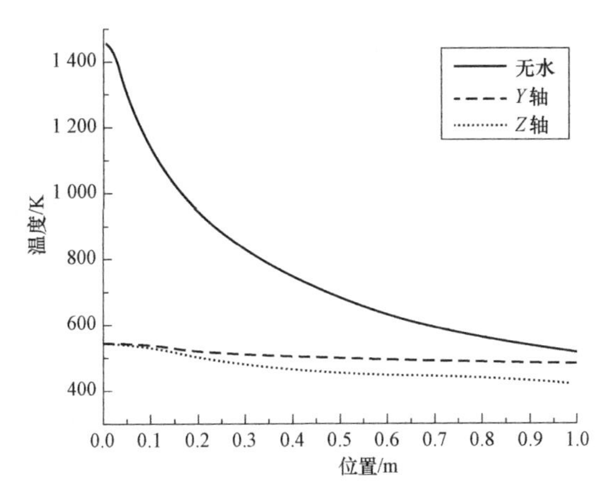

图 5.97　工况 E 与无水状态下地面温度对比

小结

1）流场形态对比

（1）D、E、B 三种工况随着单个水管出口截面积的增大，水射流对燃气主流的挤压和阻滞效应愈加明显，使得燃气主流的分叉角度越来越大，从 5° 变为 28°，最后变成 35°。

（2）D、E、B 三种工况随着单个水管出口截面积的增大，其水射流的渗透深度也越大，导致沿轴线等距截面形状由缺两个口的圆形变到蝴蝶状，最后变成尖括号状。

（3）在相同水流速度和相同水管数量的前提下，通过增大单个水管出口截面积来增大流量的方式使得水柱变得更粗，与燃气主流的接触面积更大，渗透效应也更佳。

2）轴线温度及核心区长度对比

从图 5.98 轴线温度分布来看，首先关注核心区长度，D、E、B 分别为：0.69 m、0.48 m、0.42 m，从对比图上也可以很清晰地看出在减小核心区长度方面流量越大越好；其次，平均温度分别为：1 590 K、1 352 K、1 297 K，就平均降温效果来说，也是流量越大越好；然后是最高温度分别为 1 999 K、1 956 K、1 984 K；最低温度分别为 637 K、542 K、456 K，可见就最低温度（均位于轴线与地面相交点）来说流量越大越好。就轴线温度来说，最重要的是代表能量的核心区长度，以及关注高温对地面的烧蚀作用（体现在最低温度），就这两项来说 B 都是最好的。此外，B 在平均温度方面的降温效果也最好。

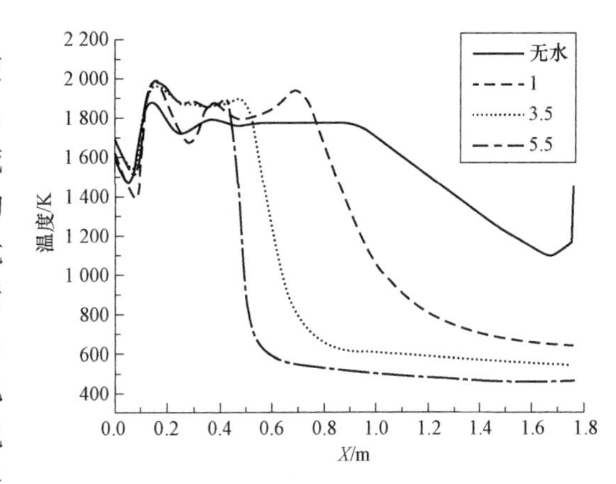

图 5.98　工况 D、E、B 与无水状态下轴线温度对比

3）地面温度分布对比

首先从地面平均温度对比来看，D、E、B 分别为：519 K、445 K、420 K，就降低地面平均温度来看水量越大效果越好（图 5.99）；其次是最高温度对比，D、E、B 分别为：637 K、542 K、472 K，就温度极限值的降低效果来看水量越大越好（图 5.100）。

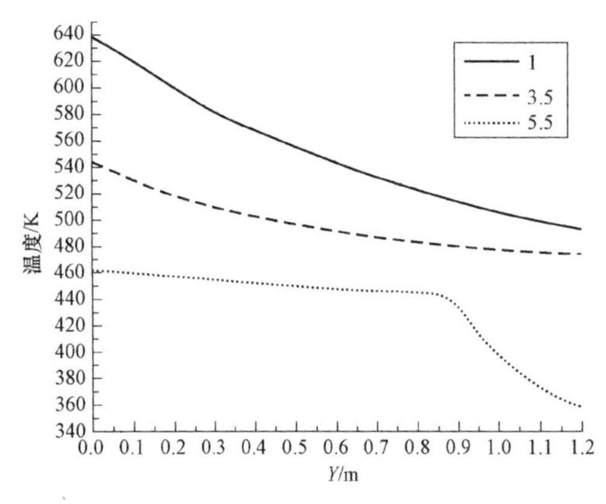

图 5.99　工况 D、E、B 的 *Y* 轴线温度对比

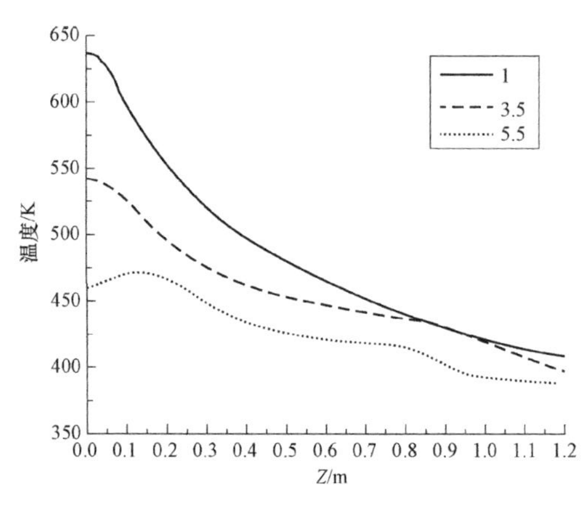

图 5.100　工况 D、E、B 的 *Z* 轴线温度对比

3. 水管数量与流量的影响

$\dot{m}_w = \rho_w \cdot s \cdot v \cdot n$，其中 $s = 0.000\,169\ \mathrm{m}^2$，$v = 15\ \mathrm{m/s}$，而这一组共选择两种工况，分别为：F：$n = 2$，$\dot{m}_w = 3.5 \times 1.5 = 5.25\ \mathrm{kg/s}$；G：$n = 4$，$\dot{m}_w = 7 \times 1.5 = 10.5\ \mathrm{kg/s}$。

工况 F

$n = 2$，$\dot{m}_w = 5.25\ \mathrm{kg/s}$，$s = 0.000\,169\ \mathrm{m}^2$，$v = 15\ \mathrm{m/s}$。

1）流场迹线分布概况

从工况 F 两相流场迹线图（图 5.101）看来，水射流注射到燃气主流上没有出现反弹现象，也没有截断燃气主流，而是紧贴燃气主流的外围，顺着燃气主流往下流动。从图 5.101 中还可以看出水射流的挤压作用不太明显，整体流场还保持了部分轴对称特性。

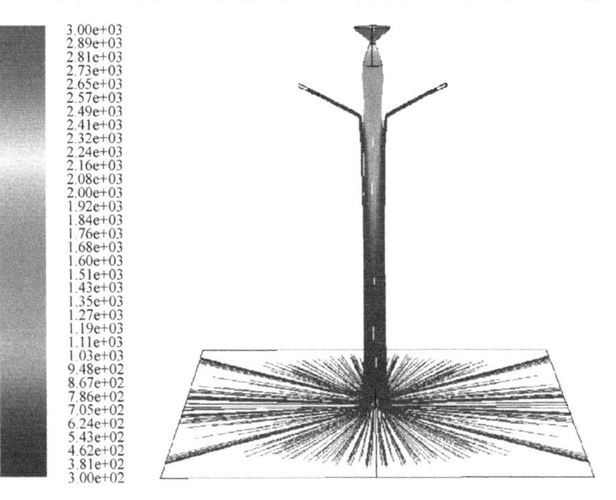

图 5.101　工况 F 两相流场迹线图

从工况 F 燃气相流场迹线图（图 5.102）中可以更清晰地看出燃气主流并没有被水射流截断，其燃气流场形状没有发生大的变化，形成了一个类似锥形的高温区域，水射流对燃气射流边界附近的燃气降温效果十分明显。由于水射流的挤压作用，在地面上产生了不太明显的射流堆积，这 4 股不太明显的堆积射流向对角线方向流去。

从工况 F 水相流场迹线图（图 5.103）看来，水射流的迹线分布与 A、B、C 工况比较相似，覆盖面也比较广。

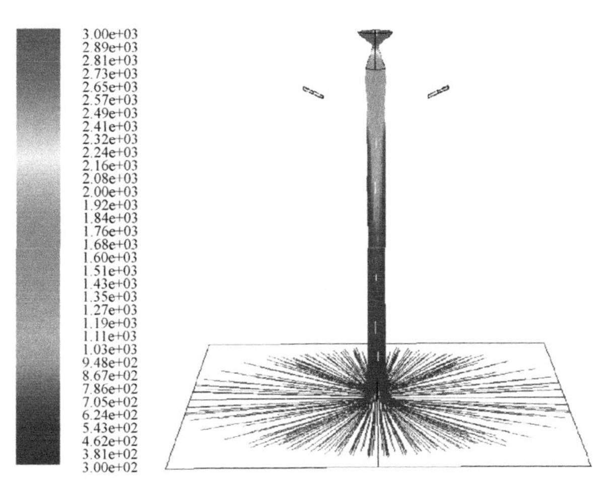

图 5.102　工况 F 燃气相流场迹线图

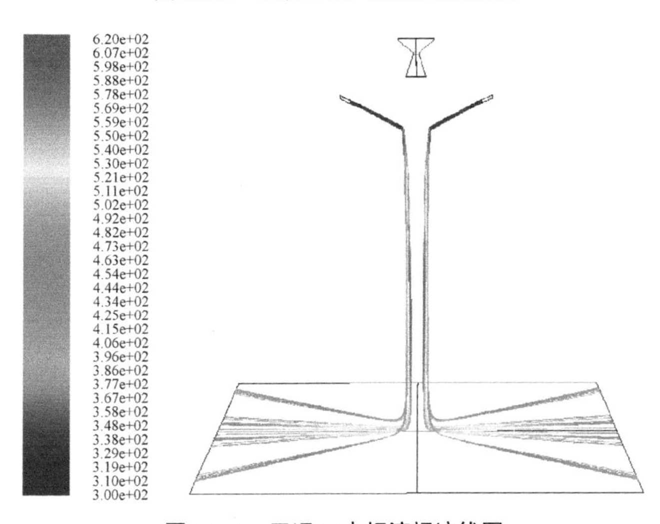

图 5.103　工况 F 水相流场迹线图

图 5.104 为工况 F 燃气相流场迹线剖面图，剖面为 *XOZ* 平面，图 5.104（a）为斜轴测图，图 5.104（b）为正视图。从图 5.104 的两幅图中可以看出，燃气主流受到水射流的挤压作用出现了较小的局部压缩现象，说明了水射流的动量作用对燃气流场的分布影响很小，燃气主流出现很小的分叉现象。在水射流的挤压作用下，燃气主流向两边扩散角度很小，只有 10° 左右。

图 5.105 为工况 F 水相流场迹线剖面图，剖面为 *XOZ* 平面，图 5.105（a）为斜轴测图，图 5.105（b）为正视图。从图 5.105 中可以看出，水射流呈帘状分叉下来，且水射流覆盖面积接近对角线位置但小于对角线位置所占区域。

2）沿轴线等距截面及对称面

从图 5.106、图 5.107 中可以很清晰地看出燃气主流的分布范围和水射流的分布范围。在水射流的挤压作用下，燃气主流截面不再呈现“蝴蝶状”，而是呈现为一个个在对称位置挖掉两个角的圆形，与工况 D 类似，但是其渗透深度比 D 要深一些。在水射流与燃气主流刚接触的部位效果比较显著，压缩效应还比较明显，随着射流发展则影响越来越小，或者说是水基本都汽化吸热从而损失掉了。到最后一个截面时基本上已经恢复成圆形了。

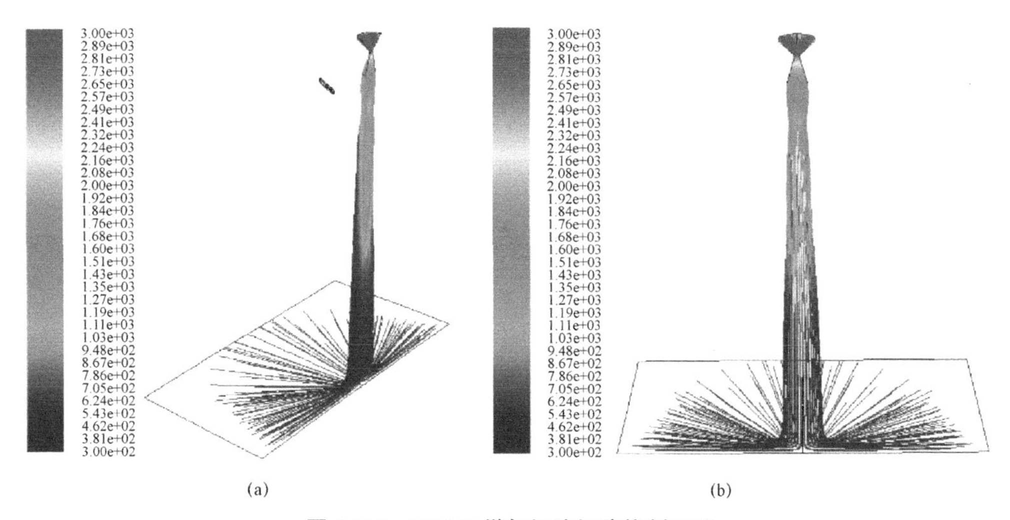

图 5.104　工况 F 燃气相流场迹线剖面图

（a）工况 F 燃气相流场迹线剖面斜轴测图；（b）工况 F 燃气相流场迹线剖面正视图

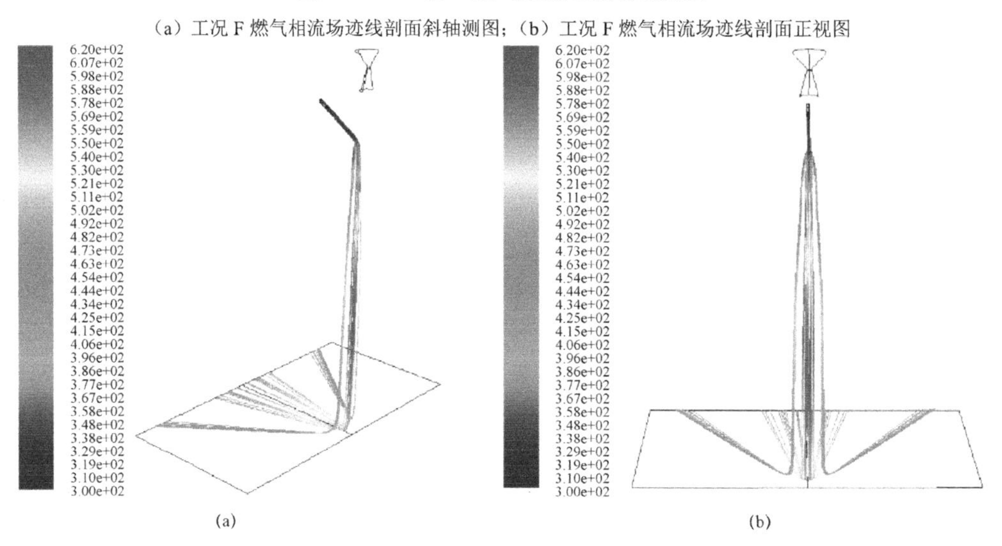

图 5.105　工况 F 水相流场迹线剖面图

（a）工况 F 水相流场迹线剖面斜轴测图；（b）工况 F 水相流场迹线剖面正视图

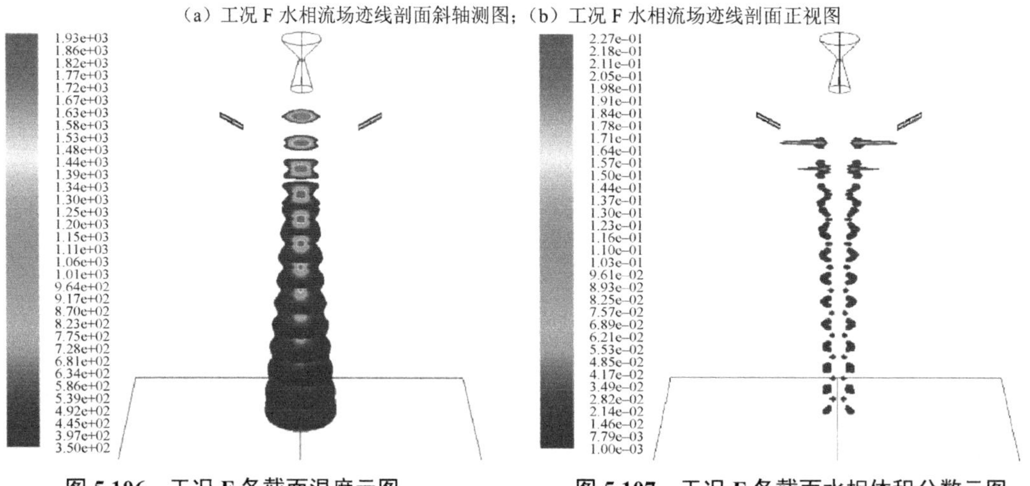

图 5.106　工况 F 各截面温度云图　　**图 5.107　工况 F 各截面水相体积分数云图**

从图 5.108 中可以看出燃气主流在 *XOY* 对称面上受到水射流一定程度的挤压，但其高温区域形状基本不发生变化；反观垂直于 *XOZ* 对称面（图 5.109），由于注水方向上受到挤压较小，燃气主流往垂直方向扩散程度也小，该对称面上燃气主流膨胀不很厉害，因此其燃气主流的分叉效应也小，而燃气主流的这种形态是与迹线图相互呼应的。而从图 5.110 中则能更显著地看出水射流对燃气主流的这种较小挤压作用。高温核心区在水射流交汇点之后依然可以从 *XOY* 平面清晰地看出来。

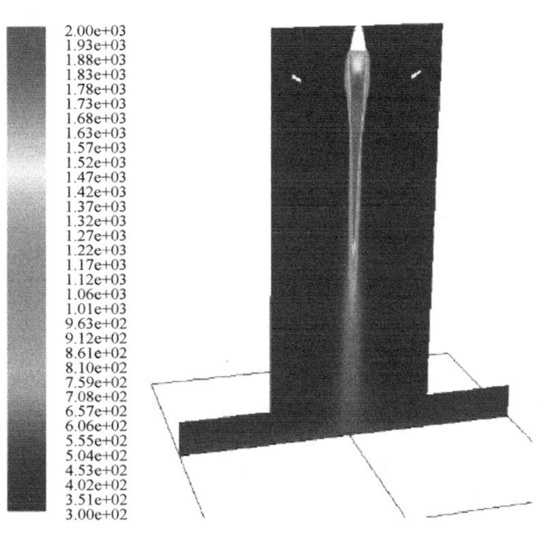

图 5.108　工况 F 中 *XOY* 平面温度云图

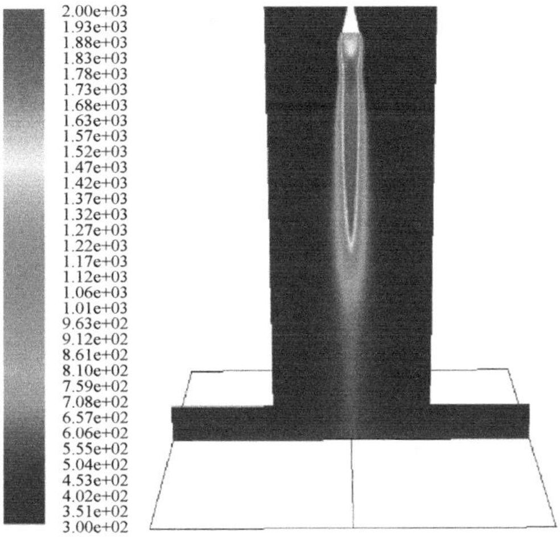

图 5.109　工况 F 中 *XOZ* 平面温度云图

3）轴线及地面温度分布

从图 5.111 中工况 F 的轴线温度分布曲线（虚线）同样可以看出，由于注水影响，以 0.79 m 位置为界，存在一个缩短的高温核心区。由于水射流的挤压和吸热效应导致燃气主流能量被分散和消耗，地面不再出现滞止升温现象，这与迹线图中所看到的燃气主流分叉现象是一一对应的。正是由于燃气主流受到水射流作用而分叉从而导致高温核心区长度由 0.95 m 左右变为 0.79 m。而需要注意的是在分界点以上，由于注水影响，虽然水射流与燃气主流还没有接触上，但是水射流阻挡了燃气主流的流经通道，燃气主流在分界点上游速度降低（图 5.112），而这部分动能转化为热能，因此这段区域温度反而比无水自由射流状态下更高。从后处理结果中读出：轴线平均温度为 1 293 K，温度范围为 559～1 988 K。

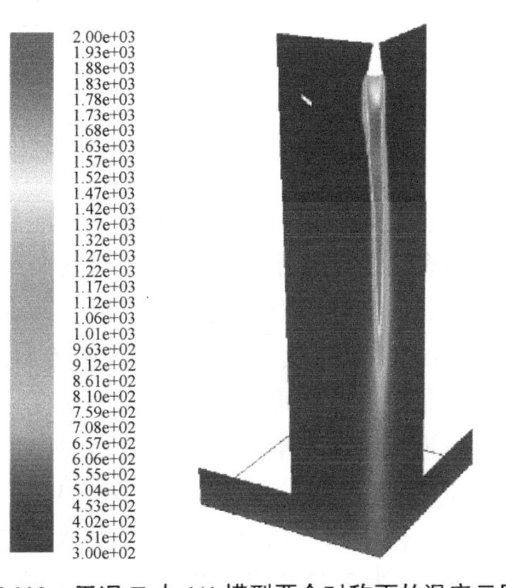

图 5.110　工况 F 中 1/4 模型两个对称面的温度云图

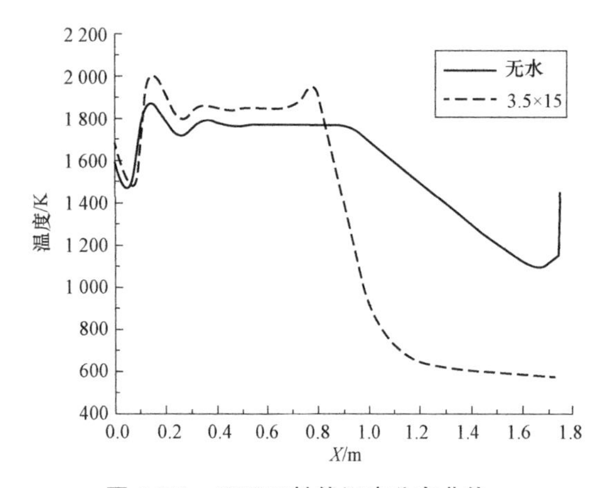

图 5.111　工况 F 轴线温度分布曲线

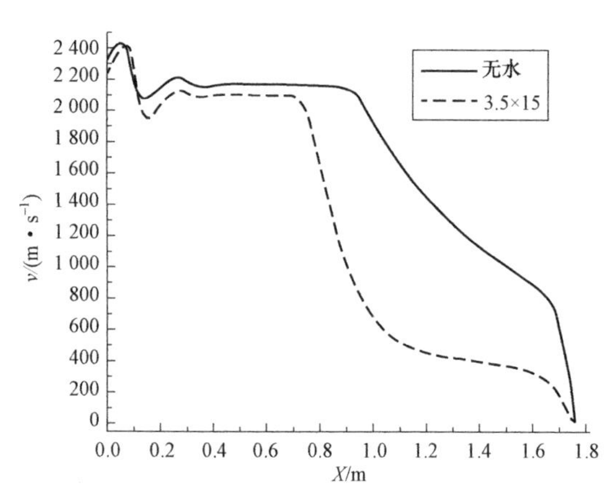

图 5.112　工况 F 轴线速度分布曲线

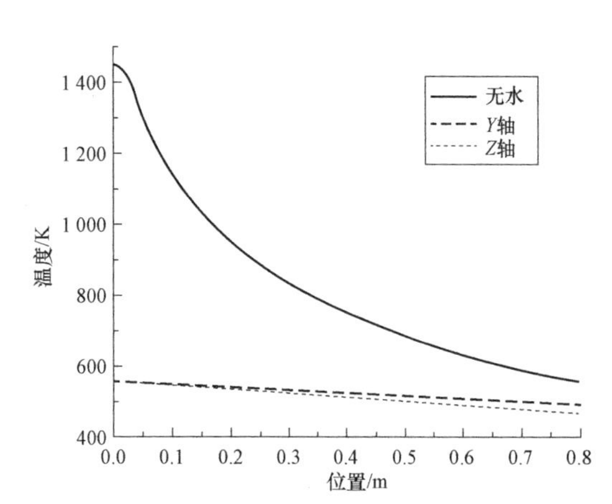

图 5.113　工况 F 与无水状态下地面温度对比

从图 5.113 中可以看出，地面的降温效果也十分明显，中心点附近降低了 900 K 左右，而 Y 轴、Z 轴上其他位置也有不同程度的降低。从整体来看，Y 向降温效果和 Z 向降温效果几乎相同，这也与该工况轴对称特性比较强相呼应。从后处理结果中读出：地面平均温度 469 K，温度范围 132～559 K。

工况 G

$n = 4$，$\dot{m}_w = 10.5\ \text{kg/s}$，$s = 0.000\,169\ \text{m}^2$，$v = 15\ \text{m/s}$。

1）流场迹线分布概况

从工况 G 两相流场迹线图（图 5.114）看来，水射流注射到燃气主流上没有出现反弹现象，也没有截断燃气主流，而是紧贴燃气主流的外围，顺着燃气主流往下流动。在相邻两个水管出来的水射流之间出现了明显的干涉现象，造成交界位置，也就是对角线方向出现了一支较强的水射流分支又汇合在一起的支流。

从工况 G 燃气相流场迹线图（图 5.115）中可以更清晰地看出燃气主流并没有被水射流截断，但是燃气流场形状发生了很大的变化。从水射流交汇点位置附近形成了一个四角向外张开的拱形特殊流场形态，并且在地面出现了射流堆积现象。

从工况 G 水相流场迹线图（图 5.116）看来，水射流的迹线在地面上基本上完全覆盖了燃气主流，由于相邻水射流的相互干涉，在对角线方向出现了 4 支较强支流。

图 5.117 为工况 G 燃气相流场迹线剖面图，剖面为对称平面，图 5.117（a）为斜轴测图，图 5.117（b）为正视图。从图 5.117 的两幅图中可以看出，燃气主流受到水射流的挤压作用出现了较小的局部压缩现象，说明水射流的动量作用对燃气流场的分布影响不大，由于四方受到挤压，不能再用分叉角度来进行描述了。但是可以看到在水射流交汇点下游燃气主流厚度略为变大。

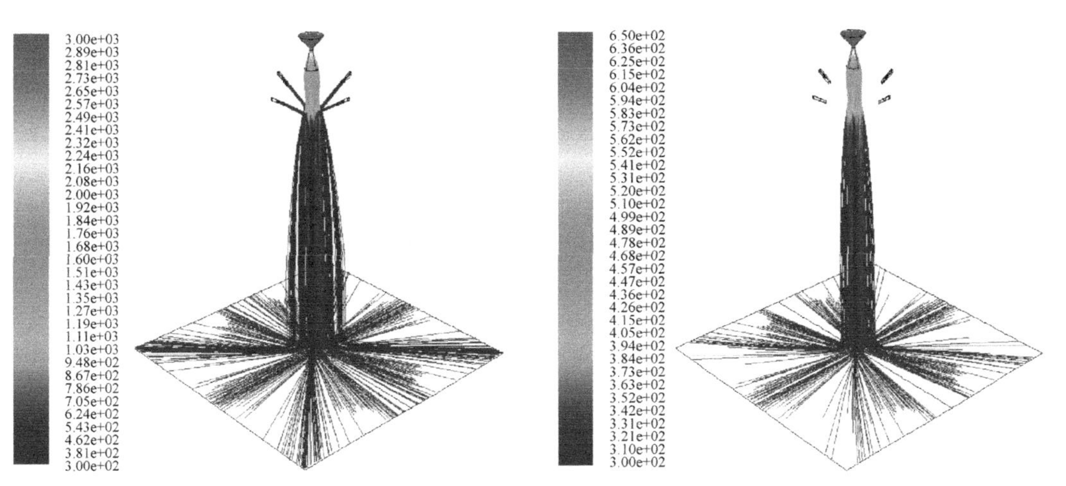

图 5.114　工况 G 两相流场迹线图　　**图 5.115　工况 G 燃气相流场迹线图**

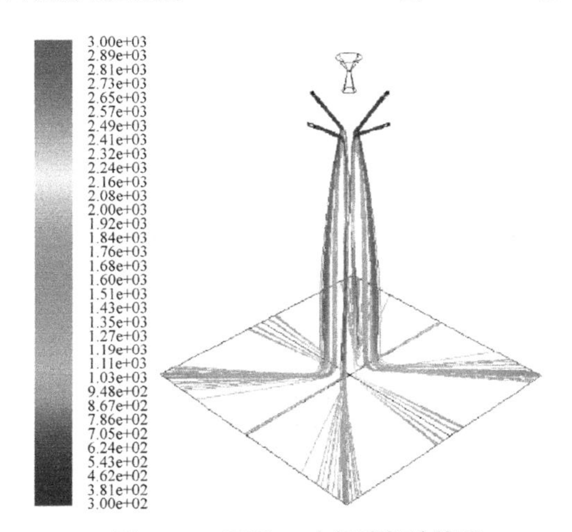

图 5.116　工况 G 水相流场迹线图

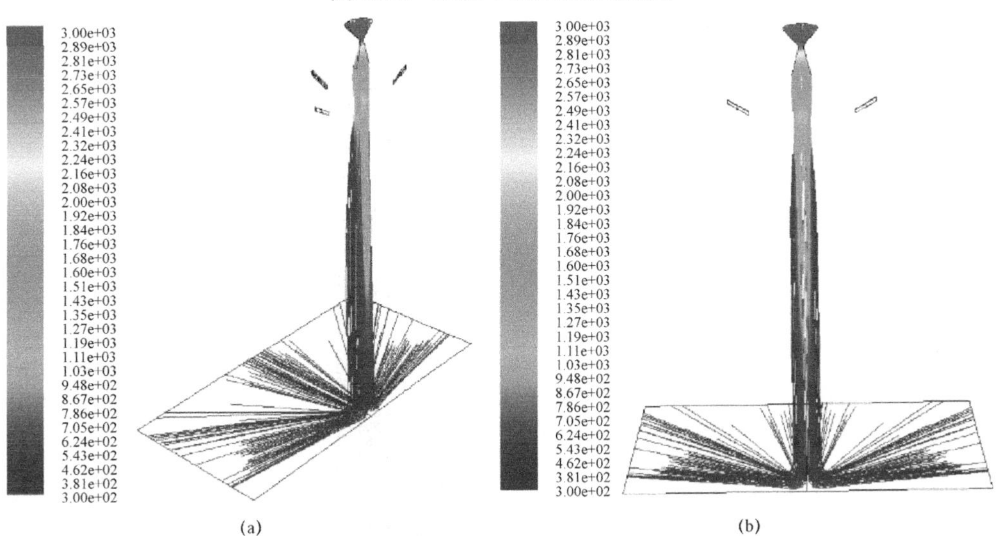

图 5.117　工况 G 燃气相流场迹线剖面图

（a）工况 G 燃气相流场迹线剖面斜轴测图；（b）工况 G 燃气相流场迹线剖面正视图

图 5.118 为工况 G 单个水管水射流所形成的流场迹线图，图 5.118（a）为斜轴测图，图 5.118（b）为正视图。从图 5.118 中可以看出，水射流呈帘状分叉下来，基本上覆盖了 1/4 的地面。

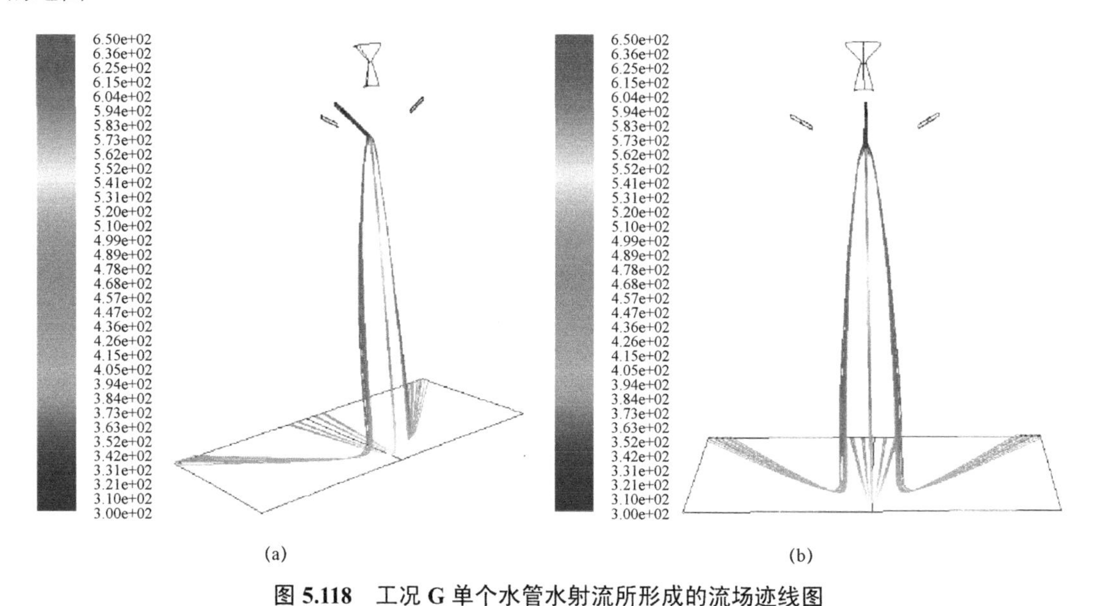

图 5.118　工况 G 单个水管水射流所形成的流场迹线图

（a）工况 G 单个水管水射流流场迹线斜轴测图；（b）工况 G 单个水管水射流流场迹线正视图

2）沿轴线等距截面及对称面

从图 5.119、图 5.120 中可以很清晰地看出燃气主流的分布范围和水射流的分布范围。在水射流的挤压作用下，燃气主流截面不再呈现“蝴蝶状”，而是呈现为四角向外延伸的正方形，随着射流向下发展，其 4 个角逐渐消失，最后成为一个标准正方形。此外，从水相分布可以看出 4 个对角线方向水流汇集比较明显，与大部分分叉不十分厉害的双喷管状态不同的是几乎完全包裹了燃气主流。

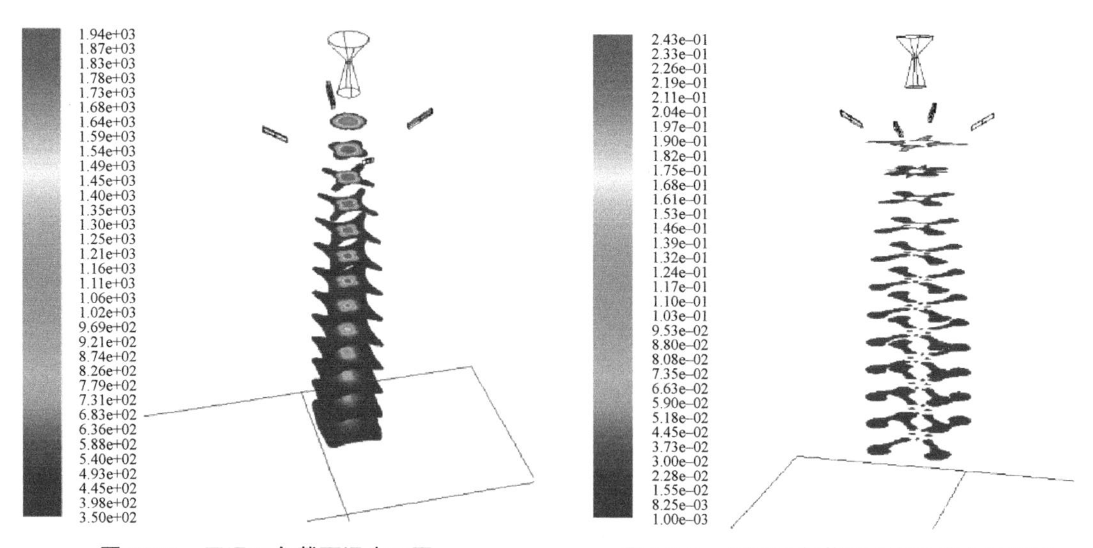

图 5.119　工况 F 各截面温度云图　　**图 5.120　工况 F 各截面水相体积分数云图**

从图 5.121 中可以看出燃气主流在对称面上受到水射流一定程度的挤压，但其高温区域形状基本不发生变化，因此其燃气主流的分叉效应也非常小，而燃气主流的这种形态是与迹线图相互呼应的。高温核心区在水射流交汇点之后依然可以从对称平面清晰地看出来。

3）轴线及地面温度分布

从图 5.122 中工况 G 轴线温度分布曲线（虚线）同样可以看出，由于注水影响，以 0.81 m 位置为界，存在一个缩短的高温核心区。由于水射流的挤压和吸热效应导致燃气主流能量被分散和消耗，地面不再出现滞止升温现象，这与迹线图中所看到的燃气主流分叉现象是一一对应的。正是由于燃气主流受到水射流作用而分叉从而导致高温核心区长度由 0.95 m 左右变为 0.81 m。而需要注意的是在分界点以上，由于注水影响，虽然水射流与燃气主流还没有接触上，但是水射流阻挡了燃气主流的流经通道，燃气主流在分界点上游速度降低（图 5.123），而这部分动能转化为热能，因此这段区域温度反而比无水自由射流状态下更高。从后处理结果中读出：轴线平均温度 1 358 K，温度范围 557～2 007 K。

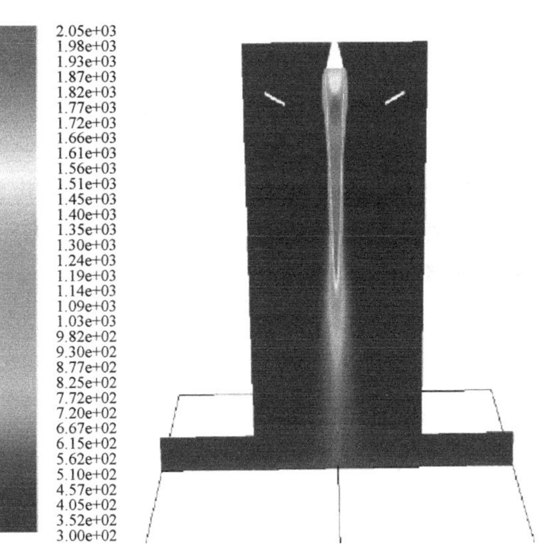

图 5.121　工况 G 中对称平面温度云图

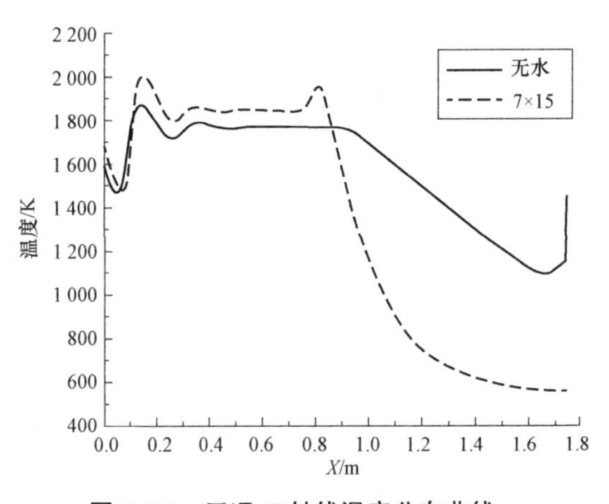

图 5.122　工况 G 轴线温度分布曲线

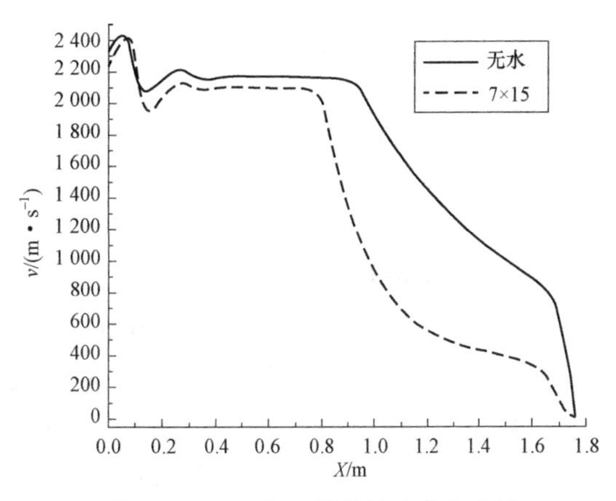

图 5.123　工况 G 轴线速度分布曲线

从图 5.124 中可以看出，地面的降温效果也十分明显，中心点附近降低了 900 K 左右，而其他位置也有不同程度的降低。从后处理结果中读出：地面平均温度为 442 K，温度范围为 380～559 K。

小结

1）流场形态对比

由于双水管和 4 个水管所形成的两相流场有本质上的区别，尤其是出现了相邻水管之间水射流的相互干涉。因此无法在分叉角度等其他方面进行对比。

2）轴线温度及核心区长度对比

从图 5.125 轴线温度分布来看，首先关注核心区长度，F、G 工况分别为：0.79 m 和 0.81 m，从对比图上也可以看出喷管数多的反而效果略差；其次，平均温度分别为：1 293 K 和 1 358 K，就平均降温效果来说喷管数少更好；然后是最高温度分别为 1 988 K 和 2 007 K，喷管数少更好；最低温度分别为 559 K 和 557 K，喷管数多稍好。就轴线温度来说，最重要的是代表能量的核心区长度，以及关注高温对地面的烧蚀作用（体现在最低温度），就这两项来说两者十分接近。

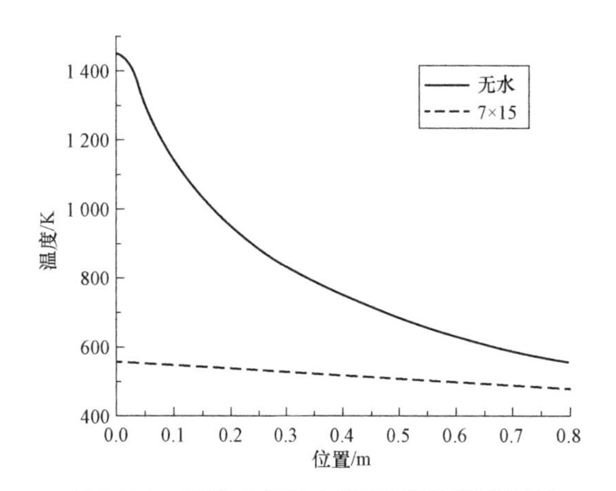

图 5.124　工况 G 与无水状态下地面温度对比

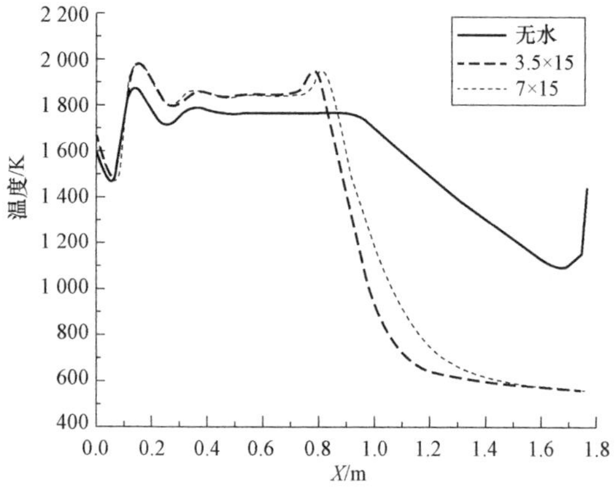

图 5.125　工况 F、G 与无水状态下轴线温度对比

3）地面温度分布对比

首先从地面平均温度对比来看，F、G 分别为：469 K 和 442 K，最高温度分别为 558.6 K 和 559.1 K，就平均温度来说喷管数多水量大效果较好，就最高温度来说二者几乎一致，如图 5.126 所示。

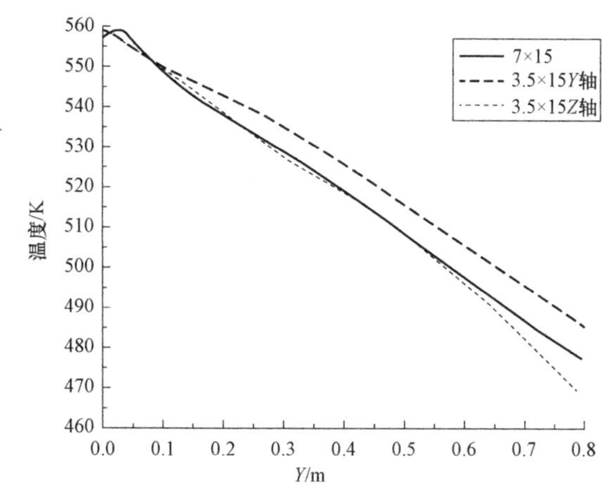

图 5.126　工况 F、G 的地面温度对比

4. 出口速度与流量的影响

$\dot{m}_w = \rho_w \cdot s \cdot v \cdot n$，其中 $s = 0.000\,169\ \text{m}^2$，$n = 4$，而这一组共选择两种工况，分别为：G：$v = 15\ \text{m/s}$，$\dot{m}_w = 7\times1.5 = 10.5\ \text{kg/s}$；H：$v = 35\ \text{m/s}$，$\dot{m}_w = 35\times1.5 = 52.5\ \text{kg/s}$。

工况 H

$v = 35\ \text{m/s}$，$\dot{m}_w = 52.5\ \text{kg/s}$，$s = 0.000\,169\ \text{m}^2$，$n = 4$。

1）流场迹线分布概况

从工况 H 两相流场迹线图（图 5.127）看来，水射流注射到燃气主流上没有出现反弹现象，基本上将燃气主流完全截断，燃气主流的下行通道被阻挡得很厉害。于是燃气主流出现了严重分叉，从水射流的空隙中向下发展。

从工况 H 燃气相流场迹线图（图 5.128）中可以更清晰地看出燃气主流基本上被水射流截断，分叉现象非常严重，只占据了水射流之间的空隙区域。

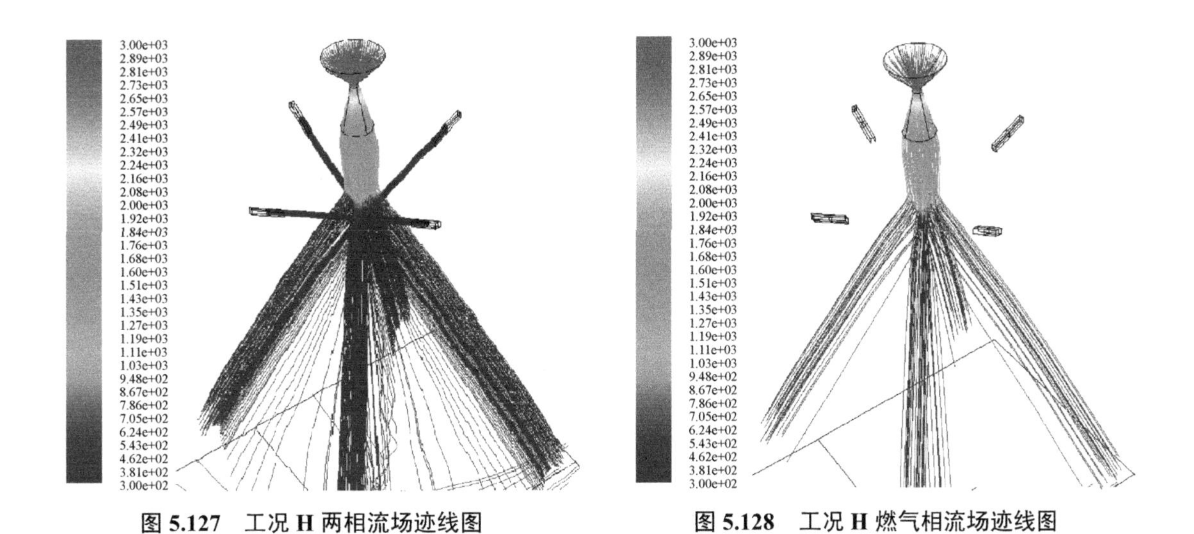

图 5.127　工况 H 两相流场迹线图　　　　**图 5.128　工况 H 燃气相流场迹线图**

从工况 H 水相流场迹线图（图 5.129）看来，水射流在中心汇集之后出现严重分叉，呈四棱锥形状向下游发展，其流场迹线在地面上并不明显。

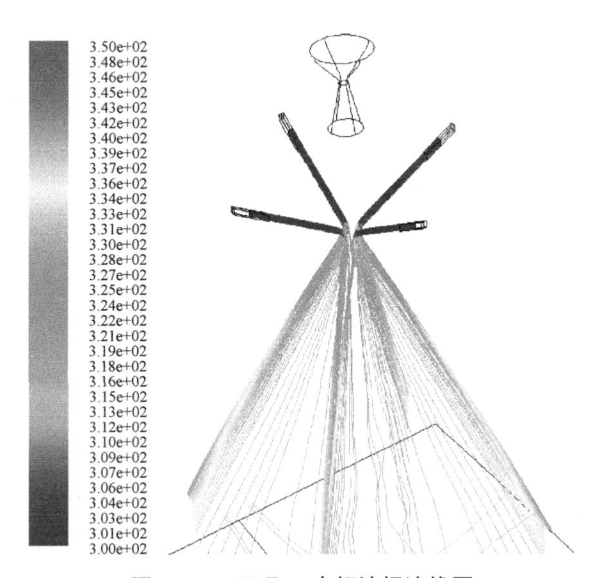

图 5.129　工况 H 水相流场迹线图

图 5.130 为工况 H 燃气相流场迹线剖面图，可以看出燃气主流 4 个分叉之中的每一个都是沿着两个水管中间的方向也就是地面对角线方向向下游发展的。图 5.131 为工况 H 单个水管水射流所形成的流场迹线图，从中可以看出，水射流呈帘状分叉下来，覆盖面积十分广阔。

2）沿轴线等距截面及对称面

从图 5.132～图 5.135 中可以很清晰地看出燃气主流的分布范围和水射流的分布范围。在燃气主流与水射流交汇点上游尚存部分高温区域，而下游则几乎不存在高温区域。相对较高的燃气主流分支主要分为 4 股，与中心轴线大致呈 45° 角向地面的 4 个顶点流去。水射流则占据了中心轴线的绝大部分，同时其分叉也十分明显，大致沿着地面对角线方向分布。于是形成了水射流占主导位置、燃气主流夹杂其间的流场形态。

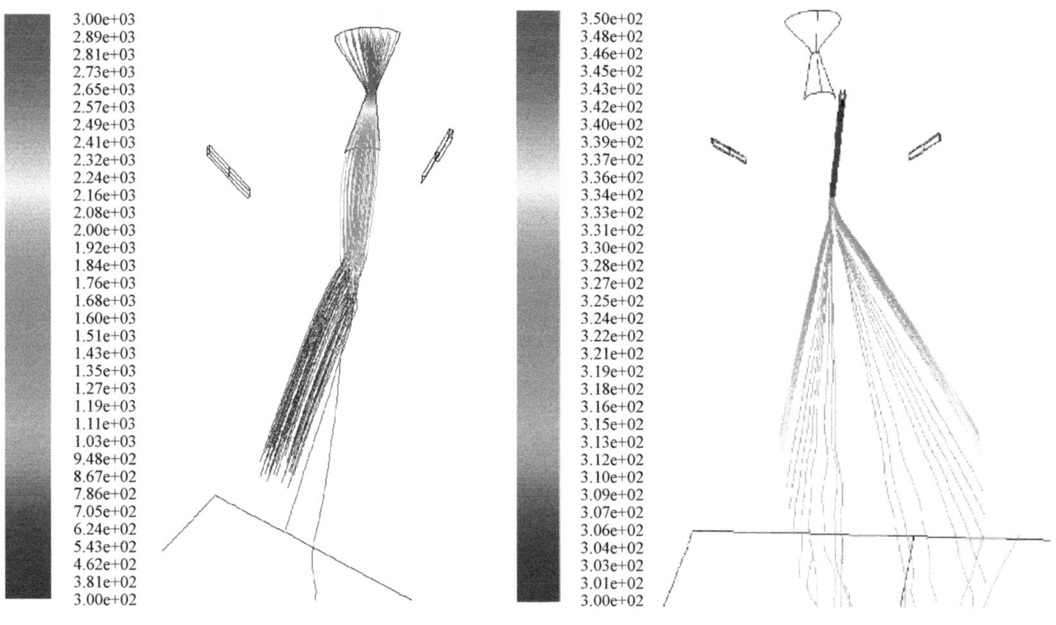

图 5.130 工况 **H** 燃气相流场迹线剖面图

图 5.131 工况 **H** 单个水管水射流所形成的流场迹线图

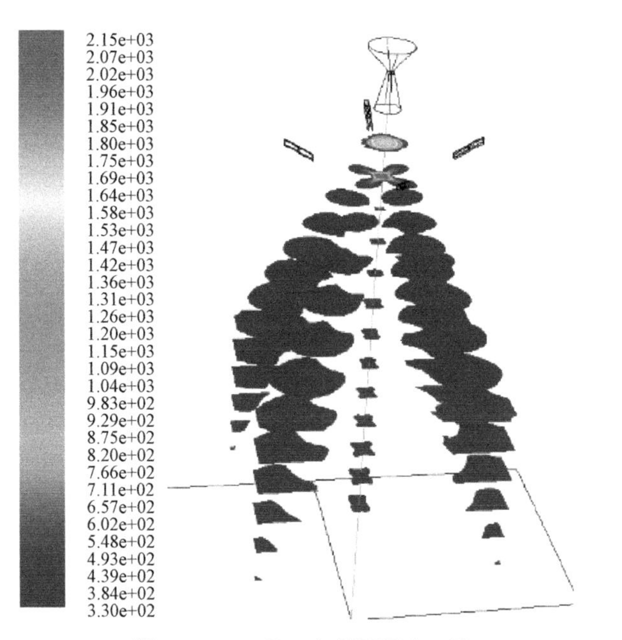

图 5.132 工况 **H** 各截面温度云图

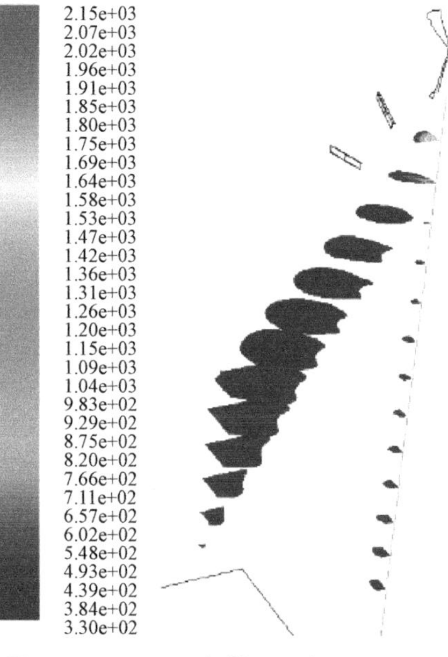

图 5.133 工况 **H** 各截面温度云图（**1/4**）

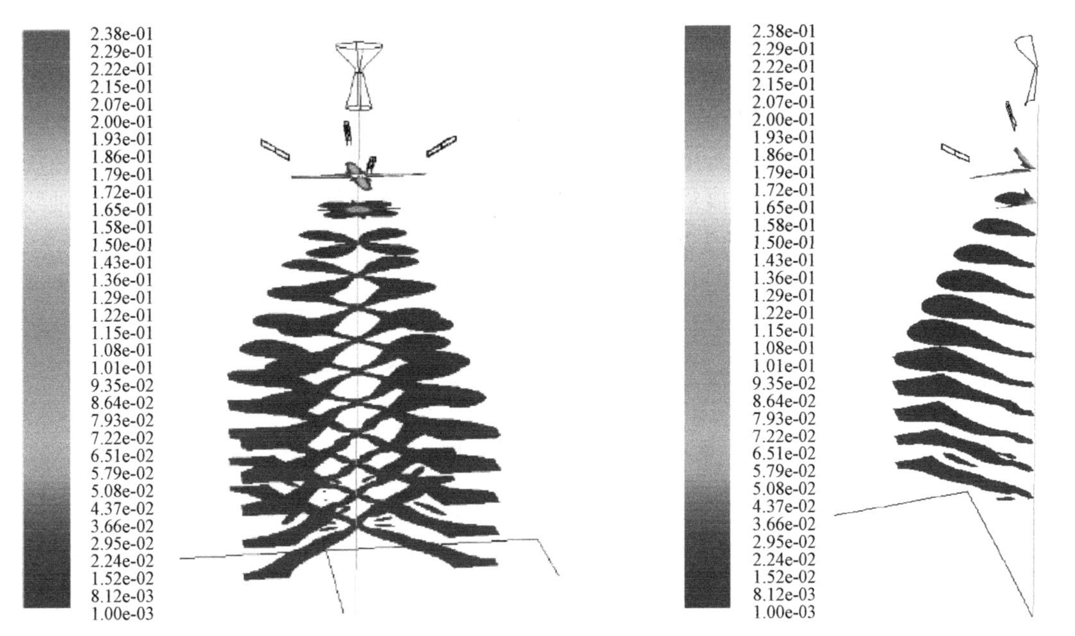

图 5.134　工况 H 各截面水相体积分数云图　　**图 5.135　工况 H 各截面水相体积分数云图(1/4)**

从工况 H 中对称平面温度云图（图 5.136）可以看出，由于水射流流量大、速度快，从水管出口喷出之后迅速膨胀，4 个水柱汇合之后又向中心轴线上游扩张，汇集点上游核心区基本消失不见，而汇集点下游温度更是降低到常温附近。

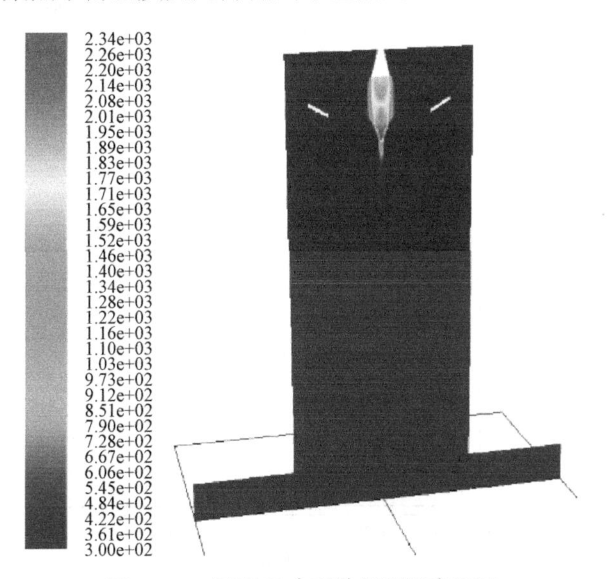

图 5.136　工况 H 中对称平面温度云图

3）轴线及地面温度分布

从图 5.137 中工况 H 轴线温度分布曲线（虚线）同样可以看出，由于注水影响，以 0.22 m 位置为界，存在一个缩短的高温核心区。由于水射流的挤压和吸热效应导致燃气主流能量被分散和消耗，地面不再出现滞止升温现象，这与迹线图中所看到的燃气主流分叉现象是一一对应的。正是由于燃气主流受到水射流作用而分叉从而导致高温核心区长度由 0.95 m 左右变为 0.22 m。而由于注水量和速度都非常大，注水工况中分界点上游的温度比无水自由射流工况高很多，工况 H 下的轴线最高温度达到了 2 300 K 左右，比无水状态下轴线最高温度要高出 400 K 以上。并且由于核心区长度太短，速度和温度的波动都变小（图 5.138），可见当注水量和速度都同时增大到一定程度后流场形态会发生剧烈变化。从后处理结果中读出：轴线平均温度 707 K，温度范围 335～2 294 K。

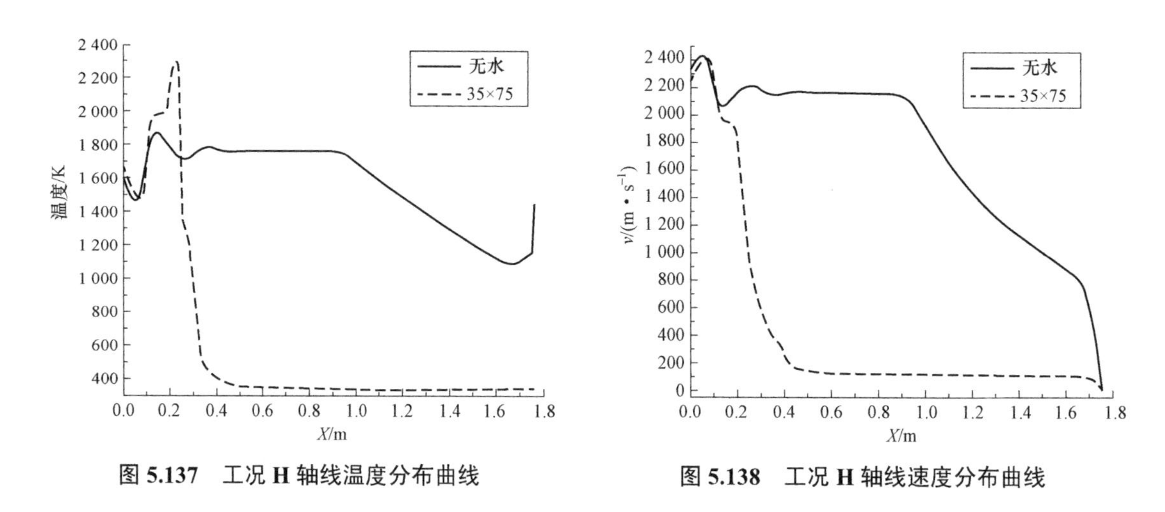

图 5.137　工况 H 轴线温度分布曲线

图 5.138　工况 H 轴线速度分布曲线

从图 5.139 中可以看出，地面的降温效果也十分明显，中心点附近降低了 1 100 K 左右，而其他位置也有不同程度的降低。从后处理结果中读出：地面平均温度 323 K，温度范围 316～336 K。

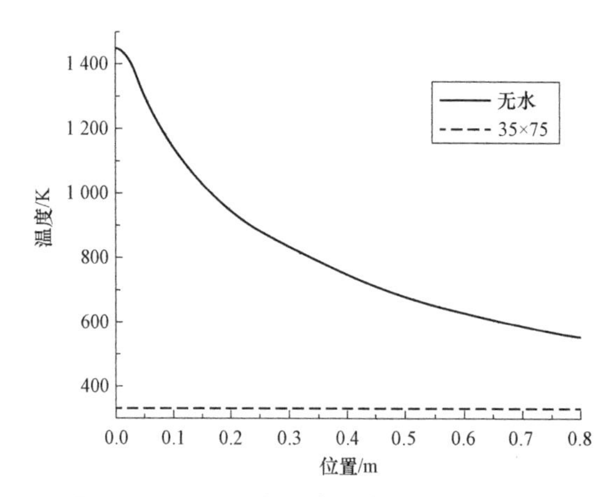

图 5.139　工况 H 与无水状态下地面温度对比

小结

1）流场形态对比

G、H 两个工况随着水量的增大，流场形态出现了质的变化，水射流从附属地位、无法截断燃气主流，到成为主要射流、截断燃气流的通道使得燃气流只能从水射流的空隙中通过，可见当水射流的流量和速度达到一定程度后，水射流将会成为两相流中的主导相。

2）轴线温度及核心区长度对比

从图 5.140 轴线温度分布来看，首先关注核心区长度，G、H 工况分别为 0.81 m 和 0.22 m，对比明显，水量越大越好；其次，平均温度分别为 1 358 K 和 707 K，就平均降温效果来说，也是流量越大越好；然后是最高温度分别为 2 007 K 和 2 294 K，流量和流速的增大显著增加了最高温度；最低温度分别为 557 K 和 335 K，可见就最低温度（均位于轴线与地面相交点）来说流量越大越好。就轴线温度来说，最重要的是代表能量的核心区长度，以及关注高温对地面的烧蚀作用（体现在最低温度），就这两项来说工况 H 都是最好的。此外，工况 H 在平均温度方面的降温效果也最好。

3）地面温度分布对比

首先从地面平均温度对比来看，工况 G、H 分别为 442 K 和 323 K，最高温度分别为 559 K 和 336 K，就平均温度和最高温度两项指标来说都是 H 更好（图 5.141）。

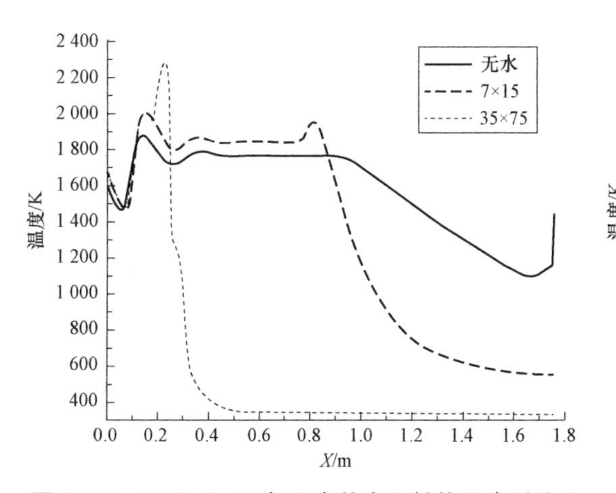

图 5.140　工况 G、H 与无水状态下轴线温度对比

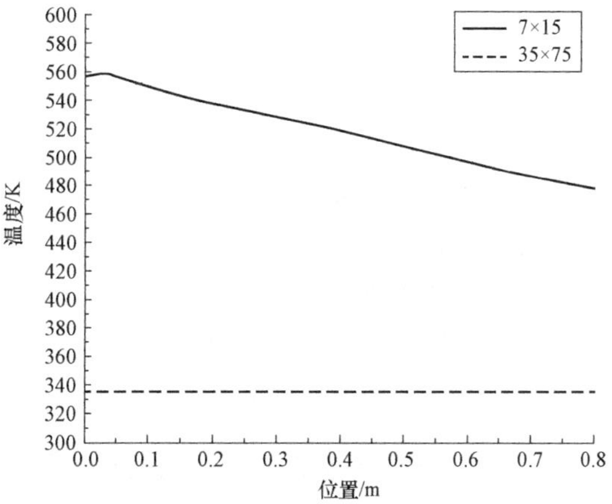

图 5.141　工况 G、H 的地面温度对比

注水燃气流场的一些共性如下。

（1）流场形态：由于水射流的挤压和阻滞作用，燃气主流都出现了不同程度的分叉，大致趋势是水流量越大，水流速度越大，则分叉的角度越大；在水射流的干预下，燃气主流沿射流轴线方向的一系列横截面的形状也发生了变化，根据注水参数组合的不同，其横截面形状也由圆形变成了各种不同的形状。

（2）轴线温度及核心区长度：由于水射流的汽化吸热作用，燃气主流的轴线温度都出现了不同程度的降低，大致趋势是水流量越大，水流速度越大，则降温效果越显著；而与此同时，核心区长度有不同程度的减小，表征了燃气主流的部分能量转移到水相的汽化中去了；需要指出的是，虽然水射流整体上降低了轴线温度并且减小了核心区长度，但由于其具有的挤压和阻滞作用却升高了核心区内部燃气主流的温度，升高的程度根据注水参数的组合不同而不同。

（3）地面温度：由于水射流的汽化吸热效应，燃气主流与地面接触后出现的滞止升温现象消失了，并且根据注水参数的不同，地面均出现了不同程度的降温。

机理分析：

在水流速度不太大、水量不太大的情况下（A～G 工况），即水的动量相对于燃气主流的动量来说是个小量的时候，水射流在与燃气主流接触的时候发生了射流破碎现象，由一股水射流分叉变成了好几股，甚至变成水帘形态。由于黏性的存在，分叉后的水射流附着在燃气主流之上，并且顺着燃气主流往下继续发展，在这一过程中不断地继续破碎、分叉，紧紧包裹在燃气主流之外，与燃气不断发生动量交换和热量交换。同时由于水射流的阻滞作用，部分燃气主流受到挤压，表现为出现分叉，并且核心区温度较之无水工况反而升高。

而当水流速度较大，且水量也较大的时候（H 工况），即水的动量相对于燃气主流的动量来说不再是小量的时候，水射流对燃气主流的阻滞效应则非常明显，在这种情况下，水相拥有与燃气相相当的地位，而不再是从属地位。它将彻底改变燃气射流的流场形态，迫使燃气射流不再占据中心轴线附近的空间，而是从水射流汇集点附近开始呈分叉状态从水射流周围的空隙中流过。在汇集点上方的轴线温度升高非常明显，而核心区也就在汇集点附近消失殆尽了。

对工程比较关注的几种情况进行了对比分析，得出以下几个结论。

（1）在水的流量和喷管的数量已经固定的情况下，可以通过调整单个水管出口的截面积来调整流速，从而得到截面积和流速的最优组合，达到最大化降温效果的目的。

（2）在水流速度一定、喷管数量一定的情况下，通过增大水管出口截面积从而增大流量的方式可以显著提高降温效果。

（3）在水流速度一定、单个喷管截面积一定的情况下，通过增加喷管数量来增大流量的方式降温效果甚微。

（4）在单个水管出口截面积一定、喷管数一定的情况下，通过提高出口速度从而增大流量的方式可以显著提高降温效果。

5.2.4 冷却水降噪效果仿真研究

建立流场与噪声分析工具接口，利用混合流场计算结果，通过仿真研究导流槽、发射塔架及导流槽出口噪声分布情况，分析冷却水降噪效果。

直径为 D 的圆喷口形成的喷注如图 5.142 所示。

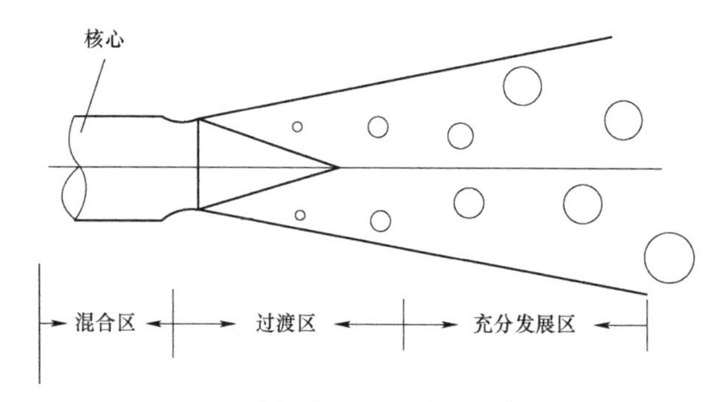

图 5.142 直径为 D 的圆喷口形成的喷注

图 5.142 是流体喷入静止空气时的情况，混合区中只有部分湍流现象，核心中的速度是常数，等于出口速度，核心长度大约是喷口直径的 4.5 倍。混合区后面是过渡区，过渡区中处处充满湍流，但平均速度随长度增加而渐减，过渡区大致延伸到 10 倍直径。以后就是充分发展区的喷注了。喷注噪声大部分是由混合区和过渡区内的湍流产生的。

1. 冲击射流噪声的特点

高温超声速射流与地面的相互作用经常出现在火箭发射以及飞行器垂直起降中。当使用亚声速或者低超声速冷射流作为研究对象时发现：射流与导流器之间的相互作用引起了噪声声压级的显著增加，这是由于射流冲击区域的壁面压力波动以及地面与喷管之间出现了反馈环。而恰恰相反的是，当火箭发动机射流冲击到各种不同型面的导流器上，辐射声能反而减少了，特别是当作用距离非常短的时候这种现象十分明显。在高温超声速射流中，宽带混合噪声的声压级非常高以至于可以覆盖掉离散单音，离散单音对总声压级（OASPL）的贡献就非常少了。射流平板的相互作用依赖于射流出口参数，因为对于冷射流来说有一个峰值，而对于热射流来说基本无影响。一般来说，当平板位于射流核心区顶点附近时，射流—平板相互作用噪声最大；但是当射流到平板的距离非常小时，在最低频段的噪声产生了衰减。实际上，并没有谁给出了冲击射流所辐射的声能的精确而全面的结果。Varnier 做了一系列试验对这个问题展开研究，得到在所选择的试验工况下，辐射声能几乎和障碍物形状以及喷管到障碍物的距离无关，而其中之一与本试验较为接近的试验结果发现冲击射流产生的噪声与自由射流噪声几乎一样。

2. 热射流噪声的特点

关于射流温度的作用，莱特希尔指出温度的不均一放大了紊流产生的声音，正像切应力影响了射流噪声的高频组分。根据莱特希尔所说，速度和温度的影响不能完全分开。对于平均速度是常数的射流来说，在一定条件下声级随着射流平均温度增加而增加，其他情况下温度增加声级反而下降。对于亚声速射流来说，当射流速度固定，射流温度增加减少了声能级。因此在射流速度确定的情况下，温度效应不确定。在适度加热和没加热的超声速射流中存在明显差异。OASPL 峰值随着温度增加而增加，辐射顶角随温度增加而减小，是对流马赫数增加的结果。冷热射流的谱含量完全不一样。在峰值频率和振幅上差别明显。

此外，通过喷水来降低冷射流的噪声早就得到验证，主要通过降低射流速度来实现。同样，往热射流中注水能够降低射流温度是显而易见的，但是，在降低射流温度的同时会导致射流密度增大，从而增大雷诺应力项 $\rho u_i u_j$ 来增大噪声。Yann Marchesse 等通过研究发现，射流温度对降噪效果的影响不显著，而注水位置影响非常显著，但是他们同时也指出，由于射流温度是射流的重要参数，其变化会引起射流一系列重大物理特征的变化，因此通过注水降温来降噪的效果还需要进一步研究。

3. 噪声控制理论

对噪声的控制主要有三种方式：① 在声源处进行控制；② 在声音传播过程中进行控制；③ 在声音接收处进行控制。根据发射场的特点，我们主要通过喷水的方式在声源处进行噪声的控制。

对冲击射流噪声的研究表明冲击射流产生的噪声有三种明显不同的噪声类型：湍流噪声、激波啸叫、宽频激波噪声。湍流噪声是影响声压级变化的主要因素，激波啸叫则主要影响了声压级的极值变化，宽频激波噪声在射流发展段起主要作用。

喷水降噪技术的应用可以减弱上述三种射流噪声，其主要机理是发动机射流段喷水使得射流速度和射流温度降低，从而达到降低噪声的目的。射流速度的降低是通过高速燃气与水的两相之间的动量转化来实现，射流温度的降低是由于高温燃气与水混合的过程中水汽化吸收能量实现的，同时在射流的速度和温度降低的过程中射流的密度增加。

在喷水降噪技术中几个重要的参数对于降噪效果有着重要的影响：喷水相对于燃气的流量比率、喷水位置、喷水角度、喷头的数量、喷水类型、水压、水温等。一个有效合理的喷水降噪系统需要对上述的各种参数根据实际情况进行合理的设计和计算。喷水试验表明相对于燃气射流，水的流量比率是一个最为重要的参数，试验表明水的流量比率在 4 以上能够获得较好的降噪效果。将水喷到射流柱上将会形成一个新的附面层，在附面层内水将被高温气体汽化，由于动量的转化将使得附面层内的水、水蒸气随着射流一起向射流方向流动。附面层的薄厚直接对射流速度的大小产生影响，进而对噪声的抑制产生作用。附面层的薄厚与水的流量有着直接的关系，水量越大、流速越快使得水能够越深入地渗透到射流内部，所以水的流量越大，对噪声的抑制作用也将越明显。水温对降噪效果的影响也受到流量的控制，试验表明小流量低温水的降噪效果不是非常明显，小流量高温水由于水能够即时汽化将对射流的表面产生一定的作用，但是对于降噪效果也不是非常明显。喷水的方向、位置、角度、类型都会对降噪的效果产生一定的作用，但是水量的影响起决定性作用，在喷水量达到燃气流量的 4 倍以上时，喷水的方向、位置等的优化对降噪效果产生积极的影响。

鉴于发射场的条件，水量、喷水位置、喷水方向等都将受到限制，所以，如何在发射场所能提供的条件下开展噪声控制研究是今后工作的重点。

1）研究工具

噪声分析工具 LMS Virtual.Lab 能够预测声波的辐射、散射和传递，以及声学载荷引起的声学响应。可计算得到的结果包括声压、辐射功率、质点速度、声强、板块贡献量、能量密度、声–振灵敏度、纯模态、结构挠度等。

为了描述声学媒质，LMS Virtual.Lab 利用了最先进的数字方法。它基于直接和间接边界元方法，或者声学有限元/无限元的声学方程。结构本身用结构有限元模型表达，可以从所有主流结构有限元和网格生成工具导入。所有分析模块都集成在核心环境中，支持多模型和三维图形。LMS Virtual.Lab 有强大的集成前、后处理功能，有网格检查和修正工具。后处理可以画彩图、矢量场、变形后的结构，以及 *XY* 图线、柱状图和极坐标图，还包括动画显示和声音回放。

2）分析流程

针对不同的研究内容，依据图 5.143 所示流程进行研究分析。在第一阶段，依据任务内容进行方案研究，对研究问题进行准确描述，包括明确任务目标、选择理论方法、构建分析平台、准备模型参数、模型与方法评估等；在第二阶段，依据确定的分析方法和模型参数，建立分析模型；在第三阶段，依据计算结果进行分析，并对模型方案进行改进和完善，获得优化设计结果。

对于本次仿真实例，由于模型复杂、噪声影响因素较多，进行仿真计算需要较长篇幅说明，因此本书不再引用仿真实例，此处仅对喷水降噪效果做简要说明。

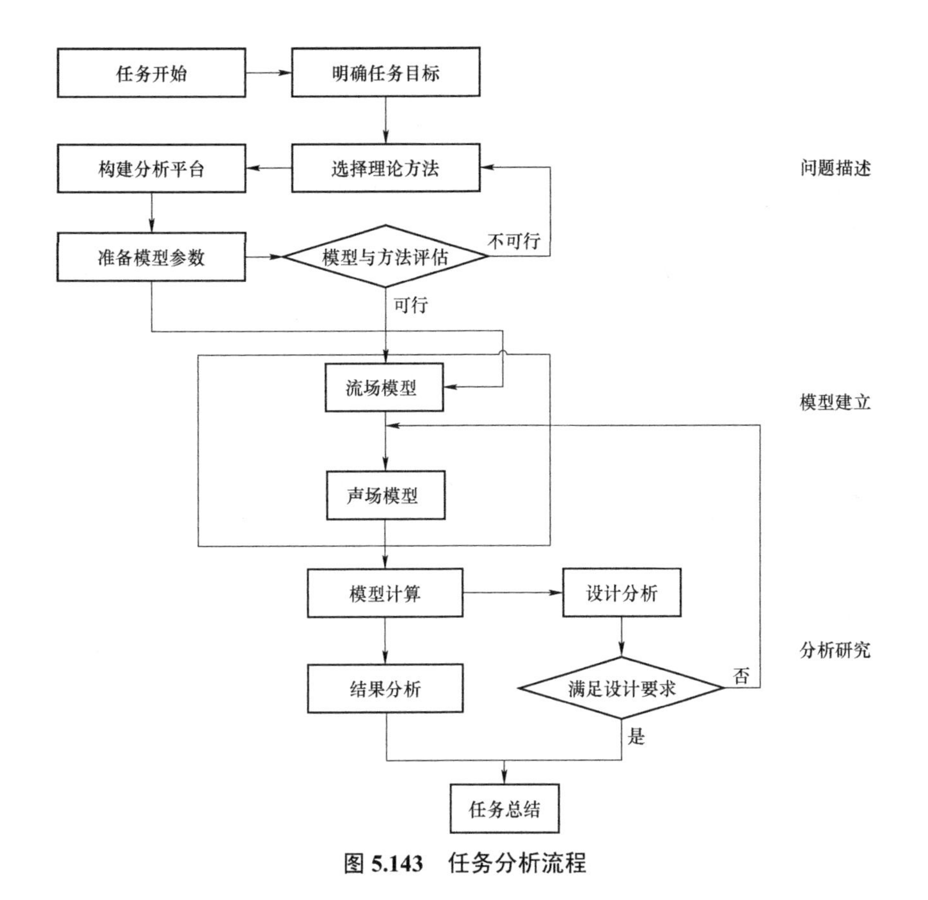

图 5.143 任务分析流程

5.2.5 喷水降噪效果仿真结果分析

在理论方面，研究水滴降噪效果的很少，而这些首先与平面波有关。在两相介质中的声衰减研究始于 Sewell 在固定粒子中的假设。Epstein 和 Carhart 认为由粒子引起的声衰减允许粒子摆动并考虑了动量和热交换。他们比较了水滴尺寸理论值和测试值之间的差距。Temkin 和 Dobbins 提出了通过球形小滴的声的衰减和扩散，考虑了动量和热传递的粒子弛豫过程。Dupays 和 Vuillot 扩展了 Temkin 和 Dobbins 关于小滴蒸发和燃烧效应的研究。而 Max Kandula 基于之前一系列的研究建立了一个简单一维解析模型来预测由注水引起的射流混合噪声的降低，并与已有数据进行了对比，得到了较好的效果。但是其主要基本假设中有 3 个与本文所研究的模型不同，因此无法使用这个简单的一维解析模型。这 3 个基本假设分别如下。

（1）针对完全膨胀射流。

（2）忽略了由于水的冲击碰撞和破碎产生的寄生噪声。

（3）喷水位置就在出口平面，也就是说燃气一喷出出口就与水接触。

在试验方面，早在 20 世纪 90 年代，Zoppellari 和 Juve 就分别对各个参数变化对降噪效果的影响进行了系统试验研究。这些设计参数主要包括水/气质量流率之比、轴向注水位置、注水角度、喷头数量、注水方式（柱状或者雾状）、小滴尺寸、水压以及水温等。为了设计一个高效的注水系统，需要优化上述设计参数。下面将列举其中一些参数影响效果的研究成果。

1. 注水位置影响

为了降低噪声产生区域的射流速度，注水位置越靠近喷管出口越好。但是，注水会扰乱混合薄层从而增加紊流率。此外，如果水射流渗透核心区，冲击和曳力噪声将会由于该区域的高速度而变得非常显著。注水位置对总体声压级的影响相对小，只在高频段较为明显，离喷口近的高频降噪效果更好。最后发现，距离 1 倍喷管直径时效果最好。

2. 角度和小滴大小影响

试验显示在显著的水射流渗透空气射流和低冲击噪声中有个折中，垂直主射流轴线方向上的速度分量是个显著参数，它越大则渗透越深入，混合速度越快；同时也意味着冲击噪声和曳力（流体与固体颗粒之间有相对运动时，将发生动量传递。颗粒表面对流体有阻力，流体则对颗粒表面有曳力。阻力与曳力是一对作用力与反作用力）噪声越大。当水射流轴线与燃气射流轴线夹角为 60° 时效果最好，此时低频噪声基本不增加。

小滴大小也是个重要影响因素。渗透标准不是降噪的最重要的因素，水射流对于空气射流来说必须不能是个障碍，因此分散的水比圆柱形射流产生的效果更好。

3. 注水质量流率影响

在冷射流情况下，通过注水降噪主要是基于两相之间的动量传递来降速而达到的。对于有效动量传递有一个临界水质量流率，超过这个量之后的降速效果以及由此而引起的降噪效果就很小了，到 2 就是极限了。而对于热射流来说，大量水的时候降噪很明显，因为部分水在渗透主射流之前已经汽化了，只有一部分水对于降低空气射流速度来说是有效的。总的说来，低质量流率可以显著降低激波相关噪声；而高质量流率则主要影响混合噪声，其降噪机理是通过两相之间的动量传递来降低空气射流速度，但同时这个对降噪有利的影响被与水射流相关联的新的寄生源的产生部分抵消，该寄生源包括空气冲到水射流上所产生的冲击噪声、水射流的破碎，以及小滴的非定常运动。

此外，注水对射流噪声不同组分的影响也各不相同：在上游方向，高频段以激波相关噪声为主，注水降噪是最有效的；而在下游方向以湍流混合噪声为主，虽然高频段的降噪也很明显，但是由于低频段的噪声增加被部分抵消，降噪频率范围减小了。

由此可以看出喷水对于激波相关噪声特别有效。宽频激波噪声与激波啸叫都得到显著降低。流动受到水射流很强的干扰，导致声源域内超声速混合层的长度减少了，激波强度减弱了。谱分析显示降噪主要是在中高频段。大多数情况下，低频段噪声增加。对于非完全膨胀的射流来说，由于激波相关噪声普遍分布在高频段，因此高频降噪最为重要。

通过优化组合之后，在高角度、近距离、大质量流率情况下最佳降噪可达 12 dB；对于热射流来说效果差点，但是也非常明显。通过两相之间的动量传递降速主要降低了激波相关噪声，同时也对混合噪声的高频部分有效。

5.3 机动发射问题

机动发射方式由于导弹的储运方式以及发射方式和导弹发射时燃气流所产生的环境效应不同而有所不同。机动发射导弹储运方式分为双联装、“品”字形三联装、四联装等，随着装备技术和发射技术的发展，车载导弹单元的数量不断增加，而且一架多弹的共架发射也成为未来机动发射技术的发展趋势。对于导弹的不同装载方式，双联装发射装置一般适用于比较小的导弹如反坦克导弹等，燃气射流影响较小；“品”字形三联装发射装置主要用于巡航导弹发射；四联装发射装置导弹发射时燃气射流对相邻导弹影响较大，对相邻发射箱体会产生比较严重的烧蚀，容易产生导弹误点火等。

车载发射方式主要分为两种：倾斜发射与垂直发射。

倾斜发射装置一般由起落架、回转装置、基座、发射箱等部分组成。倾斜发射的优点主要体现在：导弹起飞后不需要很大转弯就可以进入巡航飞行，导弹所需承受的过载小；设计发射架相对跟踪雷达的跟踪规律，可获得较小的杀伤区域近界；导弹易于捕获；缩短了目标截获时间；所得到的导弹飞行航迹阻力减小，利于减轻导弹的起飞质量。其缺点主要体现在：燃气射流影响范围广，特别是在发射初始阶段，导弹的燃气射流会对发射装置中的电子元器件、传导线路等产生烧蚀，工作人员避让不及会造成致命性的伤害，对发射装置以及工作人员的危害较大；发射装置复杂（发射装置与跟踪雷达同步随动系统等）；初始弹道稳定性差；射击低空目标时弹道会因重力而下沉；武器系统的反应时间和火力转移时间相对较长。国外著名型号如美军的“爱国者”（图 5.144）导弹以及国内的 HQ-12（图 5.145）型防空导弹采用的就是倾斜发射方式。

图 5.144 “爱国者”

图 5.145　HQ-12

垂直发射装置主要是导弹贮运发射筒，导弹贮运发射筒主要由筒体、易碎前盖、金属保护盖、底座、后支座、弹射装置、燃气发生器、电插头收起装置等八部分组成。垂直发射的优点主要体现在：发射装置设备简单，工作可靠，操作方便，反应时间短，发射速率高；加速段阻力损耗小，加速发动机的推力质量比可以减小；爬高迅速；发射装置安排紧凑，发动机的喷气流影响范围小，相对而言对发射装置以及工作人员的影响较小；采用了冷弹发射技术，弹筒可以重复使用，安全、经济、实用；大幅度减少了维护人员和维护费用；有利于射击高机动性的目标。其缺点主要体现在：技术实现难度较大；导弹的平均速度减小；杀伤区域近界相对较大。著名的型号是俄罗斯生产的 S-300 防空导弹（图 5.146）。

图 5.146　S-300 防空导弹

垂直发射系统虽然喷气流影响范围小，但高温高速的燃气射流沿弹体纵轴向喷管后方喷射出去，产生强大推力的同时，对发射装置也会产生强烈的冲击，而对于飞航导弹，助推器相对于弹体纵轴倾斜一定角度，一般大约为

10°～15°，其射流冲击范围加大，对发射装置和人员产生更广泛的冲击和烧蚀等破坏作用，这样必须考虑采取一定的防护措施，对燃气射流进行有效的排导，以将燃气射流引向无破坏作用的方向。

导流器作为车载导弹垂直发射技术中燃气射流热防护的一个重要组成部分，其作用是承受燃气射流的冲击，并把燃气射流排导到有利于导弹发射的方向和空间，以防止固体火箭发动机喷出的燃气射流对发射装置产生烧蚀和对人员造成伤害。对于燃气射流的排导可分为燃气内排导和燃气外排导两种方式，前者可以实现自主式排导，存在独立的燃气排导装置；而后者发射系统需要附近配置燃气导流设备，是常见的燃气排导方式。

同心筒式发射装置是燃气射流内排导的代表。该装置由五部分组成：内筒、外筒、半圆形端盖、底板和支撑内筒的纵梁。内筒起支撑导向作用；内外筒之间构成燃气射流排导通道。该装置没有导流器，外筒的半圆形后端盖起导流作用。导弹发射时燃气射流在端盖的导流作用下转过180°，进入环形空间向上排导。该导流装置结构简单，同心发射筒无运动部件，不会发生磨损，不需要维修（舰艇不需要检修甲板下结构）；利用新材料可使发射筒重量减轻，使舰艇、运载车辆能携带更多的武器；可以实现导弹垂直、水平、任意角度发射；可用于发射导弹、鱼雷、遥感装置等武器设备。同心筒式结构可采用各种导弹通用的发射方法，形体设计基本相同，可实现发射装置标准化。

燃气外排导一般多采用导流器使得燃气射流按照预定方向排出。车载导弹垂直发射装置采用的导流器有单面导流器、双面导流器、圆锥形导流器、三面棱锥形导流器、四面棱锥形导流器。其具体的选定应根据火箭发射装置的结构来确定。对车载导弹垂直发射导流器及其周围地面的温度压强进行数值模拟和分析，针对车载导弹垂直发射时燃气射流的流动特性进行数值研究，研究结果将有助于优化设计导流器的气动外形，合理安排发射装置的布局，对燃气射流进行防护和排导，最大限度降低火箭导弹燃气射流对发射设备和周围人员的冲击效应，提高弹体发射安全性、稳定性和可靠性。

总体来说，导弹机动发射类似于运载火箭发射，高温高压燃气流所产生的冲击和烧蚀作用主要集中作用在导弹发射车以及导流槽上，但与运载火箭发射所不同的是，机动发射导流设备属于开放性排气装置，燃气导流通畅性较好，对于导流装置需要考虑的影响以冲击和烧蚀为主，但由此也造成燃气流排焰距离较长，有效安全距离随之增大。其对发射阵地的开阔性有一定的要求；同时由于导流槽与发射车距离较短，燃气流不可避免地要冲击到发射车上，因此须对发射车进行受力和热分析，以保护车载设备正常工作。机动发射燃气射流噪声影响也较之运载火箭和地下井发射程度小很多，机动发射导弹燃气射流所造成的噪声效应请参考5.2.4小节，本节不再赘述。本书主要以车载垂直热发射导弹为例进行仿真分析，比较导流槽双面和单面排导的效果以及燃气射流对发射车的影响。并在此基础上就车载导弹导流器的排导规律进行简要的概述，为导流器及发射车的设计与更新提供参考。

5.3.1 双面导流仿真计算

本计算工况基本情况为：双面导流，平地发射，计算域X向范围为-10～51 m，Z向范围为0～40 m，Y向范围为-1.6～10 m，导弹飞行高度0 m，发射车计算长度5 m，具体如下：

1. 模型介绍

双面导流装置结构示意图如图5.147所示。

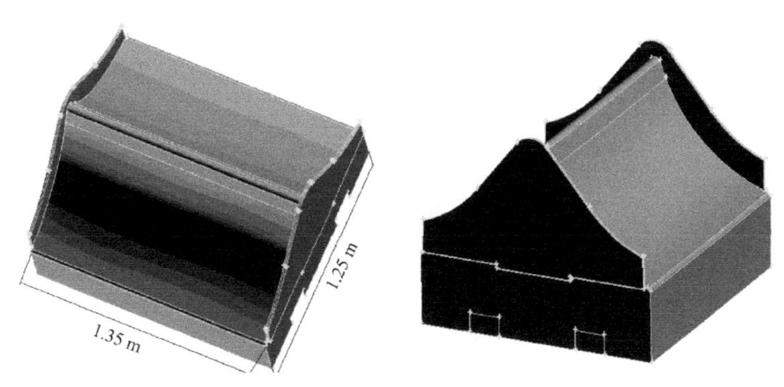

图 5.147　双面导流装置结构示意图

2. 计算模型及网格

流场计算区域如图 5.148 所示。

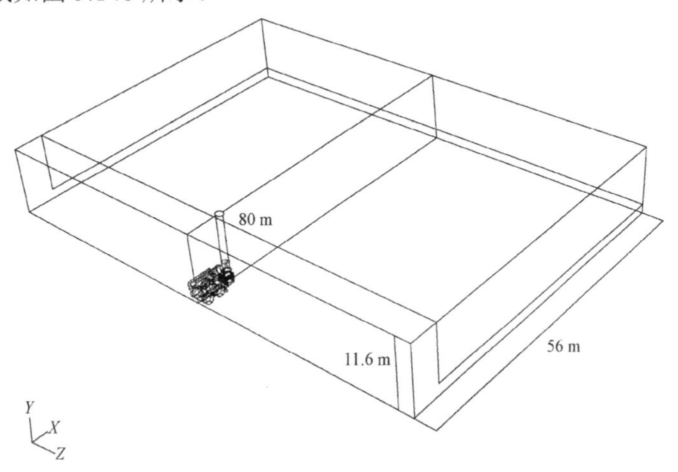

图 5.148　流场计算区域

流场区域中，坐标原点在发射车后导流装置回转轴与发射车对称面交界点，在发射车对称面内指向后部为 X 轴正向，指向上为 Y 轴正向，Z 轴正向符合右手定则，如图 5.149 所示。

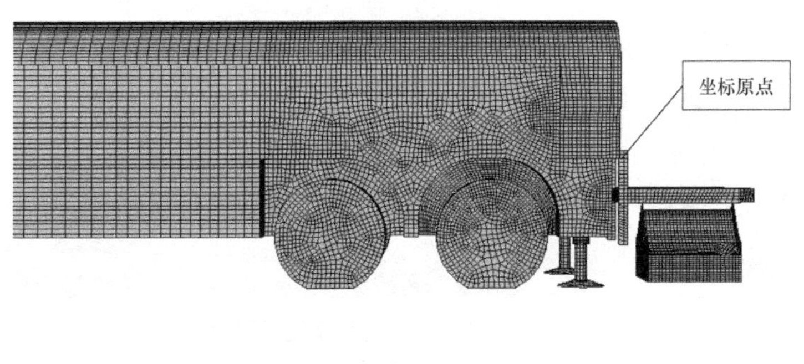

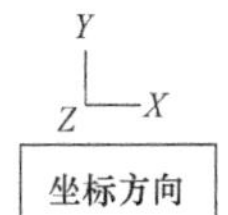

图 5.149　流场内坐标系及坐标原点位置示意图

发射装置模型及网格分布如图 5.150 所示，其中发射车由保温舱、仪器舱、轮胎等组成。

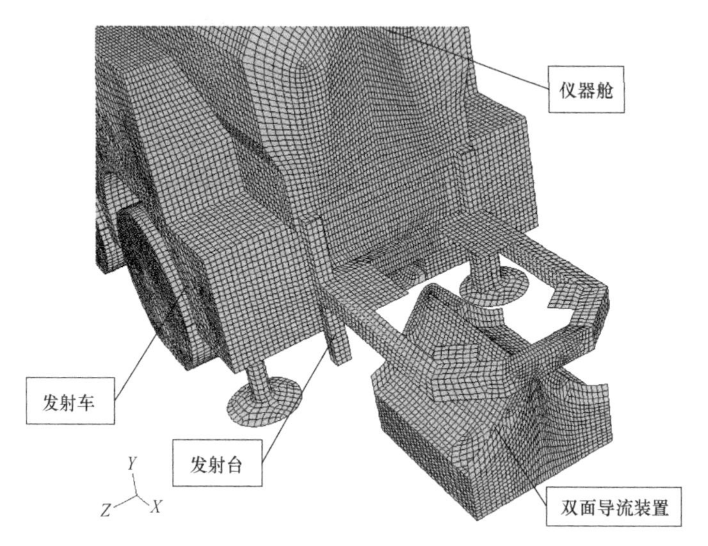

图 5.150　发射装置模型及网格分布

为了对网格分布有一个更清楚的了解，图 5.151 给出了整个流场区域的网格分布，包括导弹与地面上的网格分布以及发射车附近的网格分布。

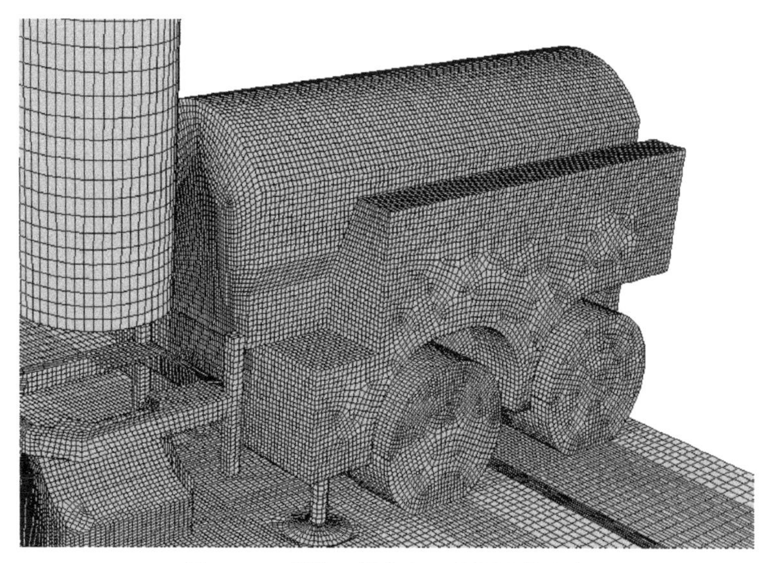

图 5.151　导弹飞行高度及地面网格分布

3. 初边值条件

1）初始条件

在进行数值仿真之前，必须对流场进行初始化，即所谓的初始条件。本次数值计算中，整个初始流场取外边界条件，即取周围静止大气的参数：P=101 325 Pa，T=300 K，v=0 m/s，同时导弹喷管处给定初始条件压力为 5.4 MPa，温度为 3 600 K。

2）边界条件

本次仿真计算中，计算区域的边界条件有压力入口边界条件、压力出口边界条件、对称边界条件以及壁面边界条件。

（1）压力入口边界条件。压力入口边界条件即发动机喷管入口处的条件，主要是发动机的 $P-t$ 曲线以及燃烧室总温，这些是由任务书给出的。导弹飞行到 0 m 高度时，发动机总压取 5.4 MPa。发动机燃烧室的总温为 T=3 600 K。

（2）压力出口边界条件。取自排筒外区域的外边界采用压力出口边界条件，指定一个出口静压用于亚声速出口边界，对于超声速出口边界，采用二阶外推。

（3）对称边界条件。对于面对称几何体，其对称面要设定为面对称边界条件。面上任意一点处的变量的值取其相邻网格单元的值。

（4）壁面边界条件。在数值模拟的过程中，导弹表面、发动机表面、发射车、地面等固壁处采用壁面边界条件。壁面边界条件中，物面边界采用无滑移壁面和绝热壁面边界条件，近壁面湍流计算采用标准壁面函数法处理。

4. 仿真结果

1）流场整体结果

本部分给出整个流场内的温度、速度分布和对导弹发射流场整体的、直观的印象，为后面分析燃气射流对发射车、导弹以及环境的影响打下基础。

温度云图

图 5.152 中蓝色区域为低温区域，红色区域为高温区域，从图中可以看出流场内最高温度位于喷管内部。从温度云图上可以直观看出燃气射流在平行于车的方向上几乎没有影响，可见导流槽导流效果显著。从图 5.153 中可以看到沿燃气射流导流方向，燃气射流沿地面扩散到流场边界，并且燃气射流在垂直地面高度方向上有一定的升高，因此对安全发射空间来说，其要求较高。

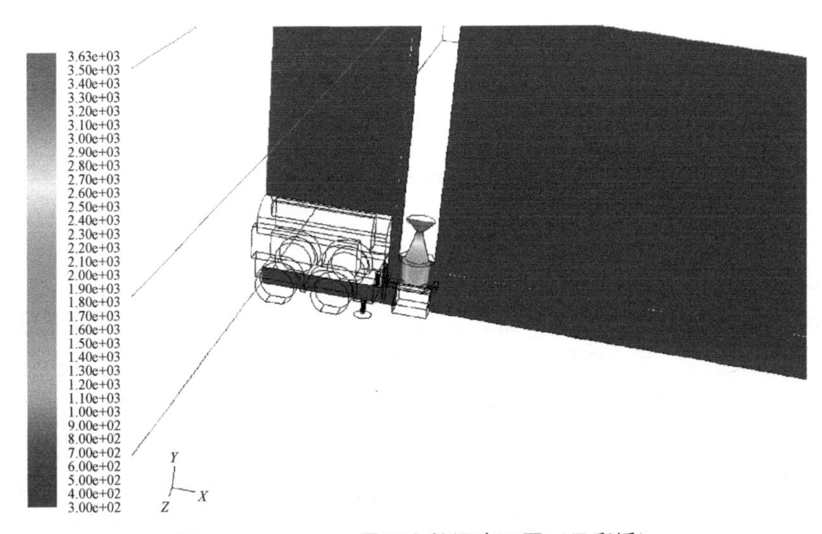

图 5.152　Z=0 m 平面上的温度云图（见彩插）

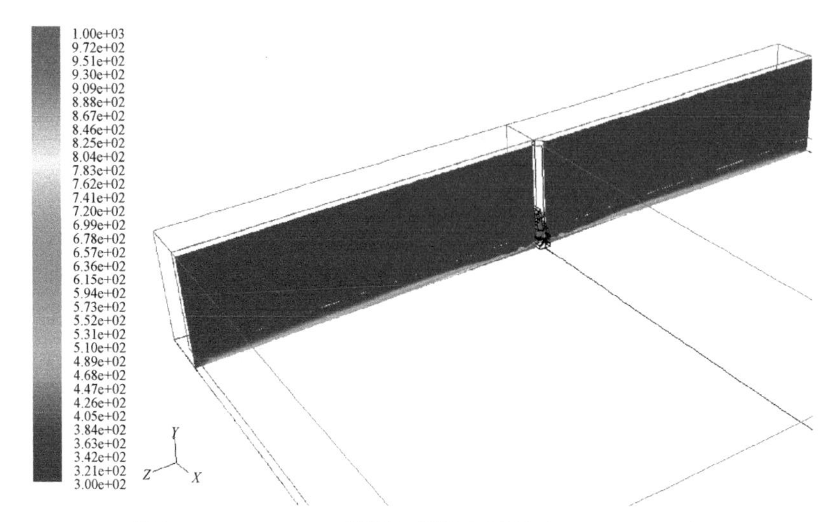

图 5.153　*X*=1.04 m 平面上的温度云图（300～1 000 K）

速度云图

图 5.154 和图 5.155 为全流场内两个截面上的射流流速分布，最高流速为 2 700 m/s，位于导弹喷管出口处，并且从速度云图上也可以看出导流槽排导效果明显。

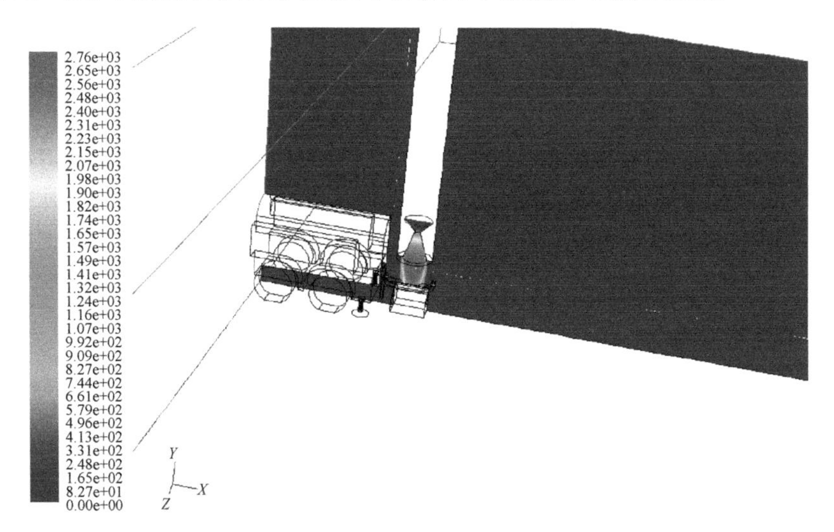

图 5.154　*Z*=0 m 平面上的速度分布

2）对发射车的影响

温度云图

图 5.156 为发射车上的温度分布，图中红色表示高温，蓝色表示低温，最高温度为 852 K，温度最高的地方位于支腿处。其主要是由燃气射流在导流槽出口处的膨胀引起，与导流槽的导流长度和型面有关。在工程设计时应同时对导流槽的长度与发射车的可用空间等综合考虑加以优化。

压力及受力

图 5.157 为发射车上的压力分布，最高压力为表压 0.02 个大气压，图中红色表示高压区域，蓝色表示低压区域。从图 5.157 中可以看出，最高压力位于发射车尾部。

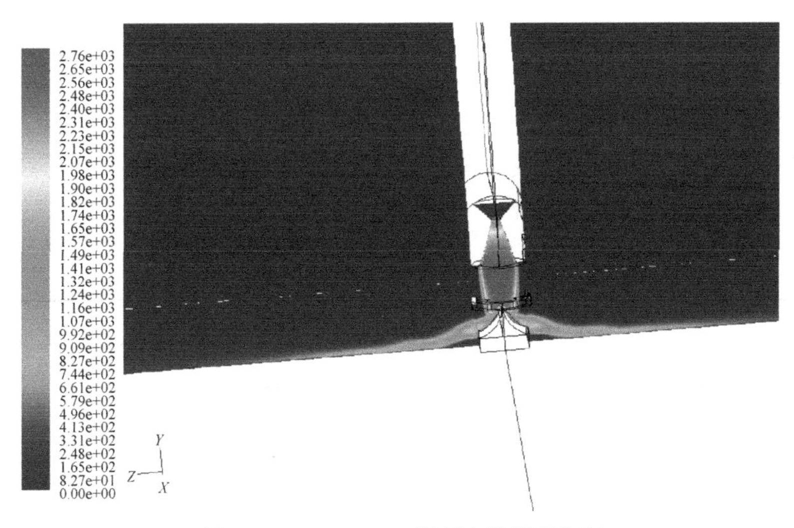

图 5.155　X=1.04 m 平面上的速度分布

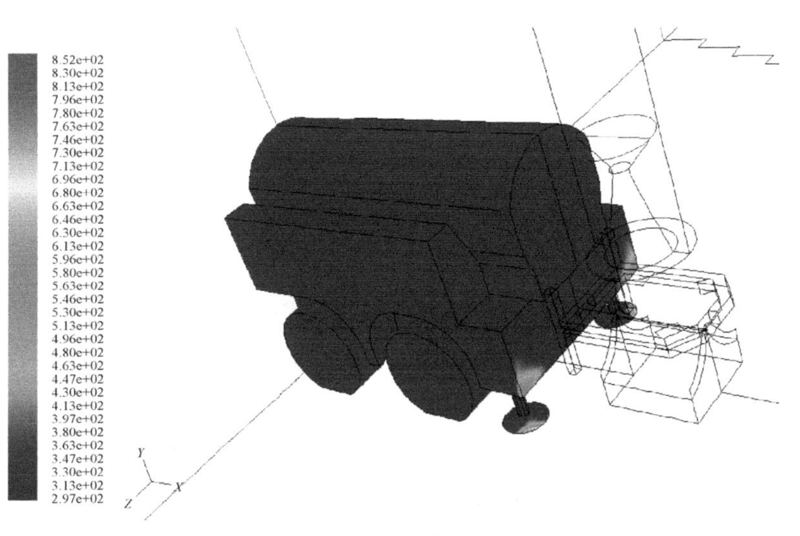

图 5.156　发射车上的温度分布（见彩插）

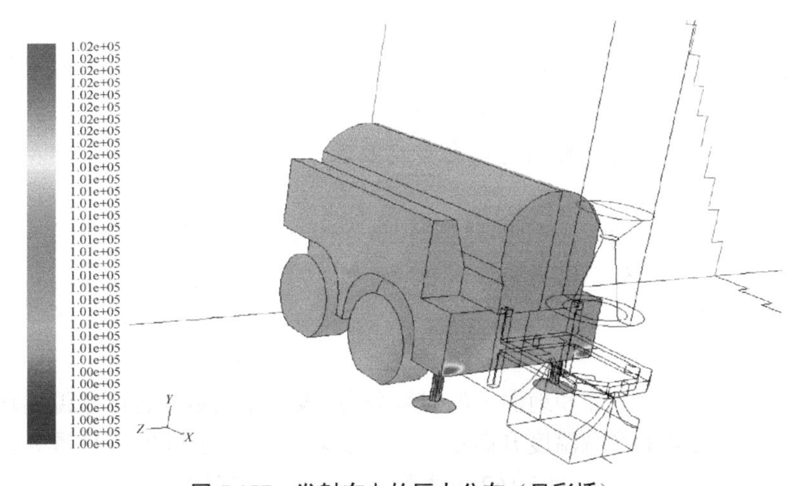

图 5.157　发射车上的压力分布（见彩插）

图 5.158 中最大压力为 6.67 e + 05 Pa，位于导流器中间位置，是射流冲击最为严重的位置，也是整个流场中环境最恶劣的位置，同时此处燃气射流的烧蚀影响也最严重，是关键的防护区域。

表 5.9 为发射装置的受力分析，给出了对发射车燃气流场作用的定量分析。（注：*X* 向受力即发射车水平方向受力，向前推发射车的力为负值；*Y* 向受力即向下压发射装置的力，向下值为负。）通过对发射车的仿真分析，可以总结出以下结论。

表 5.9　发射装置的受力分析

部位	方向	
	X 向受力/N	*Y* 向受力/N
发射车	2 404.236	−2 858.36
发射台及导流器	980.354 72	−258 958.8
合力	3 384.590 72	−261 817.16

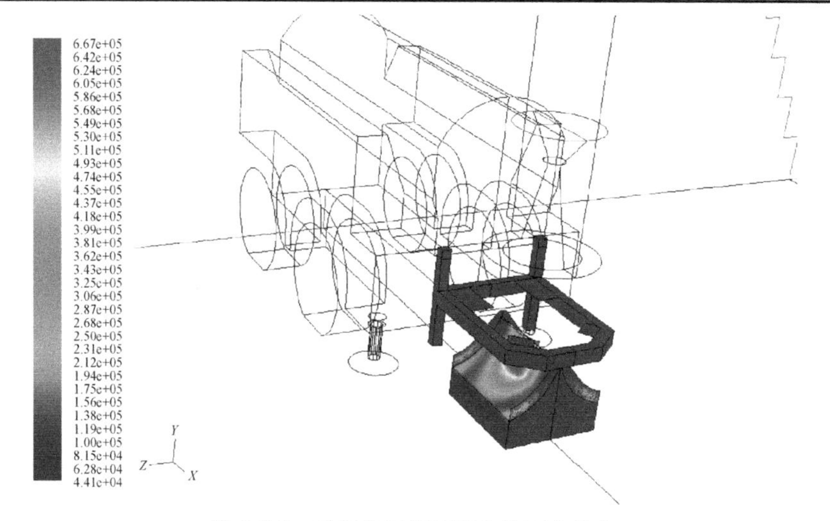

图 5.158　发射台及导流器上的压力分布

发射车上最高温度为 850 K 左右，位于支腿处，因此在对发射车优化设计或者做热防护时应重点考虑。

发射车上最高压力为 0.02 个大气压，主要作用在发射车尾部，压力作用效果不明显。

射流对发射车 *X* 向作用力为 3.38 kN，向下压发射装置（车、发射台、导流器）的力为 256.1 kN，因此对发射台的路面硬度标准有一定要求。

3）对导弹的影响

从图 5.159 和图 5.160 两幅云图中可以看出该工况下，射流没有对导弹产生影响，弹体上（除底部靠近发动机出口处外）压力为表压 0，温度为环境温度 300 K。

4）对环境的影响

温度云图

图 5.161 和图 5.162 为地面和地面上的温度分布，发射车附近红色区域温度达到 3 180 K，发射车中心向后 15 m 处的区域温度升高不明显，发射车侧边向外 40 m 位置处仍有局部地方温度为 600 K 左右。图 5.161 和图 5.162 可大致提供导弹发射时的安全距离标准。

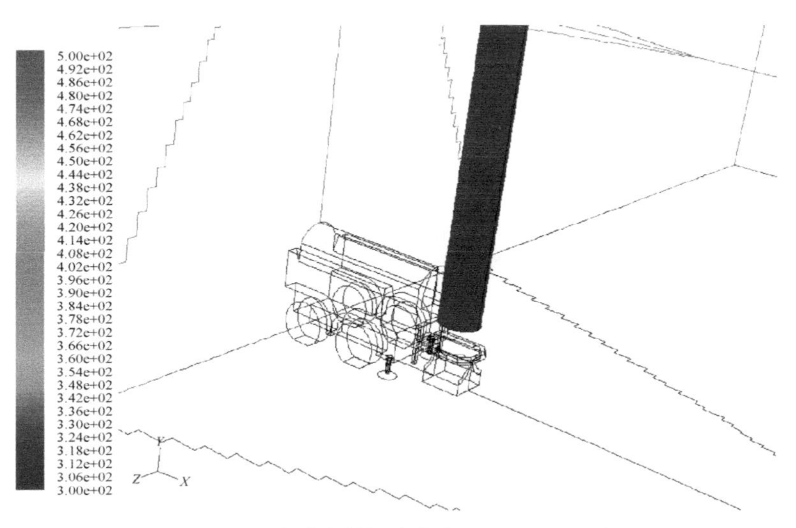

图 5.159　导弹上的温度分布（300～600 K）

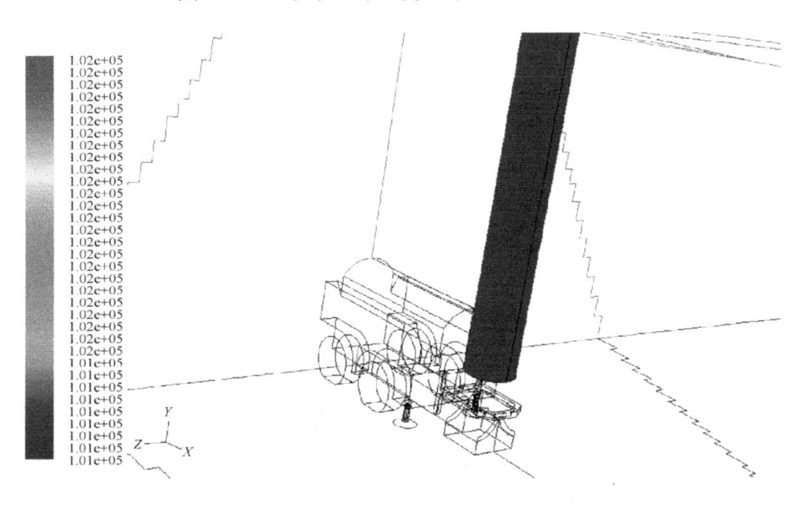

图 5.160　导弹上的压力分布（101 325～102 000 Pa）

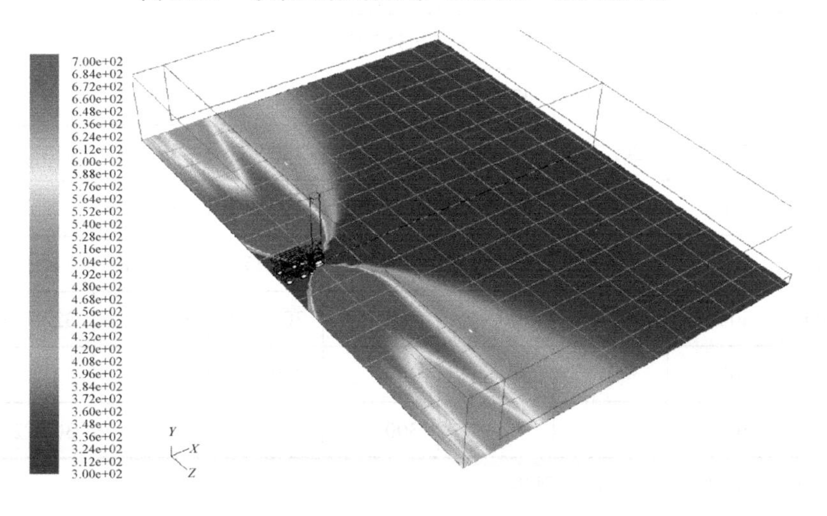

图 5.161　地面温度分布（300～700 K）（见彩插）

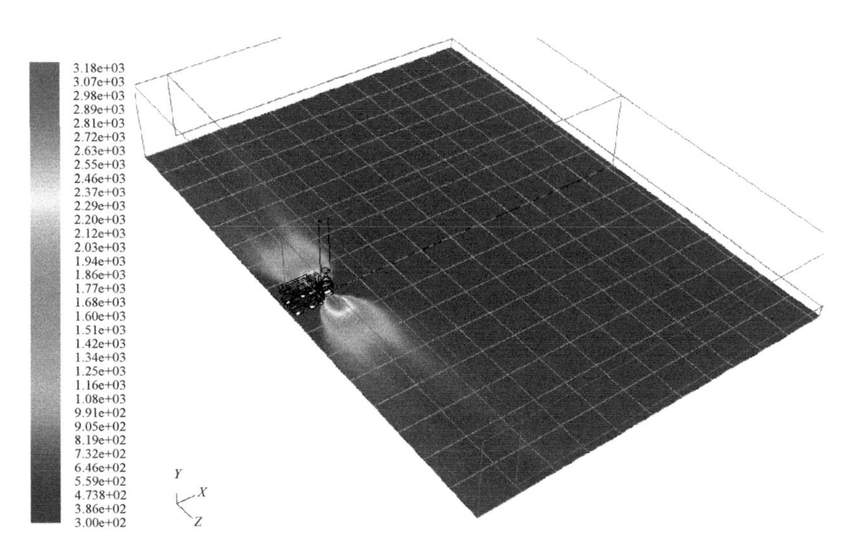

图 5.162　地面上温度分布（300～3 180 K）（见彩插）

（注：图中上部 $X=1.04$ m 位置为导弹中心所在位置，$X=11.04$ m 指导弹中心向后 10 m 位置。）

表 5.10 为地面各点温度值。

表 5.10　地面各点温度值

X 坐标	Z 坐标								
	0	5	10	15	20	25	30	35	40
1.04	—	2 136.94	1 020.63	719.765	614.492	553.734	516.325	494.187	489.582
2.04	300	2 151.35	1 025.03	727.664	616.532	546.877	505.512	476.656	467.656
6.04	300	499.358	679.192	646.467	634.779	625.149	615.651	602.15	582.16
11.04	300	300	369.564	425.327	451.315	466.786	475.443	477.442	475.977
16.04	300	300	302.305	337.541	371.078	389.962	405.018	414.552	418.086
21.04	300	300	300	305.777	325.353	343.434	360.294	373.39	379.881
26.04	300	300	300	300	304.371	316.17	330.668	344.103	352.203
31.04	300	300	300	300	300.559	303.579	312.355	320.963	332.705
35	300	300	300	300	300	300	303.387	313.752	321.41
40	300	300	300	300	300	300	300	304.725	311.643

注：温度单位均为 K，坐标单位均为 m。

从表 5.10 中可以看出，地面上从发射台中心向后 10 m 以外的区域内各点温度均低于 600 K，燃气流受导流槽导流效果显著。

压力云图

从图 5.163 中可以看出该工况下，地面的最高压力为 1.30 e + 05 Pa（表压 0.3 个大气压），作用在发射台附近，距离发射台 5 m 以外区域地面压力均为 1 个大气压。

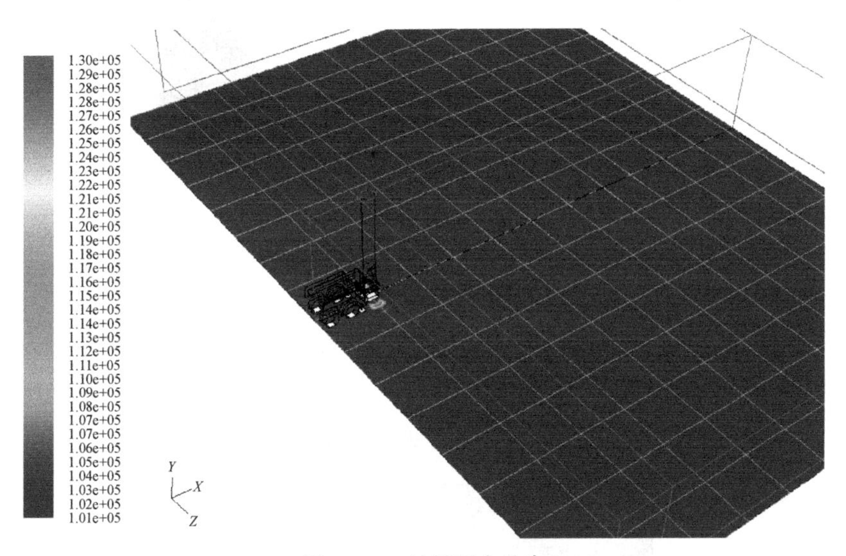

图 5.163　地面压力分布

小结

（1）发射台向后 15 m 以外区域温度升高不明显。

（2）发射台侧边向外 40 m 位置处大部分位置温度低于 600 K，但仍有局部地方温度高于 600 K。

（3）地面压力最大值为表压 0.3 个大气压，作用在发射台附近，距离发射台 5 m 以外区域地面压力均为 1 个大气压。

通过仿真分析可以得到，燃气射流受双面排导作用，排导效果显著，对发射车的影响主要集中在车尾位置处，如该处的支腿。燃气射流作用以烧蚀为主，压力作用效果微弱，可以忽略；对于导弹，燃气射流几乎不存在影响，对于发射环境来说，燃气射流的高温作用显著，并且作用范围较大，应重点考虑，同时由于导流槽承受了燃气流的正冲击，因此导流槽受力最大，对导流槽安装位置处的地面硬度有一定的要求。

5.3.2　单面导流仿真计算

本计算工况基本情况为：单面导流，平地发射，计算域 X 向范围为 -5.06～40 m，Z 向范围为 0～40 m，Y 向范围为 -1.69～10.1 m，导弹飞行高度 0 m，发射车计算长度 5 m，具体如下。

单面导流装置结构示意图如图 5.164 所示。

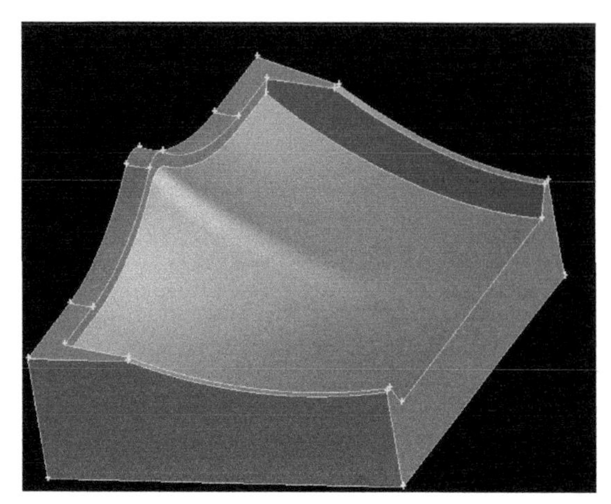

图 5.164　单面导流装置结构示意图

发射装置模型及网格分布如图 5.165 所示，其中发射车由保温舱、仪器舱、轮胎等组成。

1）流场整体结果

同双面导流仿真分析，本部分给出整个流场内的温度、速度分布和对导弹发射流场整体的、直观的印象，为后面分析燃气射流对发射车、导弹以及环境的影响打下基础。

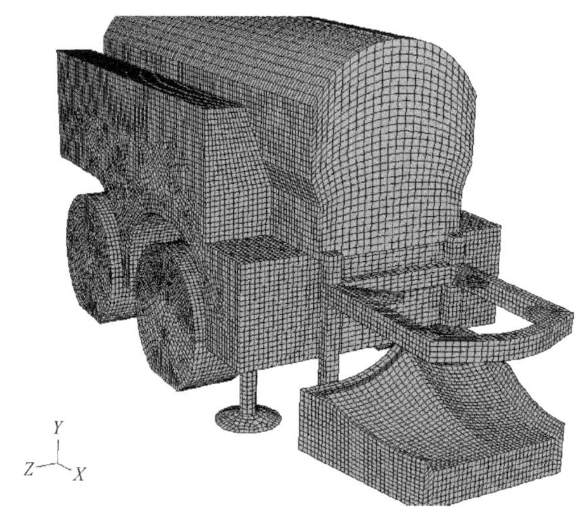

图 5.165　发射装置模型及网格分布

温度云图

图 5.166 和图 5.167 中蓝色区域为低温区域，红色区域为高温区域，从图中可以看出流场内最高温度位于喷管内部，同时导流槽上的温度也比较高，接近 3 400 K，而在导流装置向后 2 m 左右，温度在 2 000 K 左右。

为了对发射车附近的温度分布有一个直观的印象，图 5.168 和图 5.169 屏蔽了 1 000 K 以上的温度值，给出温度范围为 300～1 000 K 的温度云图，射流中心红色处温度均为 1 000 K 以上；可以看到，单面导流时，射流作用到导流器之后向发射车的后方扩散开。图 5.168 中可以明显看出射流扩散后，往上有扩散，导弹上部温度接近 500 K，对导弹有一定的热作用。

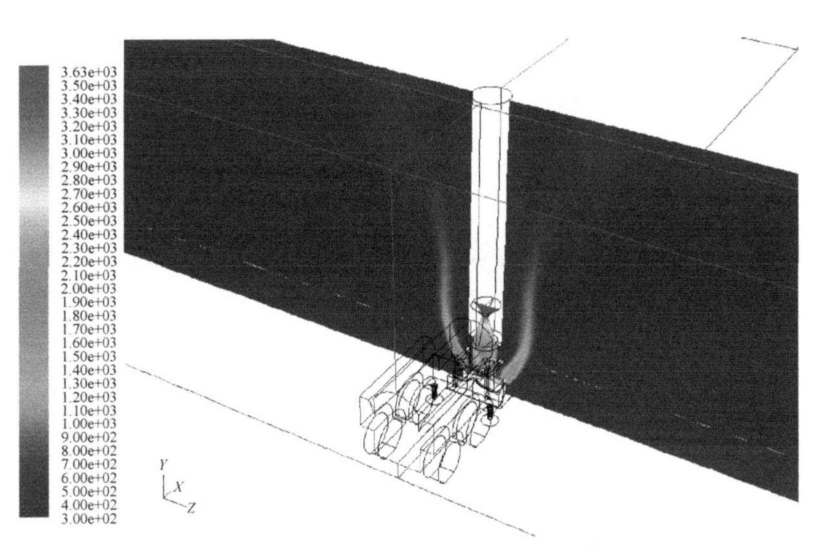

图 5.166　*X*=1.04 m 平面上的温度云图（见彩插）

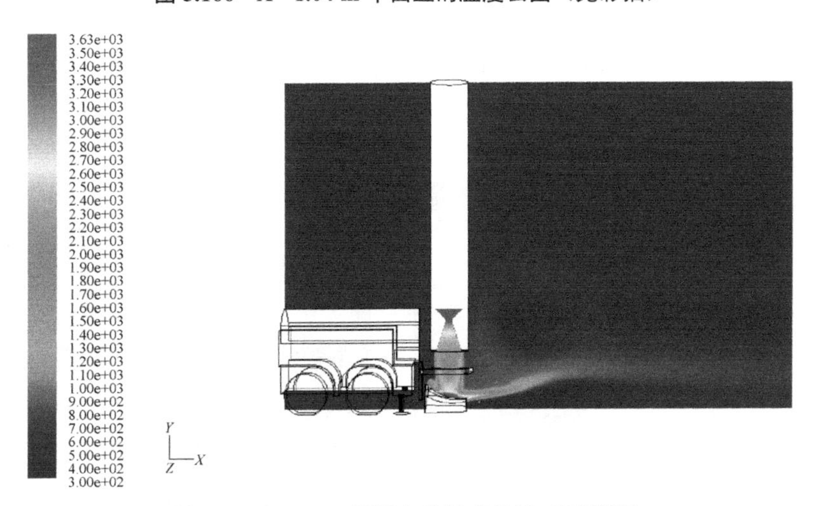

图 5.167　*Z*=0 m 平面上的温度云图（见彩插）

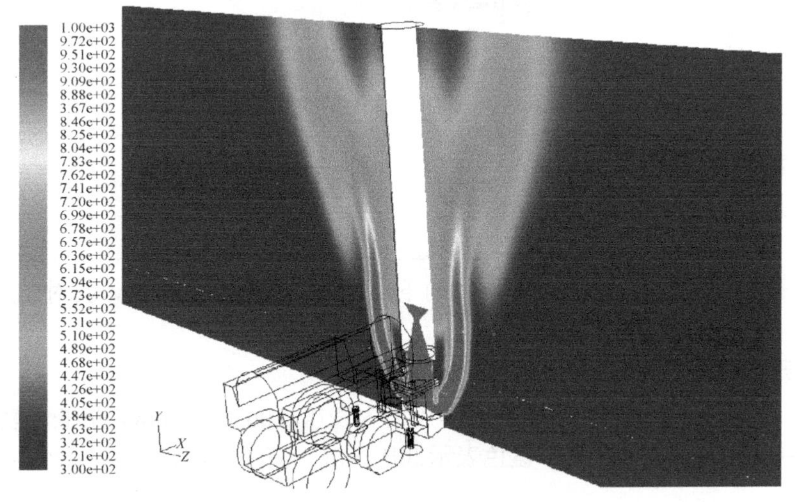

图 5.168　*X*=1.04 m 平面上的温度云图（300～1 000 K）（见彩插）

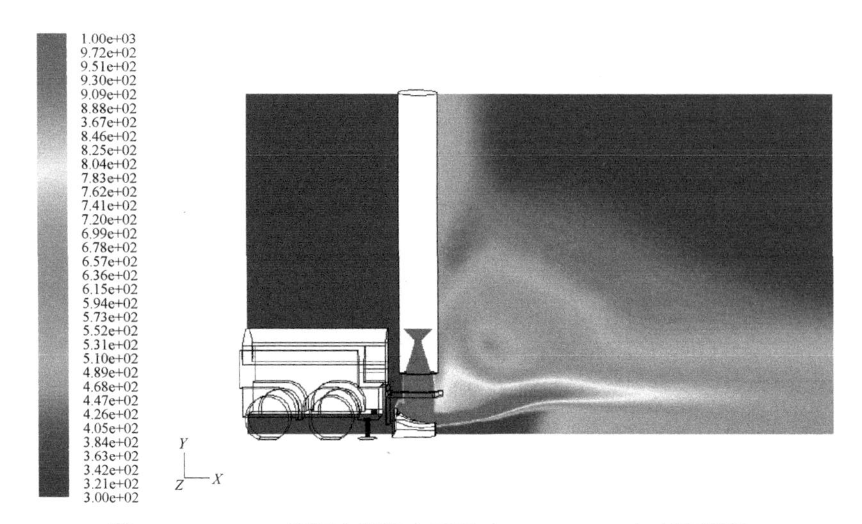

图 5.169　Z=0 m 平面上的温度云图（300～1 000 K）（见彩插）

速度云图

图 5.170 和图 5.171 为全流场内两个截面上的射流流速分布，最高流速为 2 700 m/s，位于导弹喷管出口处，导流槽附近 X 向流速约为 900 m/s，Z 向流速约为 1 800 m/s。

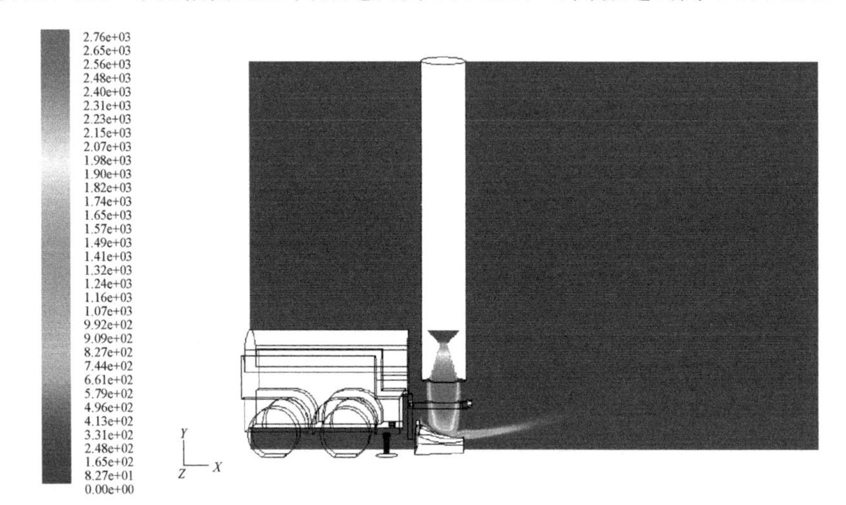

图 5.170　Z=0 平面上的速度分布

2）对发射车的影响

温度云图

图 5.172 为发射车上的温度分布，图中红色表示高温，蓝色表示低温，温度范围为 300～1 570 K，温度最高的地方位于发射车尾部的下部区域。较之双面导流，其对发射车烧蚀作用严重。

压力及受力

图 5.173 为发射车上的压力分布，最高压力为表压 0.06 个大气压，最低为表压−0.017 个大气压，图中红色表示高压区域，蓝色表示低压区域。其压力同样高于双面导流。

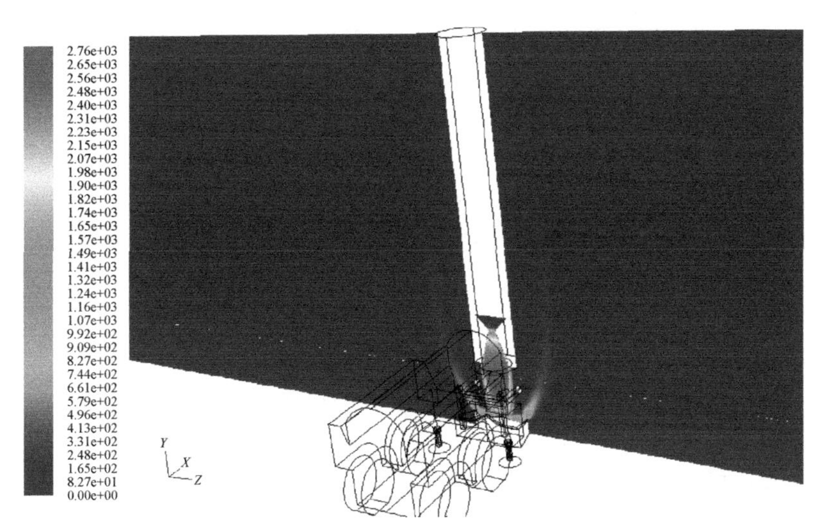

图 5.171　X=1.04 m 平面上的速度分布

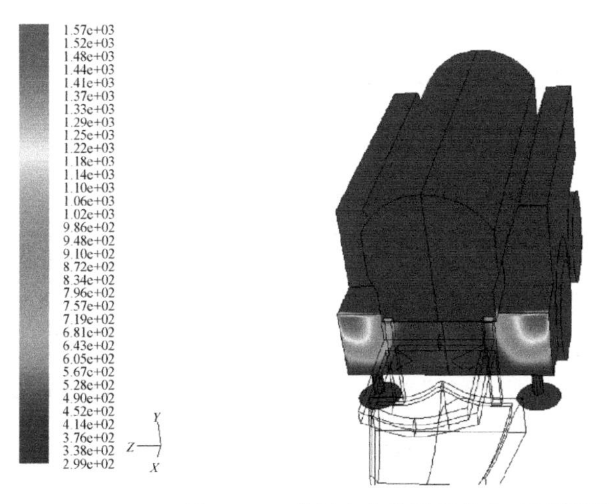

图 5.172　发射车上的温度分布（见彩插）

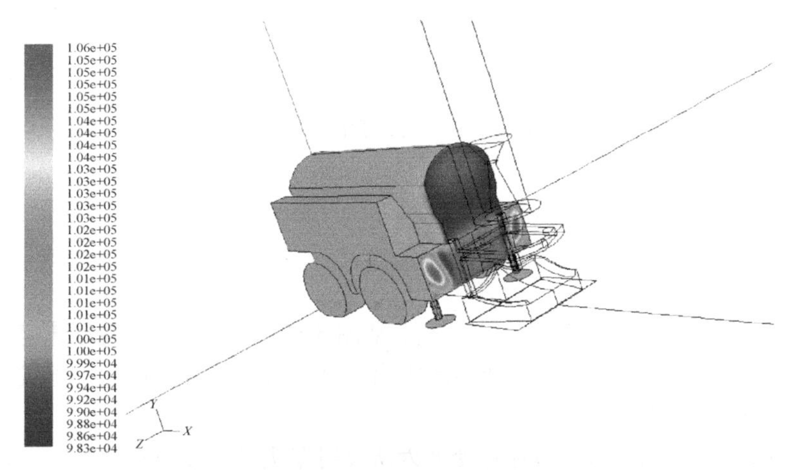

图 5.173　发射车上的压力分布（见彩插）

图 5.174 中最大压力位于导流器中间位置，也是射流冲击最为严重的位置。

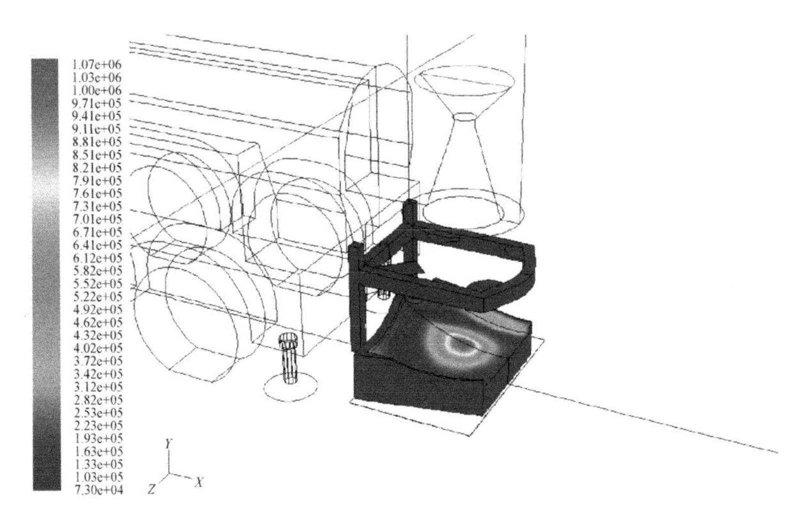

图 5.174　发射台及导流器上的压力分布

发射装置受力见表 5.11。

表 5.11　发射装置受力　　单位：N

发射装置	X 向受力	Y 向受力
发射车	10 069.690 6	−1 164.185 66
发射台及导流器	−73 057.832	−455 566.92
合力	−62 988.141 4	−456 731.105 66

注：X 向受力即发射车水平方向受力，向前推发射车的力为负值；Y 向受力即向下压发射装置的力，向下值为负。

小结

（1）发射车上温度最高为 1 570 K，位于发射车尾部的下面部分。

（2）发射车上最高压力为 0.06 个大气压，主要作用在发射车尾部。

（3）射流向前推发射车的力为 63 kN，向下压发射装置（发射车、发射台、导流器）的力为 456 kN。

3）对导弹的影响

根据图 5.175，导弹侧边温度有一定升高。从图 5.176 显示的导弹附近速度矢量中可以看出，由于导弹发动机的引射作用，单面导流排出的高温气流温度降低后，形成了回流，作用到导弹上，导弹侧边温度升高。

导弹 X 向受力：647.02 N，即导弹受力为从发射车头指向发射车尾部，这是由于弹体上负压影响引起的（图 5.177）。

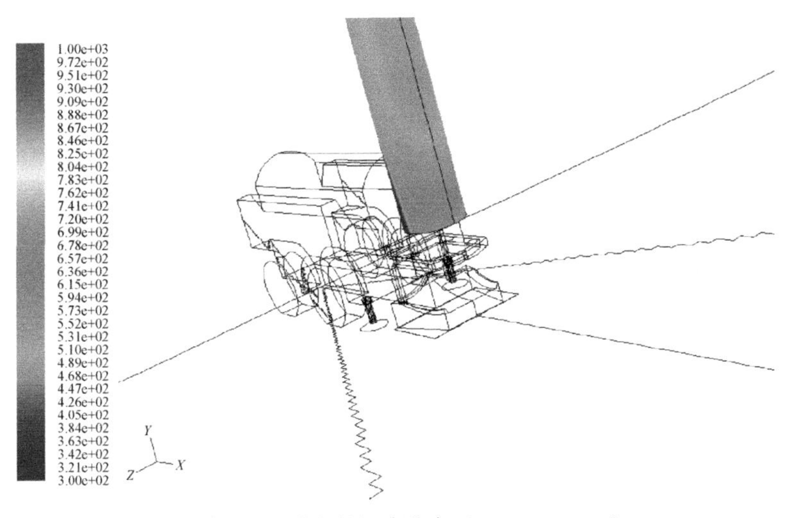

图 5.175　导弹上的温度分布（**300～1 000 K**）

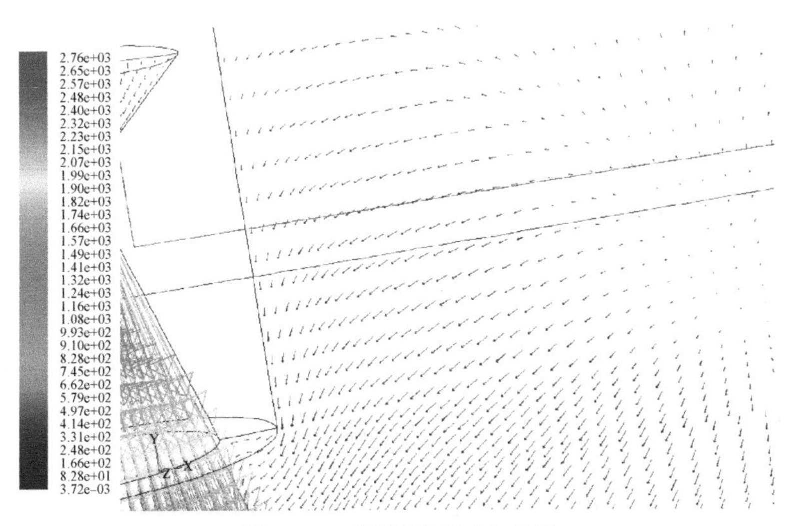

图 5.176　导弹旁边速度矢量图

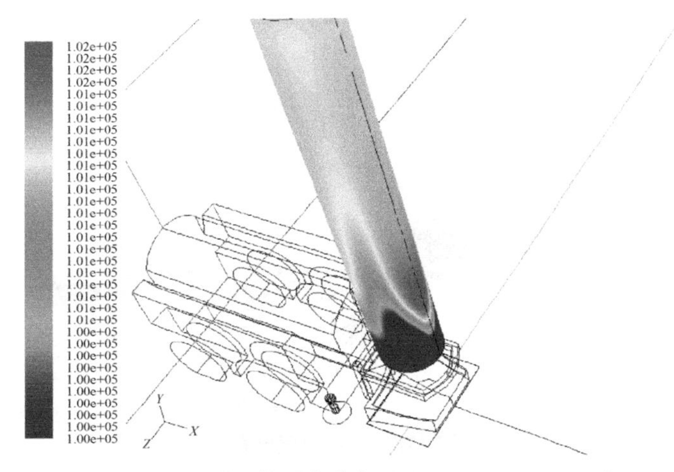

图 5.177　导弹上的压力分布（**101 325～102 000 Pa**）

小结

导弹点火起飞时，由于受到燃气反溅流的作用，部分弹体的温度比较高，达 650 K 左右，导弹上局部压力也受到反溅流的影响，高出 0.01 个大气压，导弹 X 向受力为 647 N。与双面导流效果相比，导弹所处燃气流环境较恶劣。

4）对环境的影响

温度云图

从表 5.12 中可以看出，$Z=10$ m 以外区域流场温度基本没有升高；$X=36.04$ m、$Z=0$ m 时地面温度为 621 K 左右。（注：表 5.12 中 $X=1.04$ m 位置为导弹中心所在位置，$X=6.04$ m 指导弹中心向后 5 m 位置，其他依次类推。）

表 5.12　地面各点温度值

X 坐标	Z 坐标								
	$Z=0$	$Z=5$	$Z=10$	$Z=15$	$Z=20$	$Z=25$	$Z=30$	$Z=35$	$Z=40$
$X=1.04$	—	300	300	300	300	300	300	300	300
$X=2.04$	297.943	300	300	300	300	300	300	300	300
$X=6.04$	495.541	300	300	300	300	300	300	300	300
$X=11.04$	596.565	301.866	300	300	300	300	300	300	300
$X=16.04$	622.629	357.371	300	300	300	300	300	300	300
$X=21.04$	642.852	388.229	302.504	300	300	300	300	300	300
$X=26.04$	643.577	404.181	307.51	300	300	300	300	300	300
$X=31.04$	633.498	414.03	314.172	301.328	300	300	300	300	300
$X=36.04$	621.053	418.74	320.017	303.863	300	300	300	300	300

注：温度单位均为 K，坐标单位均为 m。

图 5.178 为地面温度分布。

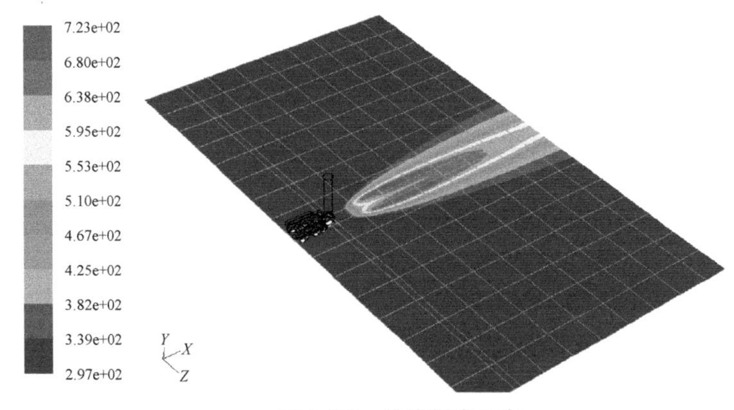

图 5.178　地面温度分布

压力云图

从图 5.179 中可以看出该工况下，地面的最高压力为 1.015 9 e + 05 Pa（表压 0.003 个大气压），作用在发射台后部 7 m 以外，距离发射台 7 m 外区域地面压力均为低于 1 个大气压。

小结

（1）发射车中心向后 6 m 内的区域温度范围为 467～510 K，6～21.04 m 区域内的温度范围为 680～723 K，21.04～30 m 区域温度为 638～680 K，31.04～40 m 区域温度为 595～638 K。

（2）单面导流、导弹在初始位置情况下，燃气流对发射车侧边影响不大，侧边 10 m 以外温度升高不明显。

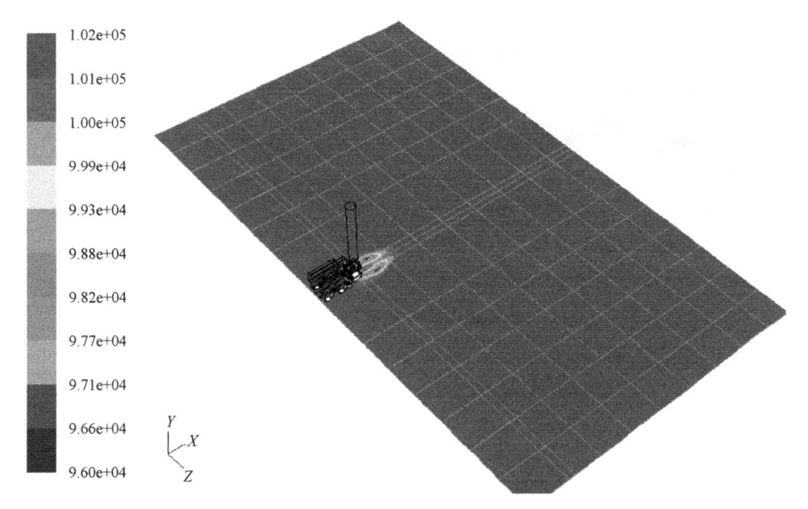

图 5.179　地面压力分布

（3）地面压力最大值为表压 0.003 个大气压，作用在发射台 7 m 以外，距离发射台 7 m 以内区域地面压力均低于 1 个大气压。

与双面导流相比，单面导流对于发射车以及导弹的影响较为严重，可能会对导弹上的仪器设备产生一定的影响，应对具体结果进行评估。对于导流槽，单面导流状态受到的燃气流作用力较大，同时由于单面冲击作用会对沿车身方向产生较大推力作用，在分析导流槽受力时应相应考虑。对于发射环境的影响，两者的影响方式不同，因此应根据具体的发射阵地确定。

5.3.3　单面导流器排导规律研究

对于单面导流器来说，导流效果同时受到自身因素的影响，如导流器的长度、与燃气发动机喷口的距离以及导流面的线型。本小节在分析单面导流的基础上，简化计算模型，分别从以上三个因素进行分析，得出导流器排导规律。

计算中，以导弹发动机点火后达到压力稳定时刻为初始设定值，取燃烧室内总压为 9 MPa、总温为 3 500 K。对于发射装置，加装导流器后，受射流影响区域最恶劣位置为发射车车轮以及调平衡液压装置位置。取轮胎所在位置为监测点测定燃气射流的温度影响。同时考虑燃气射流对导流器稳定性的影响，取导流器为分析对象，对其进行受力分析，导流器与地面平行且指向车身方向受力为 F_X，垂直地面方向受力为 F_Z。在初始时刻，导弹发动机喷管中心位置距离车厢尾部 500 mm，距离地面高度为 2 000 mm。对于车载垂直热发射系统，导流器排导设计如图 5.180 所示，车后梁简化为六面体结构，后梁宽度简化为 2.4 m，如图 5.180 中 2 所示，导流器与车后梁处连接，型面侧视图如图 5.180 中 3 所示，该设计可有效避免发射车受到射流的冲击和烧蚀作用。导流器型面视图如图 5.181 所示，顶端距离地面高度为 500 mm、宽度为 450 mm，底部与地面夹角为 30°，在此基础上针对排导规律进行研究。

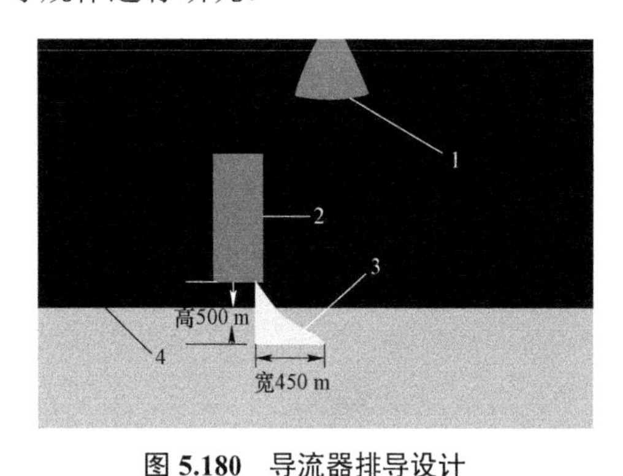

图 5.180　导流器排导设计

1—发动机喷管；2—车后梁；3—导流器；4—地面

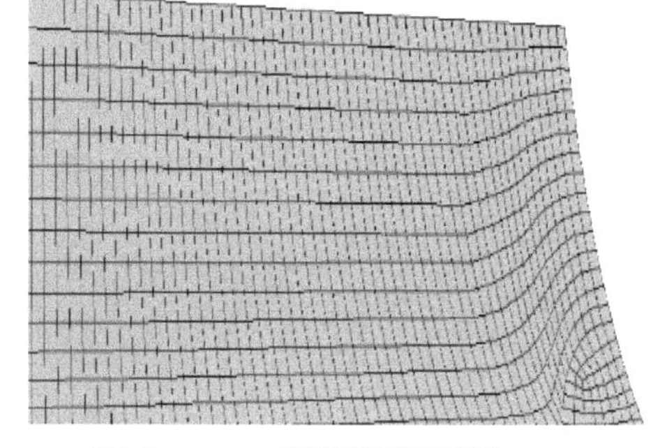

图 5.181　导流器型面视图

加装导流器后，导弹发动机燃气射流因导流作用向发射装置周围排焰，应用数值模拟方法对导流器排导进行数值模拟，图 5.182 为燃气射流对地面的温度云图，从图中可以看出导流器对燃气射流的排导效果，在导流器后部安装的发射设备将不会受到燃气射流的影响。

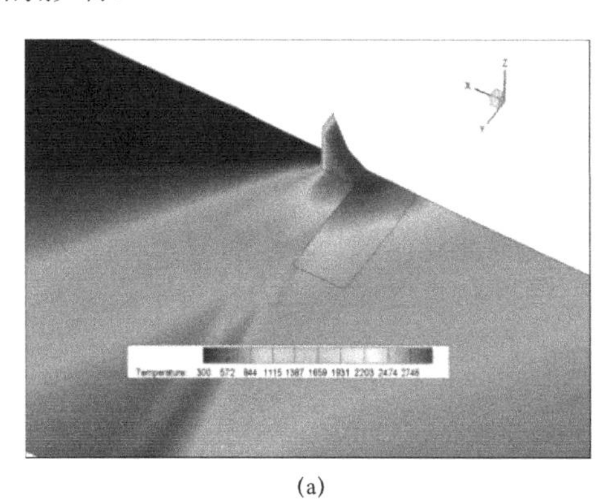

(a)

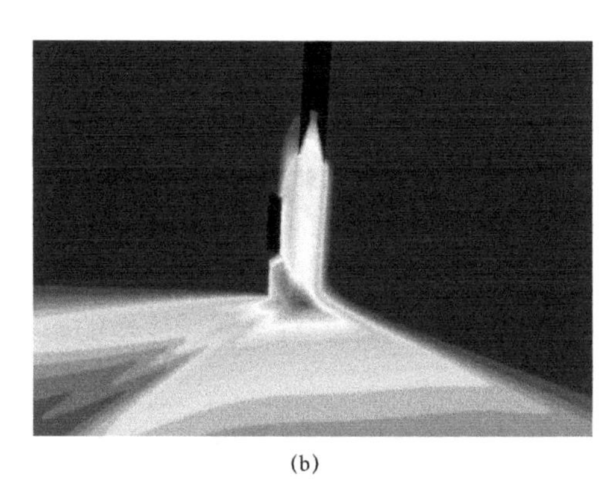

(b)

图 5.182　燃气射流对地面的温度云图

（a）导流器排导效果；（b）地面温度分布图

1. 导流器长度影响规律分析

本小节讨论内容以图 5.180 所示导流器排导为准，根据图 5.182 所示仿真结果测量得出燃气射流核心区直径约 0.4 m，因此为了能有效排导燃气，导流器长度选取范围以大于燃气射流核心区直径并小于车体宽度为准（0.4～2.4 m），以 0.4 m 长度开始，计算 0.44 m、0.5 m，之后以 0.1 m 等间距计算长度达到 2.4 m 共 22 种导流工况。通过对监测点处温度值进行拟合得出导流结论。

下面将以 0.4 m、1.6 m 长导流器排导效果做对比分析。

从图 5.183 和图 5.184 中可以看出，燃气流场对于导流器和地面的冲击基本不受导流器长度的影响，由此可以推断，燃气射流核心区全部冲击到导流器后，具有相似的扩散趋势。

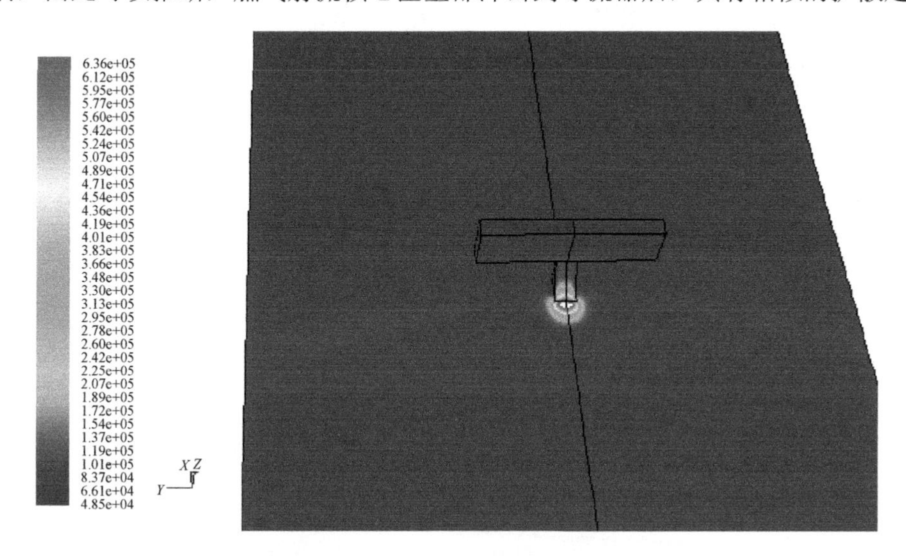

图 5.183　0.4 m 燃气流场压力云图

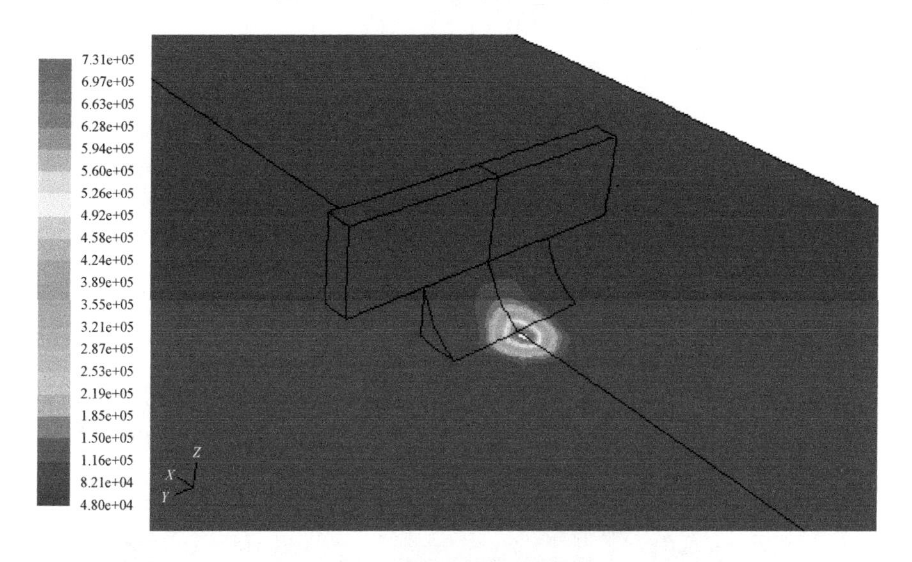

图 5.184　1.6 m 燃气流场压力云图

从图 5.185 和图 5.186 中可以得出：在长度较小的情况下，导流器导向作用不明显，燃气射流大部分导向发射车后部，但存在着较大的扩散流场；随着导流器长度的增加，导流效果逐渐显现，燃气射流全部扩散到发射车后部空间。

从图 5.187 和图 5.188 中可以看出，在对称面上，燃气流场温度分布相似，但 0.4 m 长度导流器云图显示弹体周围温度稍高于 1.6 m 长度工况，据此可以判断，燃气射流冲击导流器所产生的回流随着导流器长度的增加有所减弱。

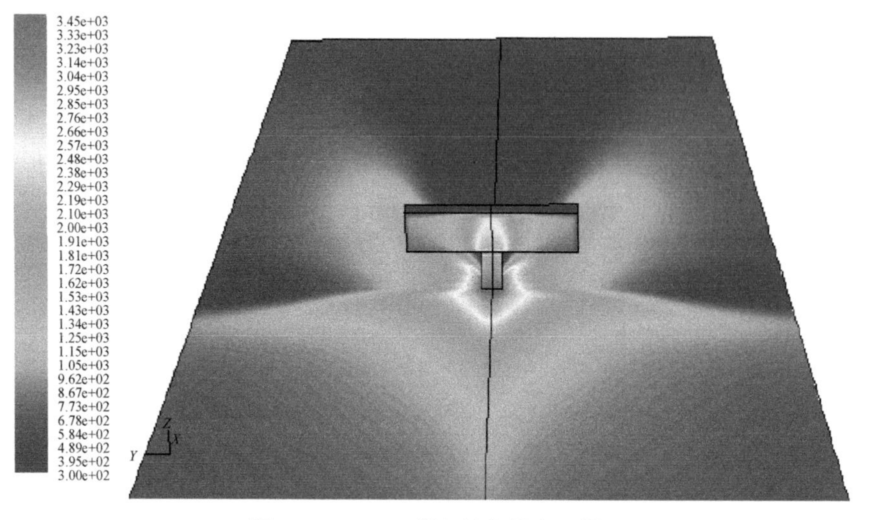

图 5.185　**0.4 m** 燃气流场温度云图

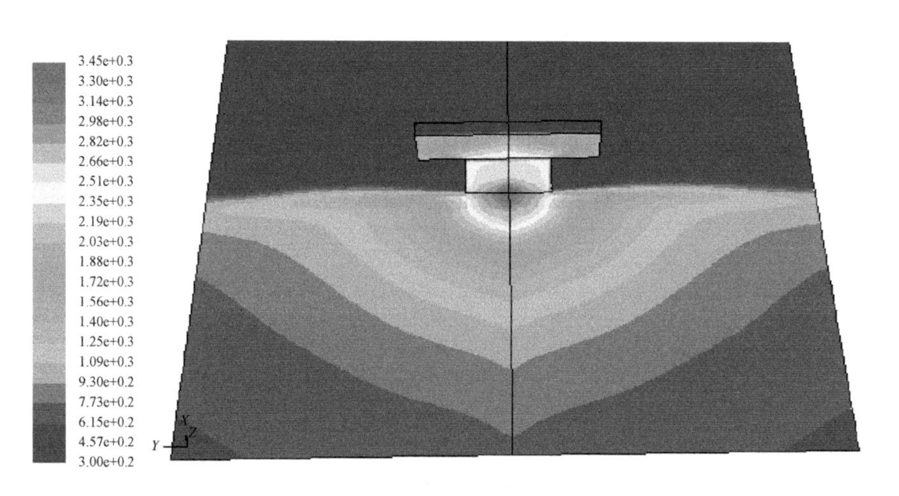

图 5.186　**1.6 m** 燃气流场温度云图

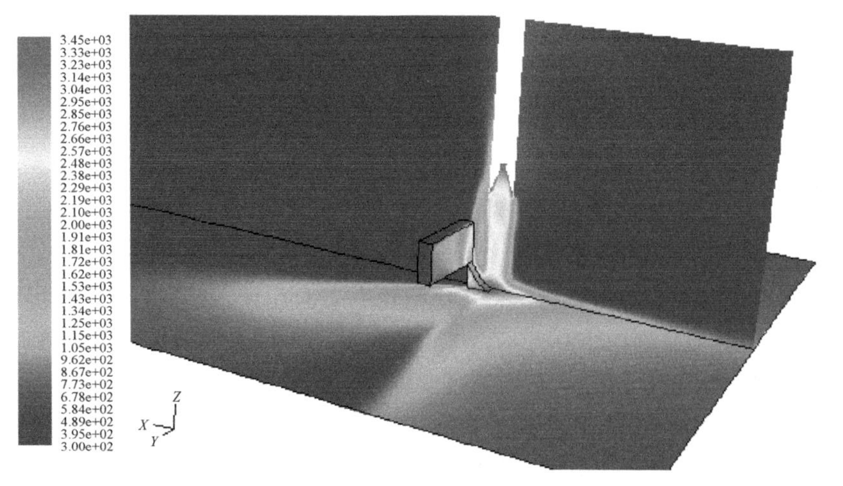

图 5.187　**0.4 m** 对称面温度云图

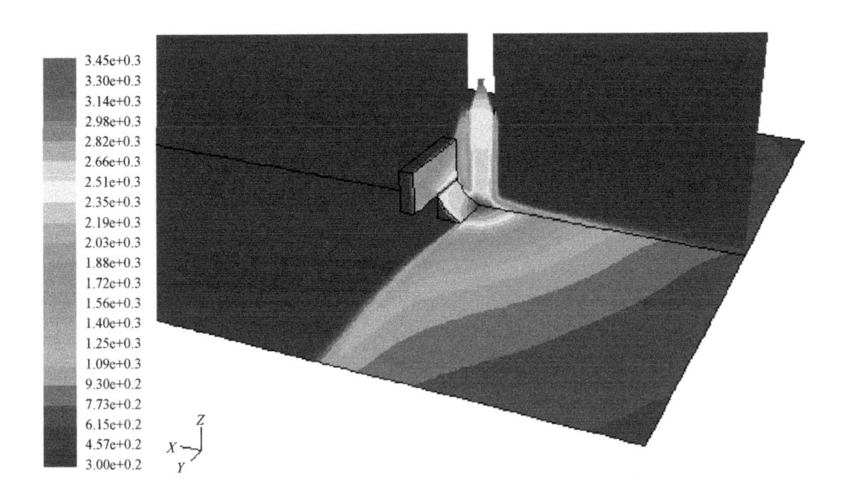

图 5.188 1.6 m 对称面温度云图

从图 5.189 和图 5.190 中可以看出，随着导流器长度的增加，在发射车后梁上的温度分布范围增大，但最高温度有明显下降，尤其是射流冲击区域温度下降明显，由此可以说明，增加导流器的长度可以获得较好的导流效果。

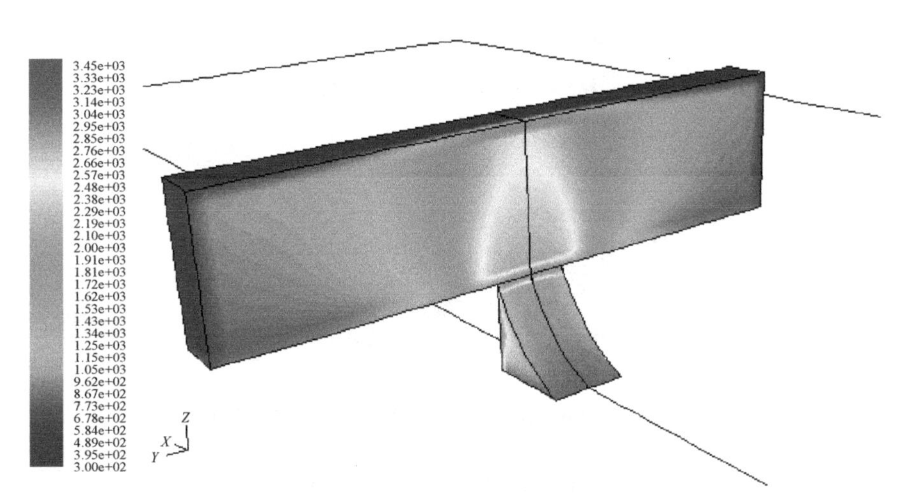

图 5.189 0.4 m 发射车后梁及导流器温度云图

导流器顶端离地高度为 0.5 m，因此在离地 0.3 m 处燃气射流冲击区域为导流器型面，从图 5.191 和图 5.192 中可以看出，燃气流场的扩散形状基本形成，并与地面温度分布具有相似的边界形状。

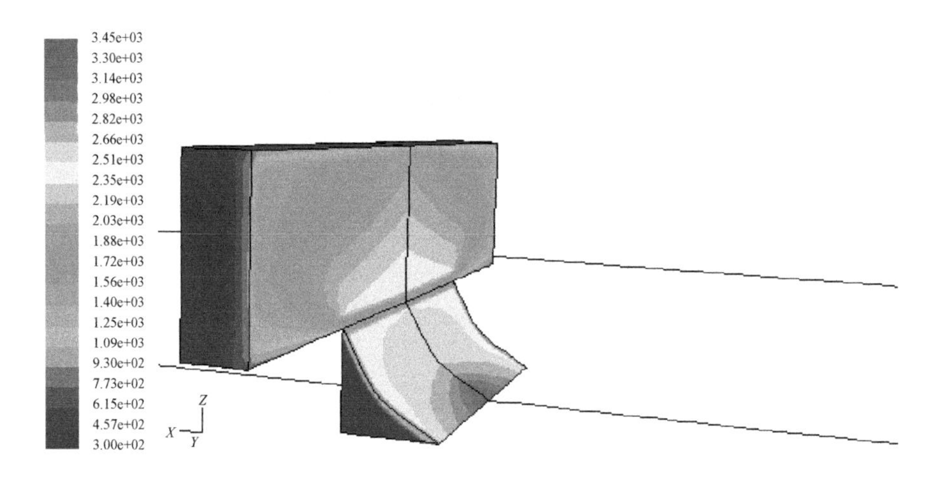

图 5.190　1.6 m 发射车后梁及导流器温度云图

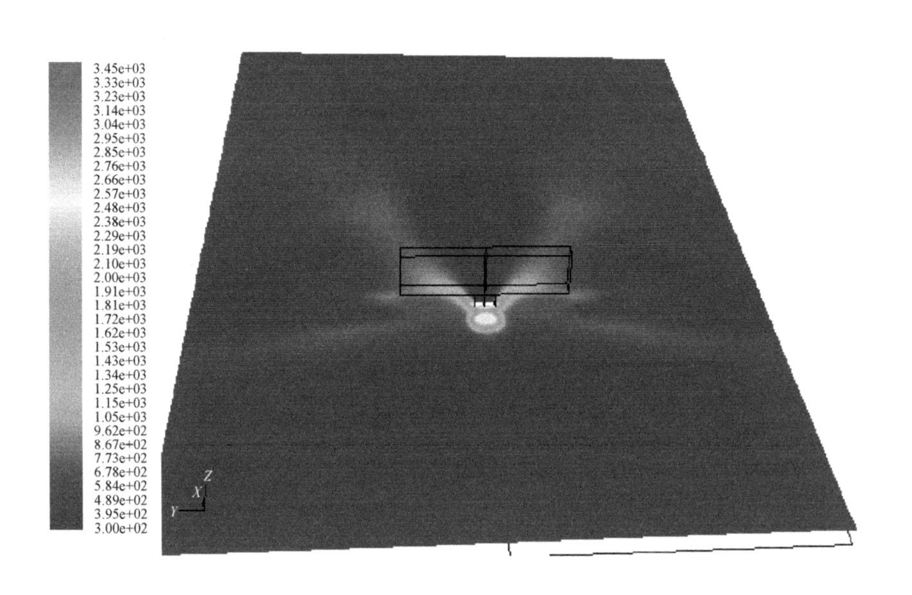

图 5.191　0.4 m 长导流器离地 0.3 m 处温度分布云图

由图 5.193 和图 5.194 对比可知，发射车后梁部位在 0.4 m 长导流器排导作用下温度分布不明显，而从 1.6 m 长导流器导流效果看，温度分布具有明显的方向性，说明随着导流器长度的增加，导流效果明显。

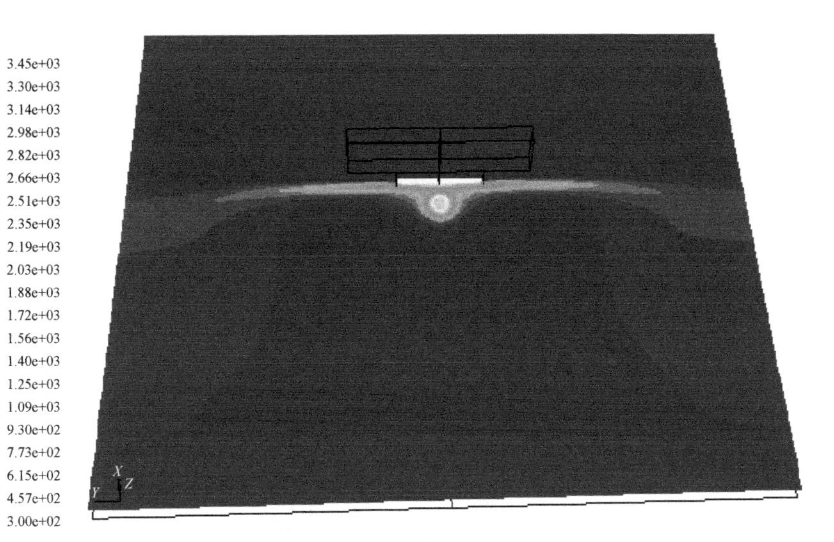

图 5.192　1.6 m 长导流器离地 0.3 m 处温度分布云图

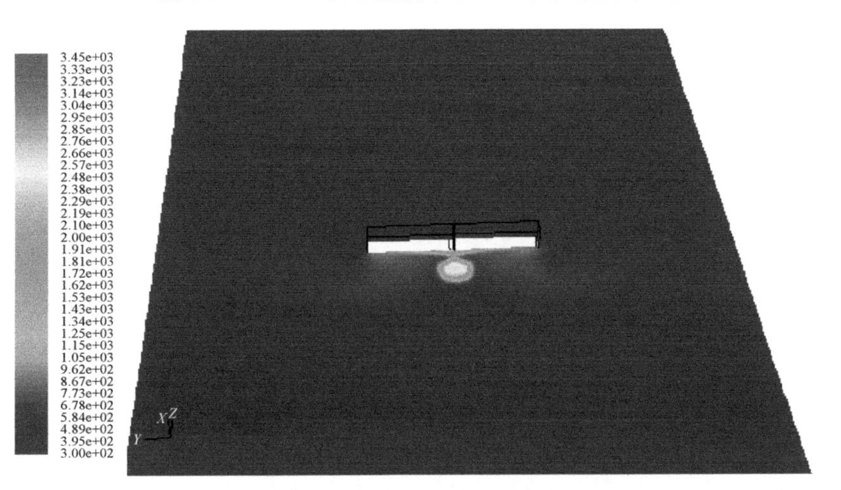

图 5.193　0.4 m 长导流器离地 0.8 m 处温度分布云图

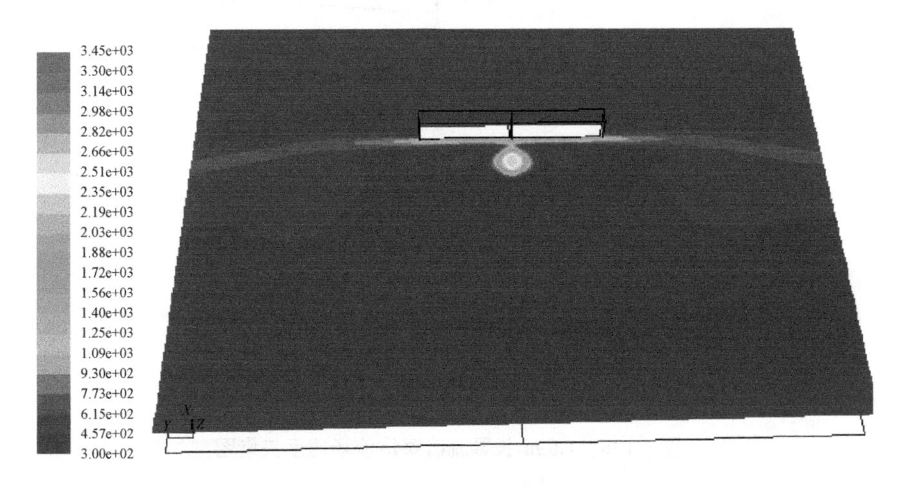

图 5.194　1.6 m 长导流器离地 0.8 m 处温度分布云图

如图 5.195～图 5.198 所示，速度矢量图可以清楚显示导流器及后梁上燃气流动状态，对比燃气射流的流动及速度分布状态可知，燃气流场在 0.4 m 长导流器上速度分布集中并流向弹体，对弹体冲击较大；在 1.6 m 长导流器后梁处燃气射流向两侧扩散，减弱了对弹体的烧蚀，导流效果明显优于 0.4 m 长度。

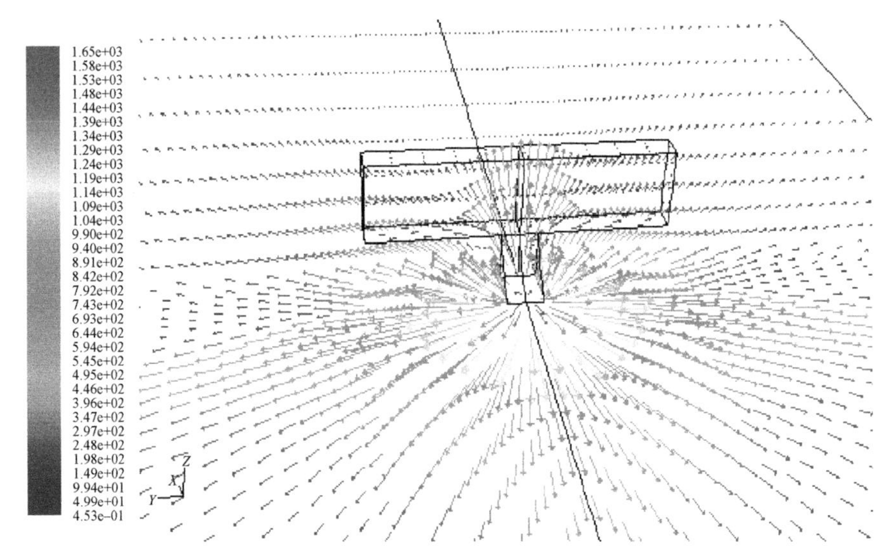

图 5.195　0.4 m 长导流器整体流场速度矢量图

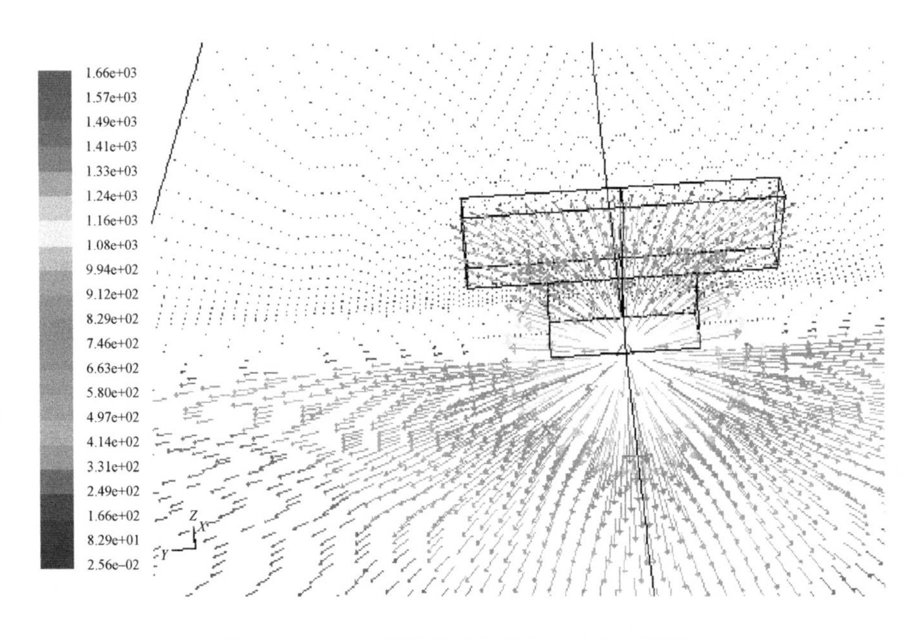

图 5.196　1.6 m 长导流器整体流场速度矢量图

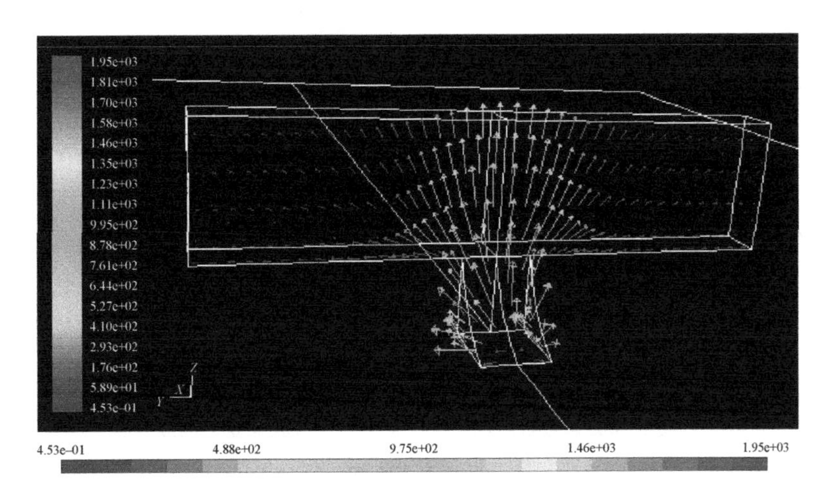

图 5.197　0.4 m 长导流器局部流场速度矢量图

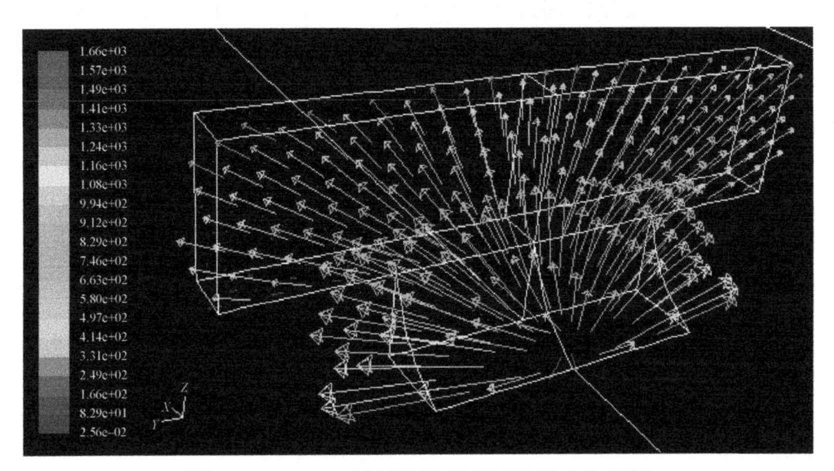

图 5.198　1.6 m 长导流器局部流场速度矢量图

图 5.199 为全部计算工况中导流器监测位置温度随导流器长度变化曲线，从图中可以看出：导流器长度为 0.4～0.5 m 时，监测位置温度变化剧烈，此长度约为燃气射流直径。以此为分界点，随着导流器长度增加至与车同宽，监测位置处温度不再发生变化，即车轮受燃气射流的影响可以通过设计导流器长度加以避免，同时说明对于燃气流的排导设计长度应以射流主流全部冲击到导流器上为最低标准。

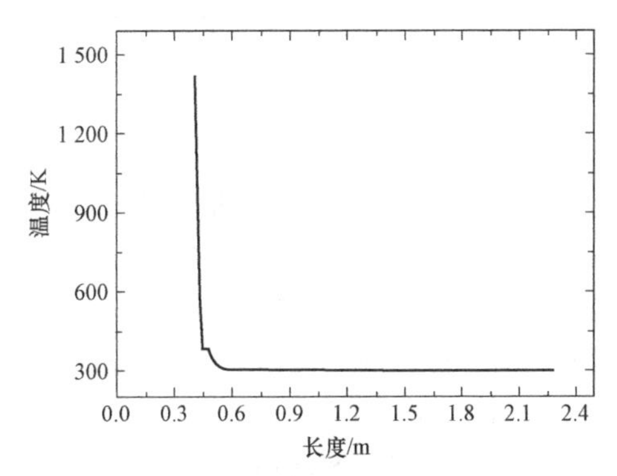

图 5.199　全部计算工况中导流器监测位置温度随导流器长度变化曲线

图 5.200 为导流器受燃气射流作用力随板长变化曲线，在板长超出射流核心区直径（$L>0.5$ m）后，射流对板的横向推力作用呈近似线性增加。为保持导流器稳定，应将导流器受力限制在一定范围内。

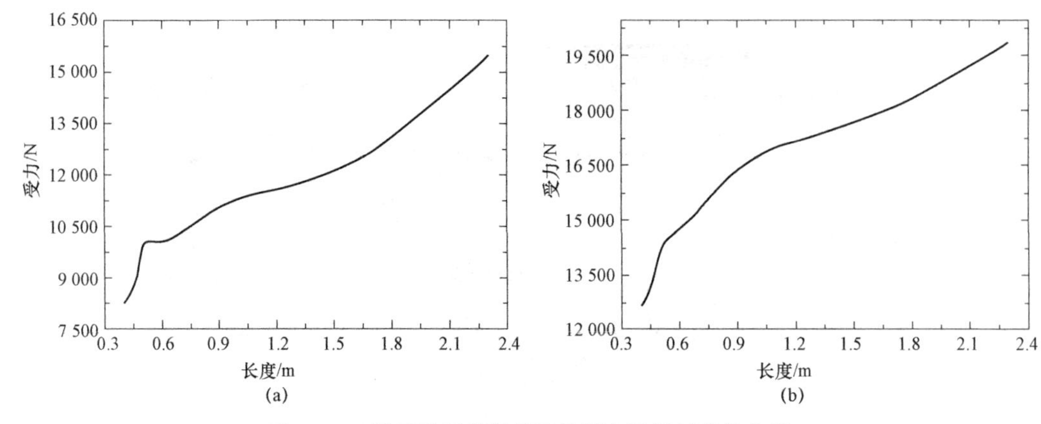

图 5.200 导流器受燃气射流作用力随板长变化曲线

（a）导流器受平行地面推力；（b）导流器受垂直地面压力

表 5.13 为几种典型长度导流器受燃气射流作用力数据，由表 5.13 可知，对于直径约为 0.5 m 的燃气射流，导流器长度为 0.5 m 时监测位置温度为 317 K，且此时导流器受到的作用力也较小，建议采用 0.5 m 长的导流器。从中可以推断，对于单面型导流器，其长度选取可以以发动机燃气流膨胀直径作为基准，存在着一个最小长度能够实现对发射车及车载设备的热防护，并且燃气射流对导流器的冲击作用最小。

表 5.13 几种典型长度导流器受燃气射流作用力数据

导流器长度/m	导流器受到推力（F_X）/N	导流器受到压力（F_Z）/N	地面受射流压力（G_Z）/N	监测点温度（t）/K
1	11 472	17 059	25 680	300
0.8	10 687	15 855	26 176	300
0.5	10 280	14 495	25 807	317
0.45	8 539	12 922	25 895	870
0.4	8 237	12 645	40 229	1 430

2. 导流器型面导流规律分析

如图 5.201 所示，为研究型面导流规律，在尺寸上设计固定长度，通过前述理论选取 0.5 m 长度导流器为设计原型，高度和宽度不变，型面的设计为三折线形和圆弧形两种，通过改变型面夹角研究导流器排导规律。数值计算工况选取以 20° 为基准，以 3° 间隔递增，直至型面侧视图接近标准三角形。共计 10 个对比样本。

图 5.202 为燃气射流对不同型面角度的导流器射流效果数值模拟得到的监测位置温度变化曲线，从图中曲线可以看出，在导流器型面与地面夹角接近［25° 30°］区间时，监测位置的温度在两种类型导流器上都出现峰值；随着角度的继续增大，该位置处温度逐渐减小且始终未超出发射装置的温度允许范围。从温度影响分析，圆弧型面导流器导流效果明显优于三折线型面导流器。

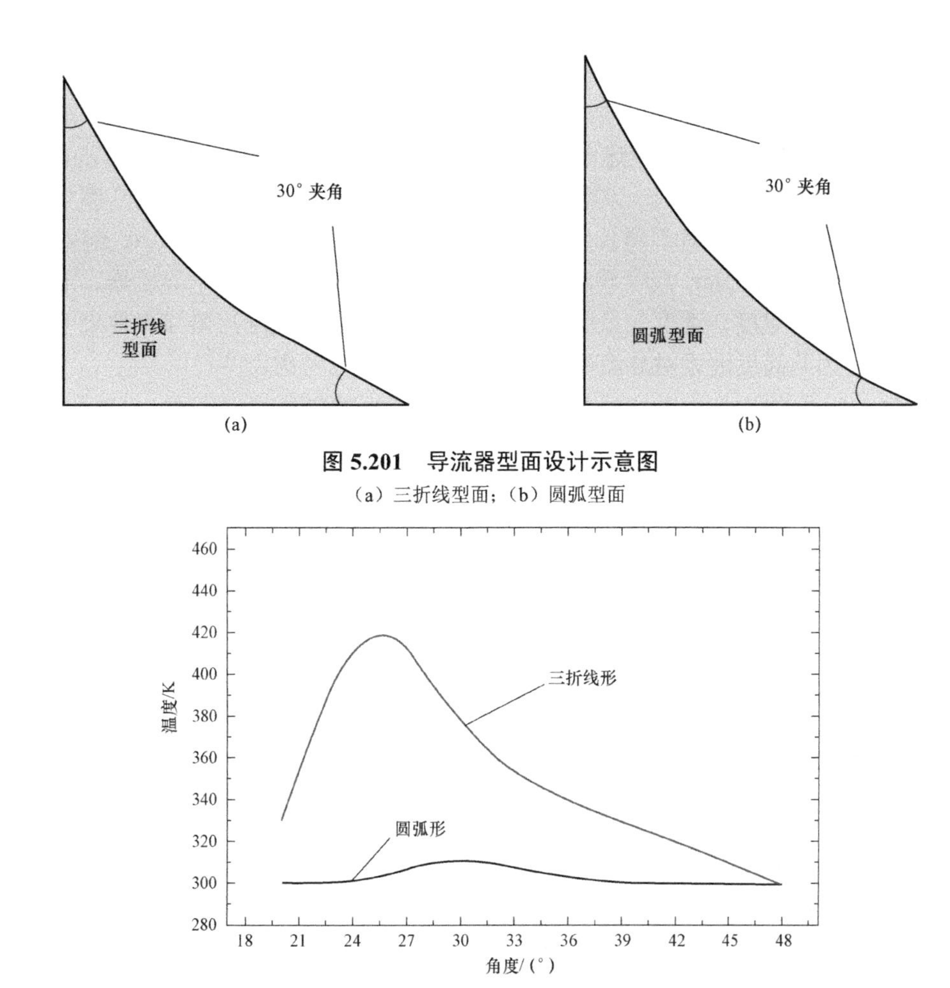

图 5.201 导流器型面设计示意图

（a）三折线型面；（b）圆弧型面

图 5.202 燃气射流对不同型面角度的导流器射流效果数值模拟得到的监测位置温度变化曲线

图 5.203 为燃气射流对不同型面的导流器作用的平行地面方向的推力和垂直地面的压力作用曲线，从图中可以看到，随着角度的逐渐增大，两种型面的导流器受力变化规律相似，且两种型面受力大小接近，但三折线型面导流器受力稍优于圆弧型面导流器。

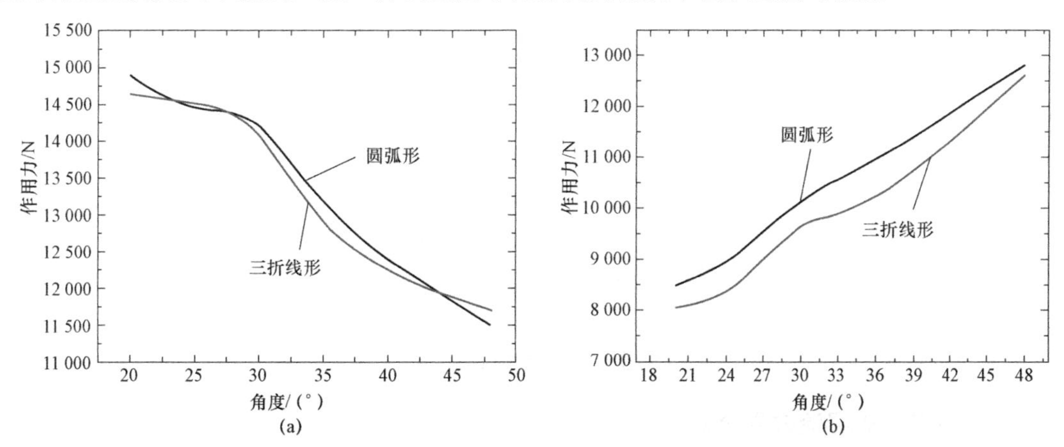

图 5.203 燃气射流对不同型面的导流器作用的平行地面方向的推力和垂直地面的压力作用曲线

（a）导流器受平行地面方向作用力（F_X）；（b）导流器受垂直地面方向作用力（F_Z）

3. 导流器高度对排导作用的影响分析

导流器高度是指由发射装置下挡板与导流器连接点到地面的垂直距离，对于车载发射，发射台高度可调节量较小，对于上述车载发射装置，高度设计取值在 450～550 mm 之间，因此通过设计不同高度参数针对同一发射环境进行数值模拟计算，得出导流器高度与排导的作用效果之间的关系，计算中对不同长度（800 mm，500 mm）、不同型面（30° 圆弧形和三折线形）的 450 mm 和 550 mm 高度导流器进行模拟，对比燃气射流对于导流器、下挡板、周围环境的仿真压力、温度、速度矢量图等，可得出：在不同高度导流器导流效果下，所对比参数十分接近，因此高度因素对导流效果的影响可以不加以考虑。

4. 总结

通过对导流器长度、型面和高度的仿真模拟，可以得到以下结论。

导流器的导流作用主要集中在射流核心区，针对发射装置的防护，导流器长度选取大于射流核心区直径时，导流效果较为理想，对于长度的选取，可根据具体发射装置要求确定。

导流器的型面类型选取对于发射装置的温度影响较大，圆弧型面优于三折线型面，且型面与地面夹角为 25° ～30° 左右时导流效果最佳。

同一长度下不同型面导流器受到燃气射流的作用力相似。在满足发射装置对温度的要求前提下，可优先考虑三折线型面。

5.3.4 随形单面导流器导流效果研究

对于 5.3.3 小节所述的发射车车载导流器，虽然具有较好的导流效果，但是在发射过程中，由于其体积较大，在转运过程中需要专门的运输车对其进行装载运输，对战备资源造成了浪费，并且在发射过程中展开过程复杂，消耗大量准备时间，难以保障武器发射的快速性要求。在此基础上，本研究通过对导流器导流规律的研究总结，并根据导弹发射车各部件外形尺寸及占用空间，设计了车载随形导流装置，导流器模型如图 5.204 所示，该模型安装于发射车后梁上，导流型线与后梁外形型面相匹配（图 5.205），长度与车体宽度相同，并且在运输发射过程中，不占用专门的运输设备，发射准备时间极短，能够很好地适应现代车载发射技术的发展。

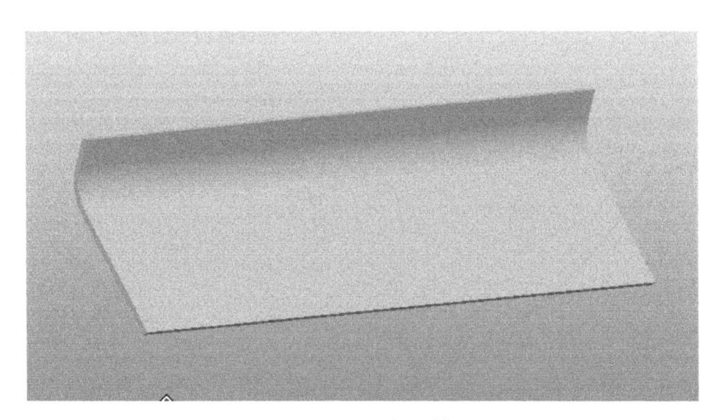

图 5.204　导流器模型

1. 单联装导弹导流效果分析

对于图 5.206 所示发射车，导弹发动机喷出燃气射流冲击位置基本在地面上，发射车导流器以及车后梁和车厢表面气流压力变化较小，因此可以判断燃气射流压力不会对发射车及车内设备造成冲击破坏。

图 5.205　导流器装配图

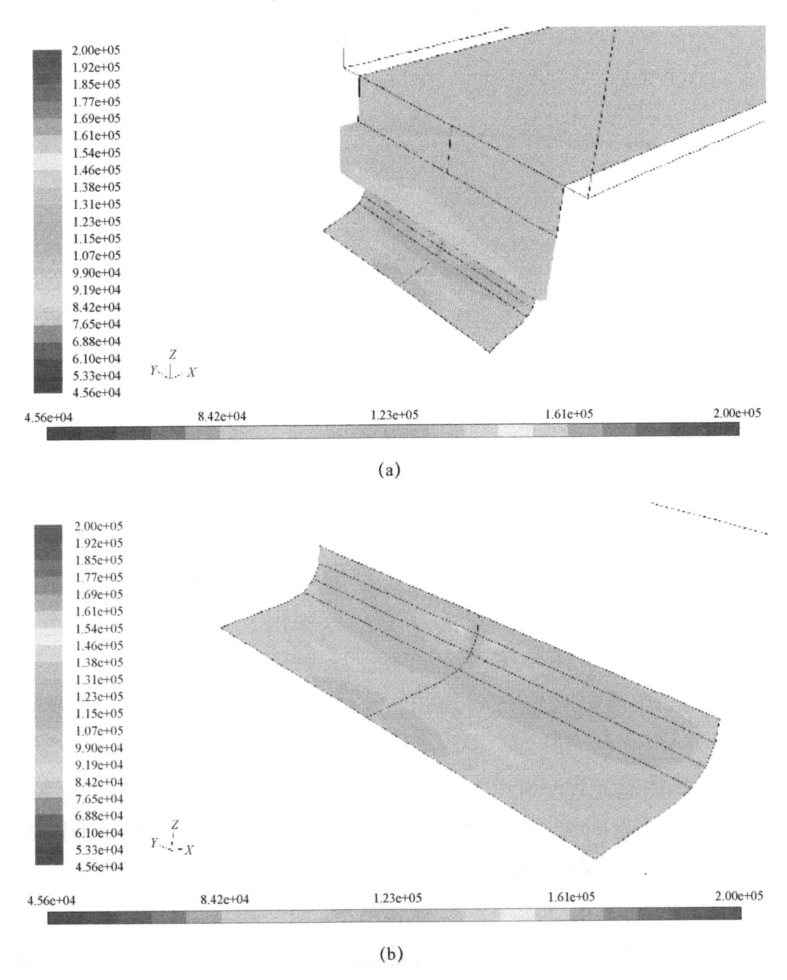

图 5.206　发射车车尾各部件表面燃气压力分布云图 1

（a）发射车表面燃气射流压力分布云图；（b）导流器表面燃气射流压力分布云图

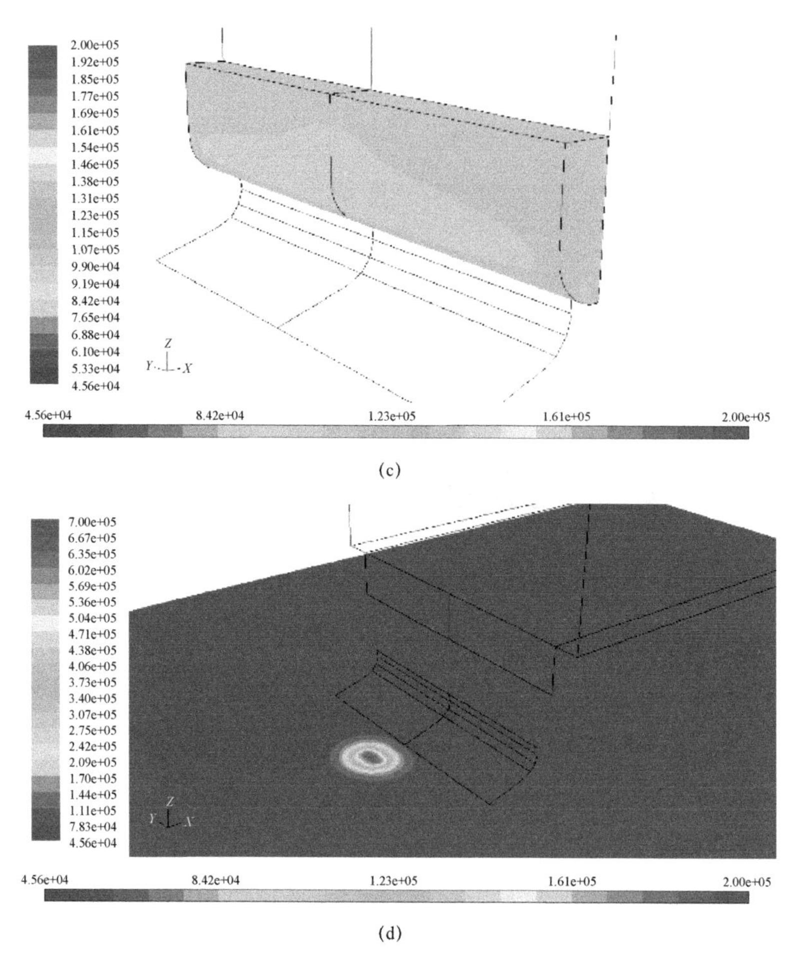

图 5.206　发射车车尾各部件表面燃气压力分布云图 1（续）

（c）车后梁表面燃气射流压力分布云图；（d）地面上燃气射流压力分布云图

在该工况下，监测发射车轮胎处温度为 300 K，不受燃气射流的影响，车后梁受燃气射流影响温度最高处为 2 650 K，如图 5.207 所示，发射车表面高温燃气射流的主要作用区域集中在车尾导流器及后梁和弹体尾部。其中燃气射流在导流器表面温度分布集中，气流温度较高，在车后梁部位也存在一定的高温燃气作用，而对于车体表面，燃气射流高温作用不明显。分析地面燃气射流温度分布可知，由于导流器的排导作用，燃气射流基本扩散到发射车后部空间，几乎没有燃气射流流向车身方向。由此证明导流器的导流效果能够满足发射要求。

对于导弹和导流器的稳定性分析可以通过对导流器和导弹表面受力进行积分后判断。导弹表面受力为沿车身方向−162.64 N，以导弹底部喷管中心坐标为基准，受力力矩为−133.16 N·m，可以初步判断导弹稳定性较强。导流器上受力沿车身方向为 22 502 N，垂直地面向下为 10 430 N，以导流器与车后梁相交线中点坐标为基准，导流器垂直地面作用力力矩使导流器向车头方向翻转，大小是 197.98 N·m，导流器受到水平指向车头作用力力矩大小为 77.6 N·m，不会产生向后梁折叠的趋势。

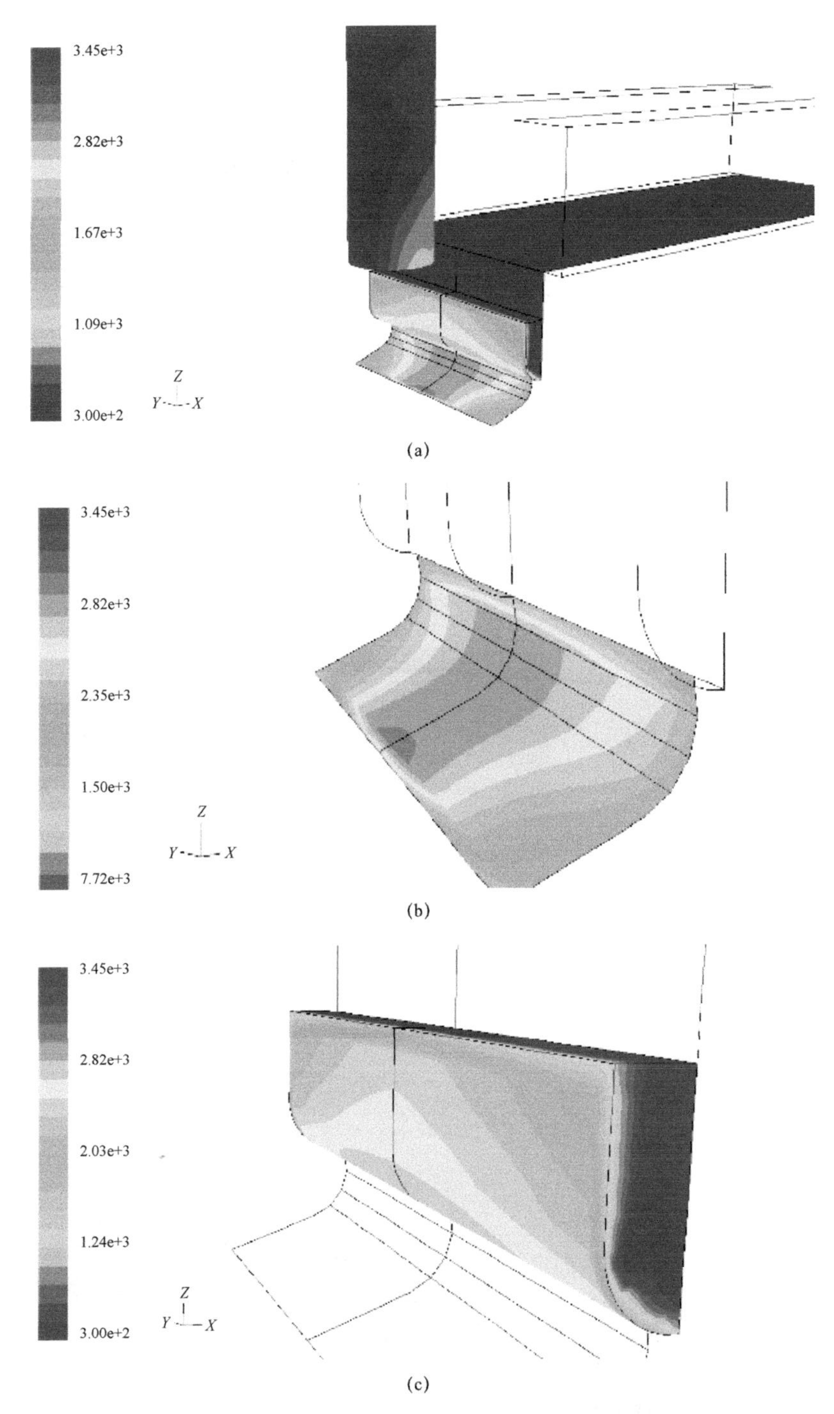

图 5.207　发射车各部位表面燃气温度分布云图 1

（a）发射车表面燃气射流温度分布云图；（b）导流器表面燃气射流温度分布云图；

（c）车后梁表面燃气射流温度分布云图

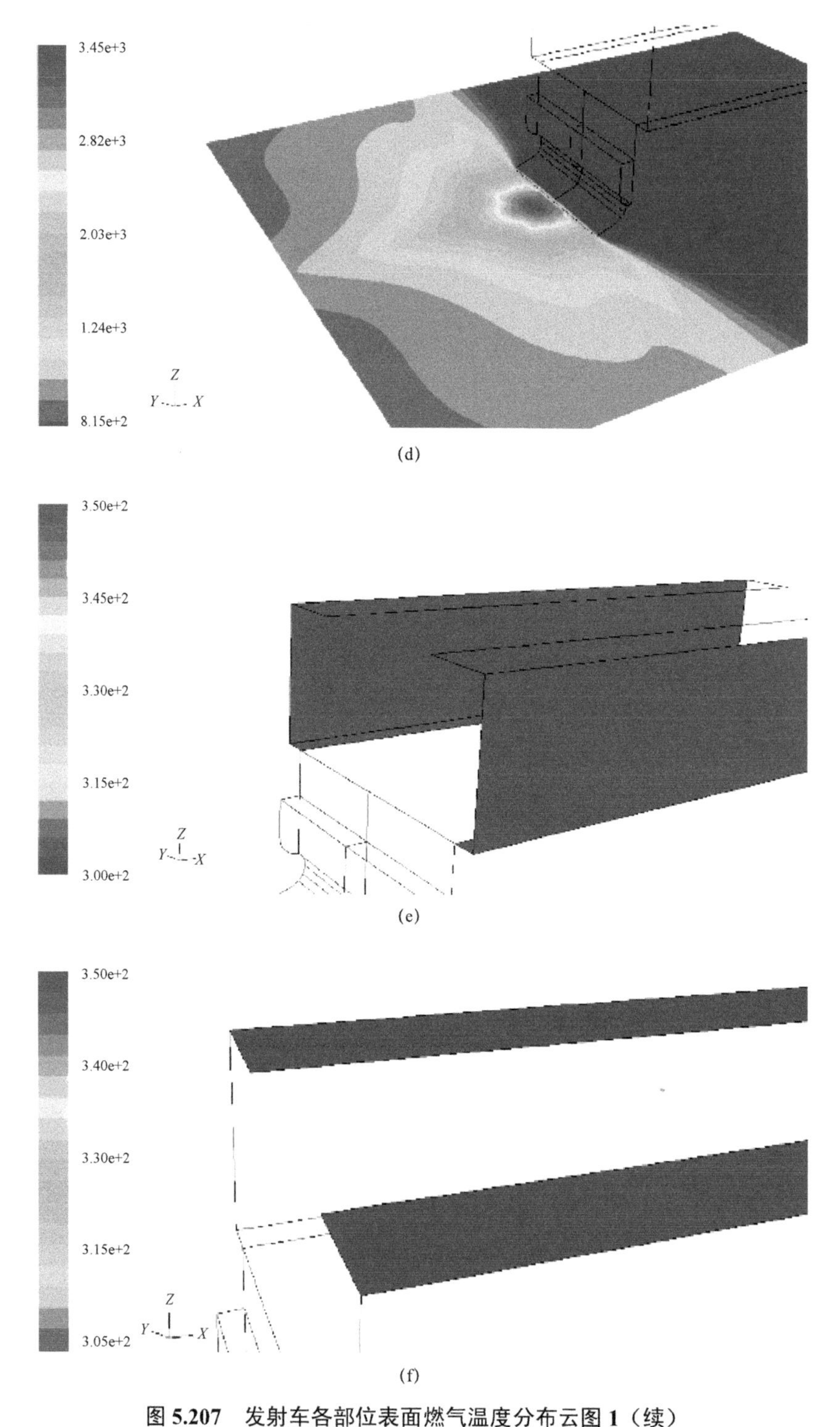

(d)

(e)

(f)

图 5.207　发射车各部位表面燃气温度分布云图 1（续）

（d）地面燃气射流温度分布云图；（e）车厢表面燃气射流温度分布云图；

（f）车顶部位燃气射流温度分布云图

2. 双联装导弹导流效果分析

车载双联装导弹与单联装导弹在排导燃气流效果上最大的不同在于燃气射流的冲击位置不同，双联装导弹发射时燃气射流靠近导流器一侧，其扩散作用可能会导致燃气射流对发射车的冲击与烧蚀作用。

如图 5.208 所示，同单联装导弹发射计算结果相似，发射装置表面受到燃气射流压力作用较弱，因此不会对发射装置造成严重的冲击破坏。

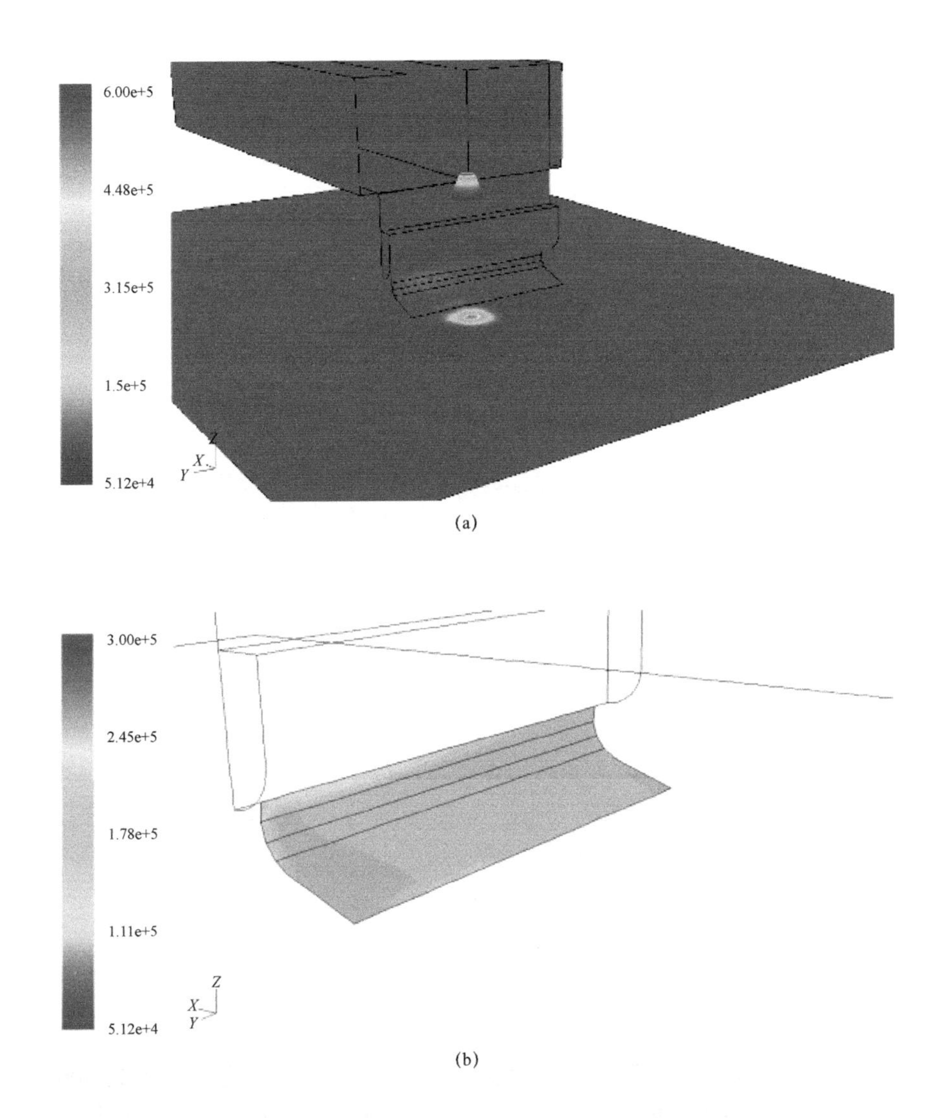

图 5.208　发射车车尾各部件表面燃气压力分布云图 2

(a) 发射车表面燃气射流压力分布云图；(b) 导流器表面燃气射流压力分布云图

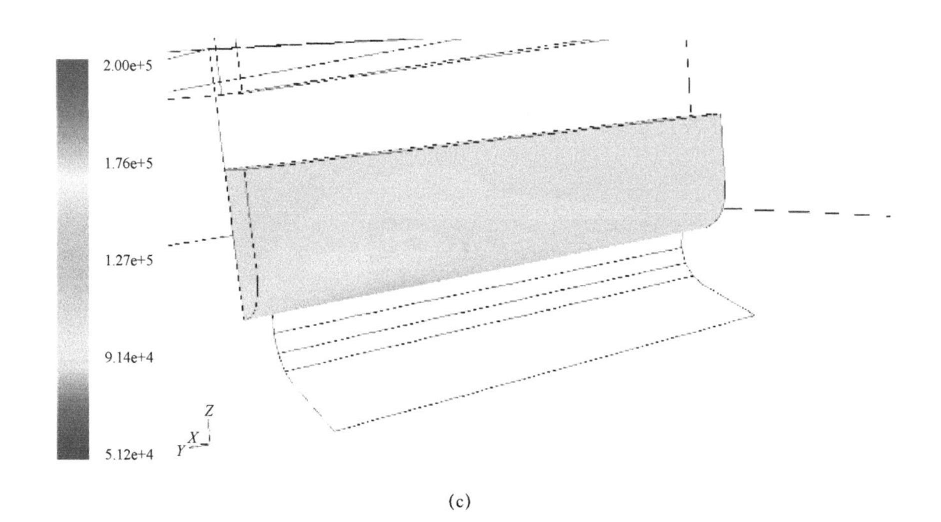

(c)

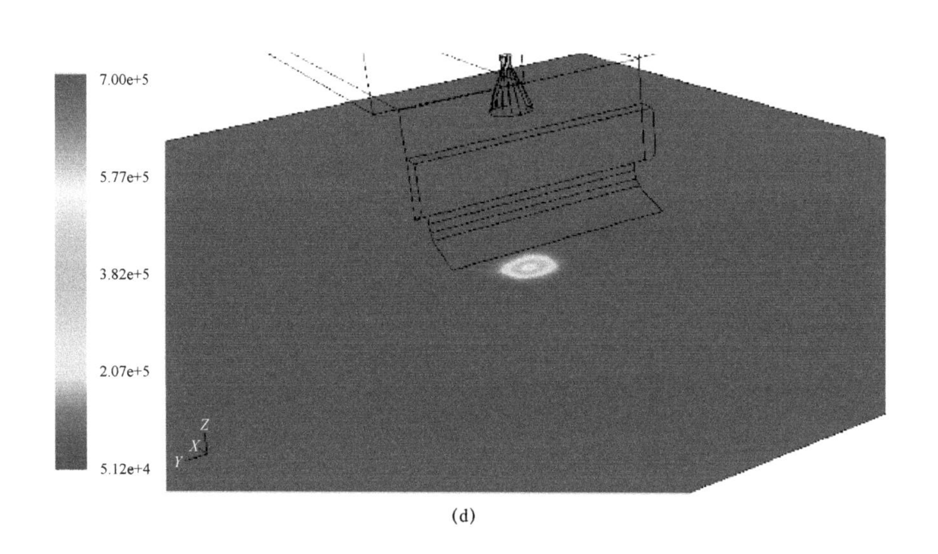

(d)

图 5.208　发射车车尾各部件表面燃气压力分布云图 2（续）

（c）车后梁表面燃气射流压力分布云图；（d）地面上燃气射流压力分布云图

如图 5.209 所示，对于双联装导弹发射状态，在该工况下，轮胎处温度为 300 K，不受燃气射流的影响，车后梁受燃气射流影响最高处达 2 450 K，燃气射流并未冲击到发射车车身方向，导流器的排导效果显著。

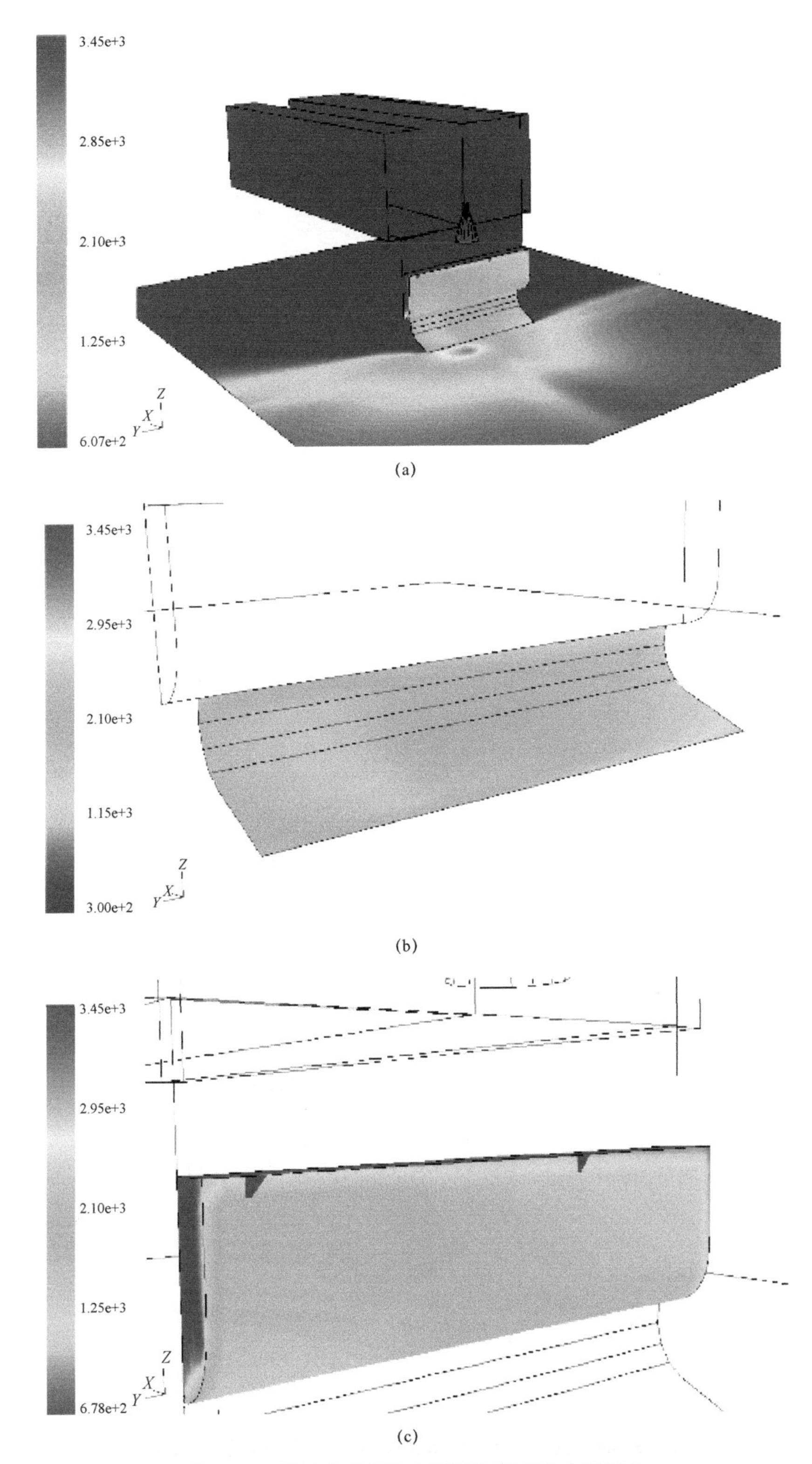

(a)

(b)

(c)

图 5.209　发射车各部位表面燃气温度分布云图 2

（a）发射车表面燃气射流温度分布云图；（b）导流器表面燃气射流温度分布云图；（c）车后梁表面燃气射流温度分布云图

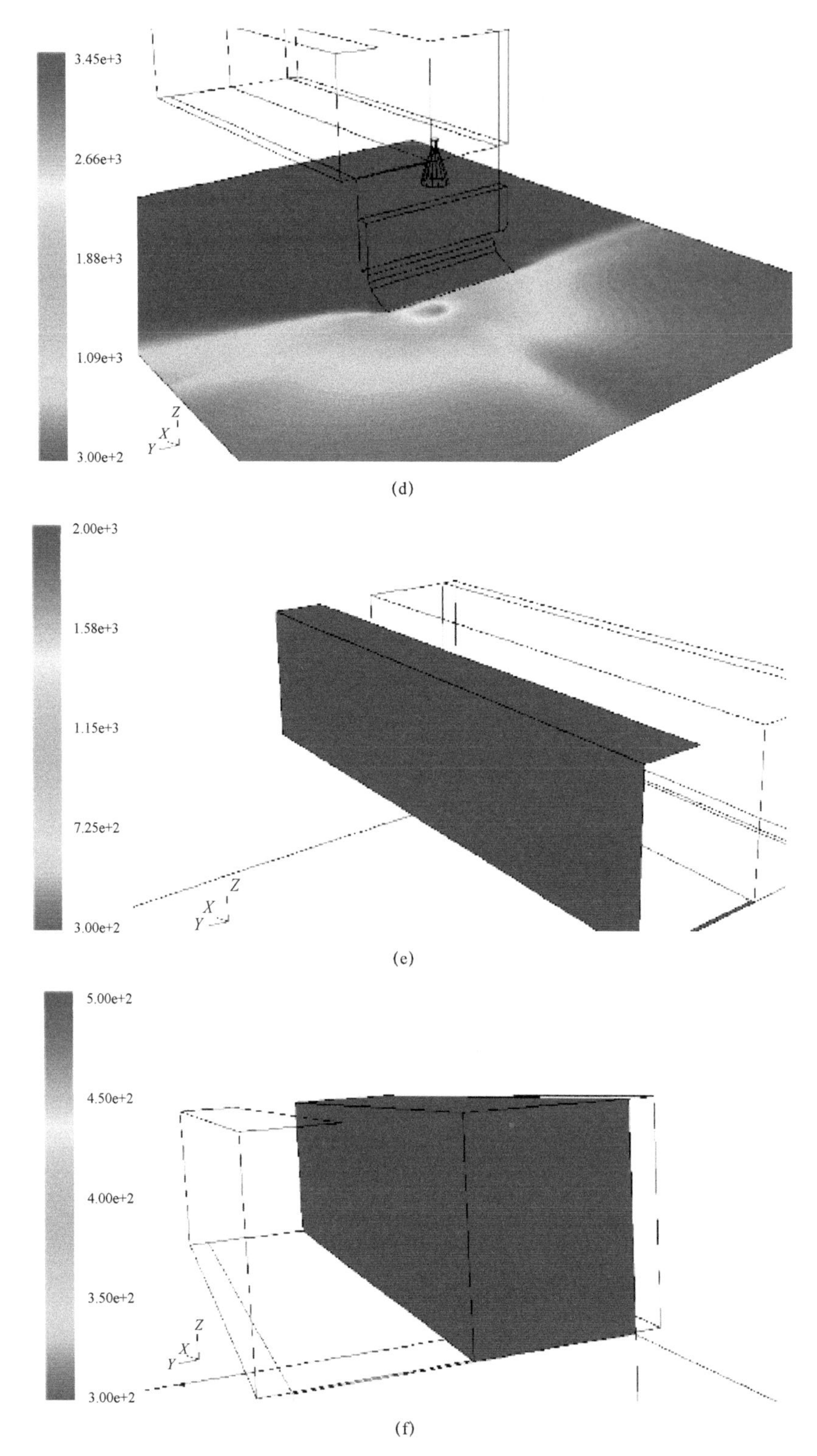

图 5.209　发射车各部位表面燃气温度分布云图 2（续）

（d）地面燃气射流温度分布云图；（e）车厢表面燃气射流温度分布云图；（f）未发射导弹箱体表面燃气射流温度分布云图

在导弹和导流器稳定性分析方面：导弹沿车身方向受力大小为 136.96 N，沿车头指向车尾方向以导弹底部喷管中心坐标为基准，弹体受到向车头转动力矩为 398.82 N・m，稳定性基本不受到影响。导流器上沿车尾指向车头方向受燃气射流水平作用力，大小为 19 106 N，垂直地面向下为 10 560 N，以导流器与车后梁相交线中点坐标为基准，导流器受垂直地面作用力力矩大小是 6 937.96 N・m，水平作用力力矩为 6 517.682 N・m，不会产生向后梁折叠的趋势。

3. 全车仿真模型分析

根据对导流器优化结果建立全车仿真模型（图 5.210），包括对导弹、调平油缸、支撑部件、车厢等进行建模，并根据导弹发射初始段弹道分析燃气射流对发射车的影响，主要结果如下。

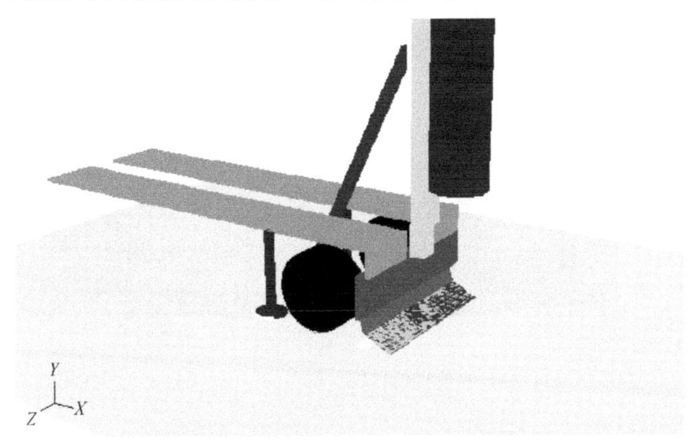

图 5.210　全车仿真模型（含调平装置、车轮、车后梁、导弹支撑装置）

从本小节仿真结果可以看出，从导弹点火至飞行到 27 m 高度范围内，导流器将燃气射流始终排导到车身后侧，随着导弹飞行高度的增加，飞行弹道倾斜，导弹飞行到 8 m 左右高度，弹身向车头方向倾斜，导弹尾焰倾斜离开车身，导弹发射车受燃气射流作用很小；随着高度增加，燃气射流对车身影响逐渐变小。因此采用该型导流器导流效果较好，如图 5.211 所示。

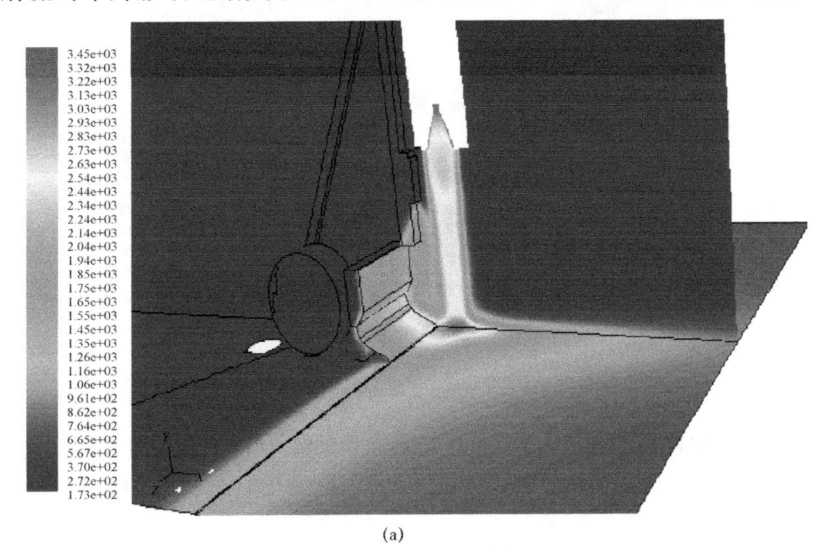

(a)

图 5.211　从导弹点火至飞行到 27 m 高度处燃气射流温度云图

（a）导弹初始位置燃气射流温度云图

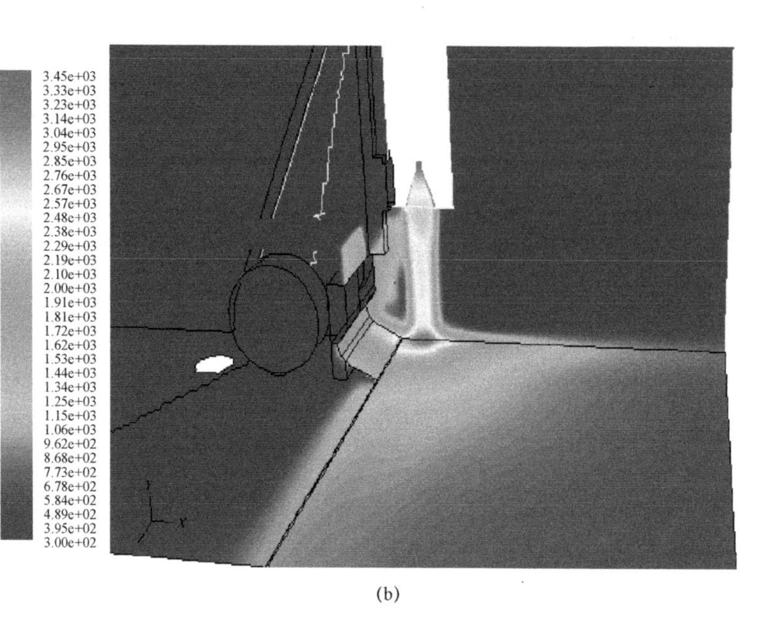

(b)

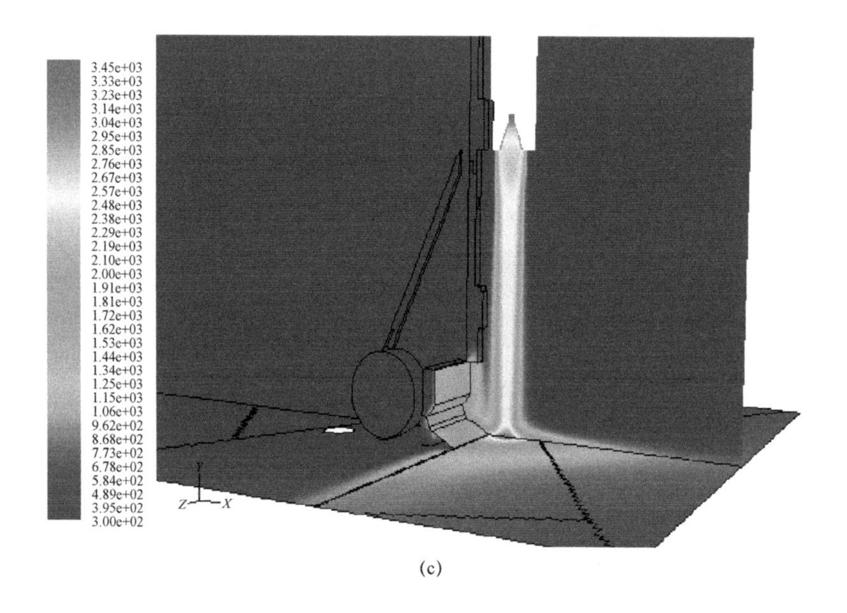

(c)

图 5.211　从导弹点火至飞行到 27 m 高度处燃气射流温度云图（续）

（b）1 m 高度处燃气射流温度云图；（c）3 m 高度处燃气射流温度云图

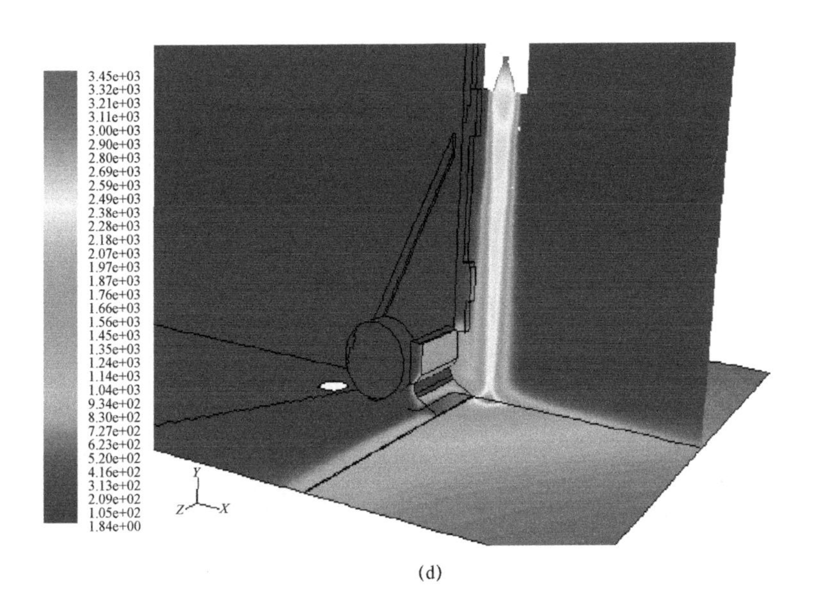

(d)

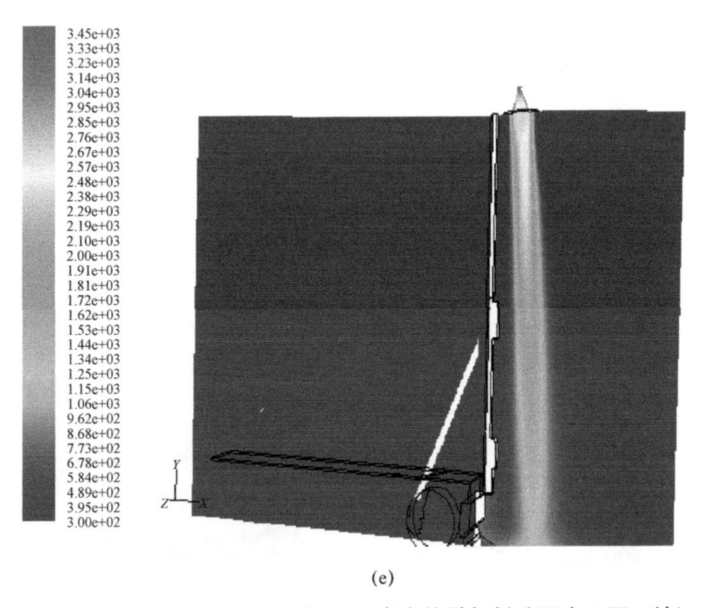

(e)

图 5.211　从导弹点火至飞行到 27 m 高度处燃气射流温度云图（续）

（d）4 m 高度处燃气射流温度云图；（e）8 m 高度处燃气射流温度云图

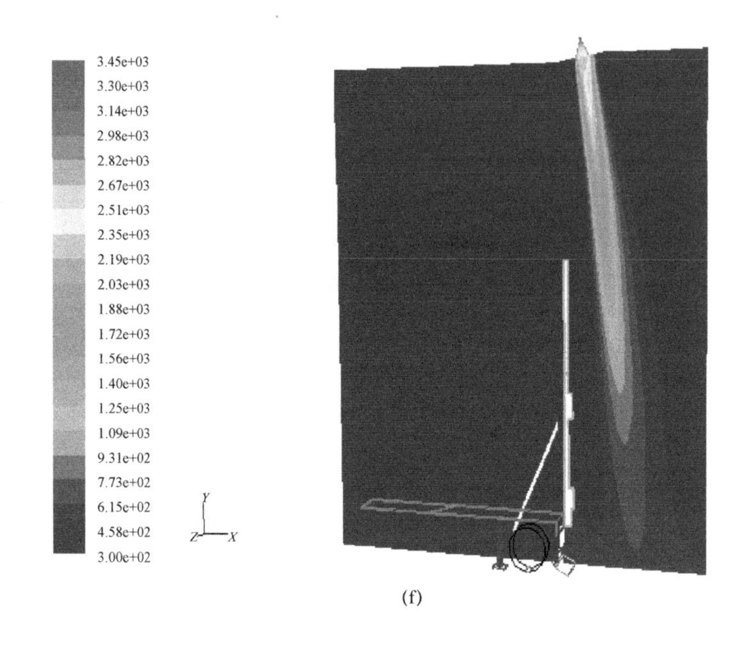

(f)

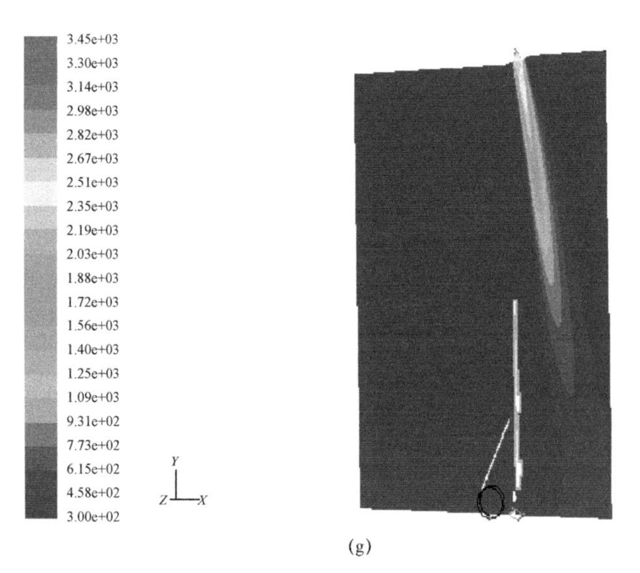

(g)

图 5.211　从导弹点火至飞行到 27 m 高度处燃气射流温度云图（续）

（f）14 m 高度处燃气射流温度云图；（g）20 m 高度处燃气射流温度云图

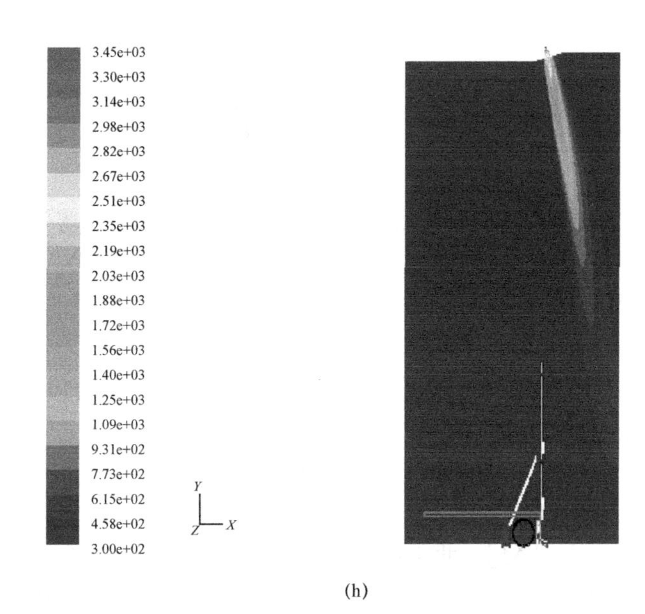

(h)

图 5.211　从导弹点火至飞行到 27 m 高度处燃气射流温度云图（续）

（h）27 m 高度处燃气射流温度云图

4. 总结

本小节通过介绍随形导流器的设计以及对于排导效果的数值模拟，得出以下结论。

随形导流器设计简单、体积小，减少了专门运输车辆；使用过程中安装方便，大大简化了发射设备，提高了发射效率。

随形导流器能够有效地对燃气射流进行排导，大大降低了燃气射流对发射装备的冲击和烧蚀作用，与单面导流器和双面导流器相比，对发射车的热防护效果更加优异。

随形导流器将燃气射流排导到车身后部及两侧，相比单面和双面导流器，要求发射阵地空间更加开阔，对于有导向要求的发射工况应合理选择导流型面。

参 考 文 献

［1］赵承庆，姜毅. 气体射流动力学［M］. 北京：北京理工大学出版社，1998.

［2］张福祥. 火箭燃气射流动力学［M］. 北京：国防工业出版社，2018.

［3］安德森. 空气动力学基础［M］. 杨永，宋文萍，张正科，等译. 北京：航空工业出版社，2014.

［4］LANGTANGEN H P，SVEIN L. Finite difference computing with PDEs［M］. Heidelberg：Springer International Publishing，2017.

［5］NASA. NPARC Alliance CFD verification and validation［DB/OL］. https://www.grc.nasa.gov/www/wind/valid/archive.html 2012.

［6］姜毅. 发射气体动力学［M］. 北京：北京理工大学出版社，2015.

［7］ANSYS，Inc. ANSYS fluent theory guide［M］. Canonsburg SAS IP，Inc，2016.

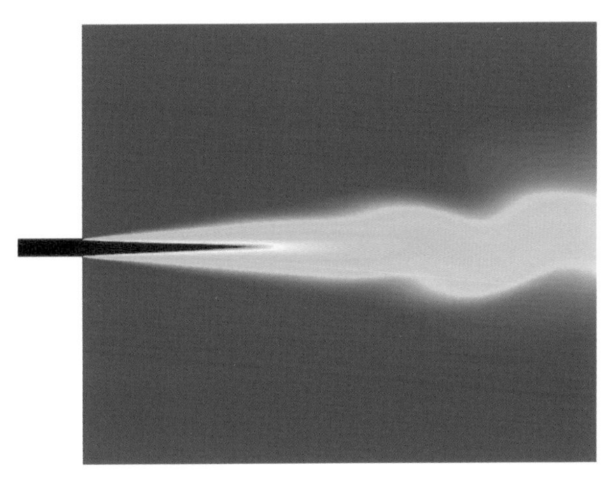

图 3.16　燃气射流流动不稳定性

图中不同颜色表示不同的燃气质量分数

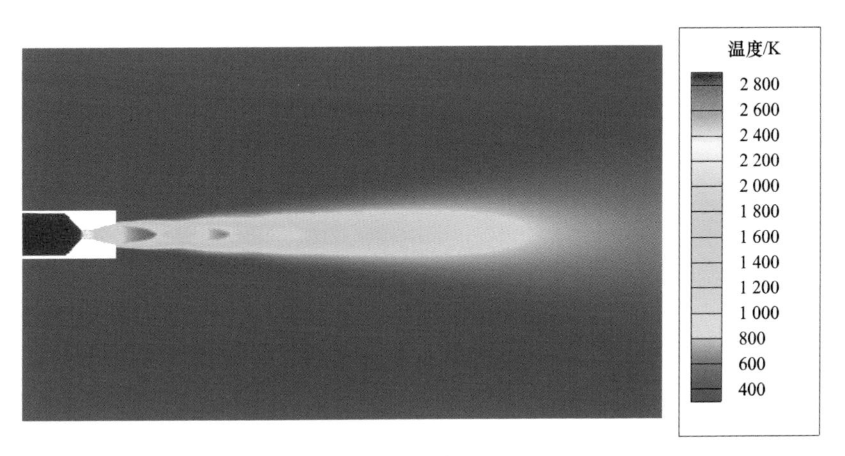

图 4.36　温度云图

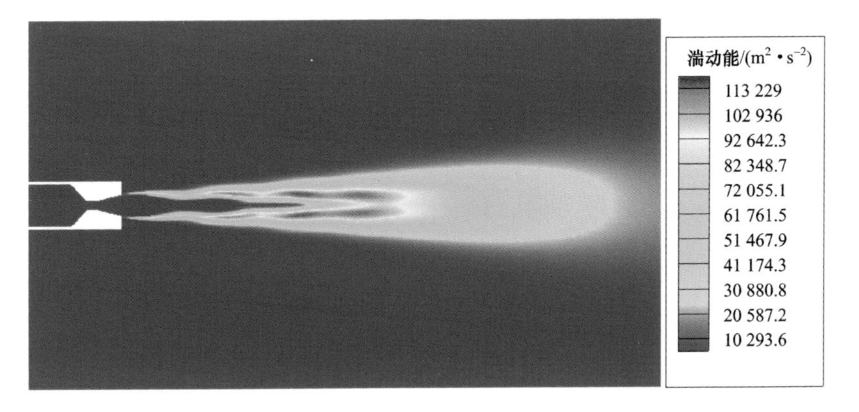

图 4.37　湍动能云图

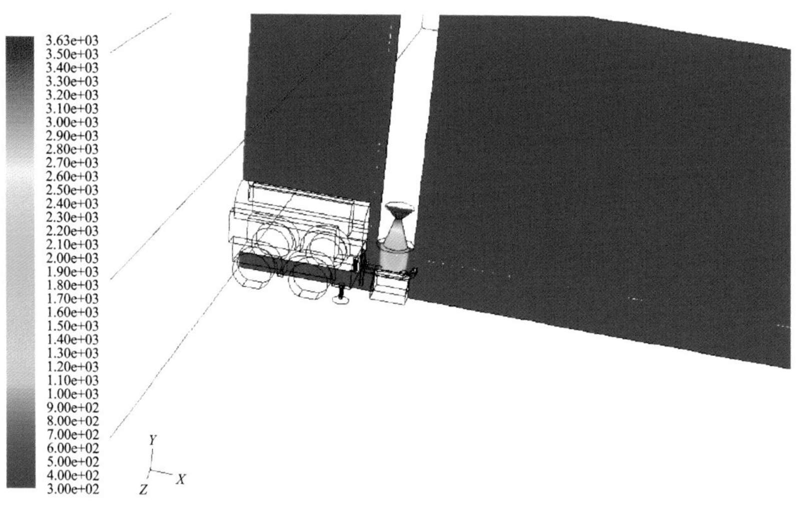

图 5.152　$Z=0$ m 平面上的温度云图

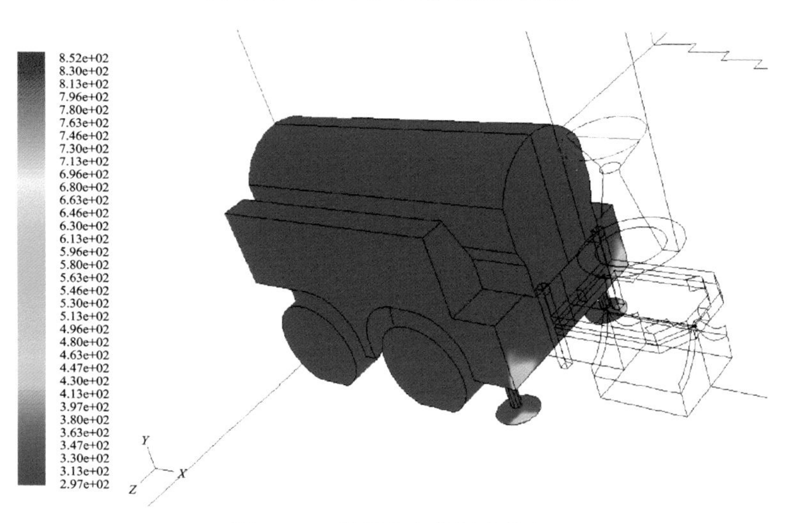

图 5.156　发射车上的温度分布

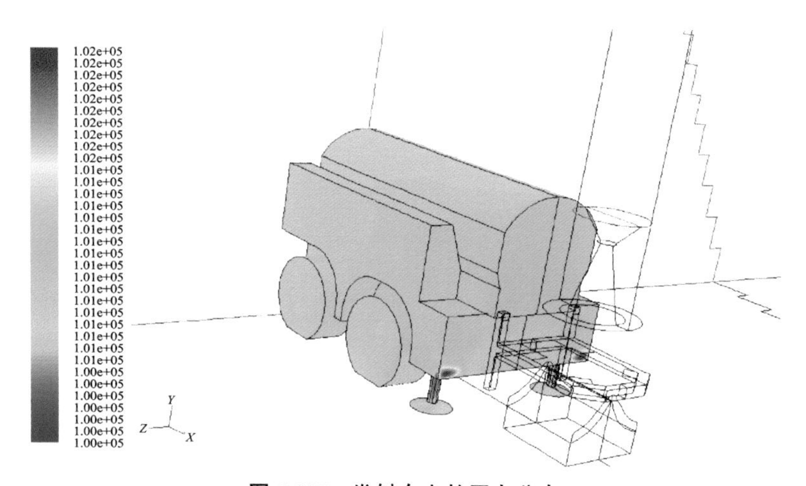

图 5.157　发射车上的压力分布

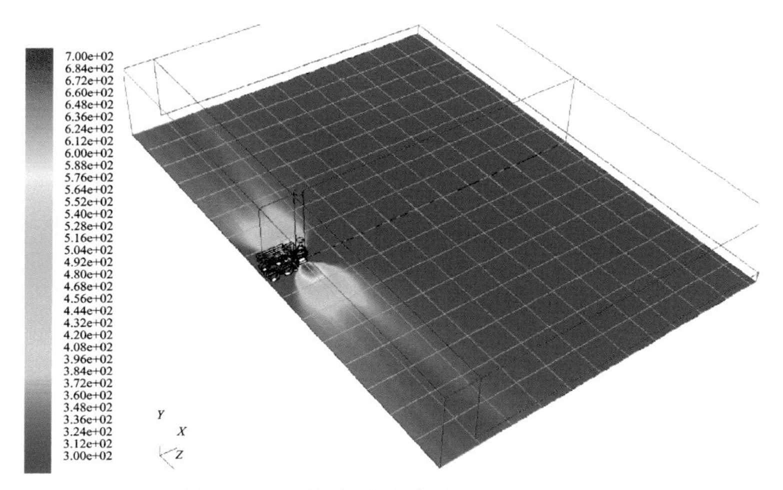

图 5.161　地面温度分布（300～700 K）

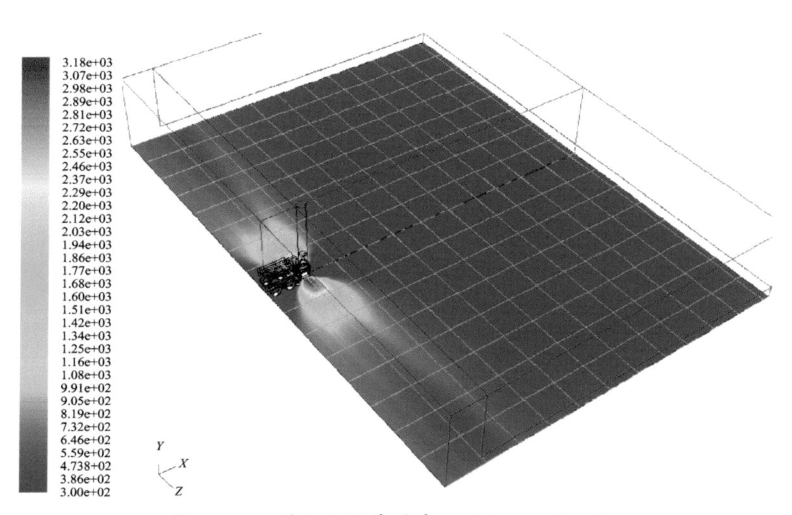

图 5.162　地面上温度分布（300～3 180 K）

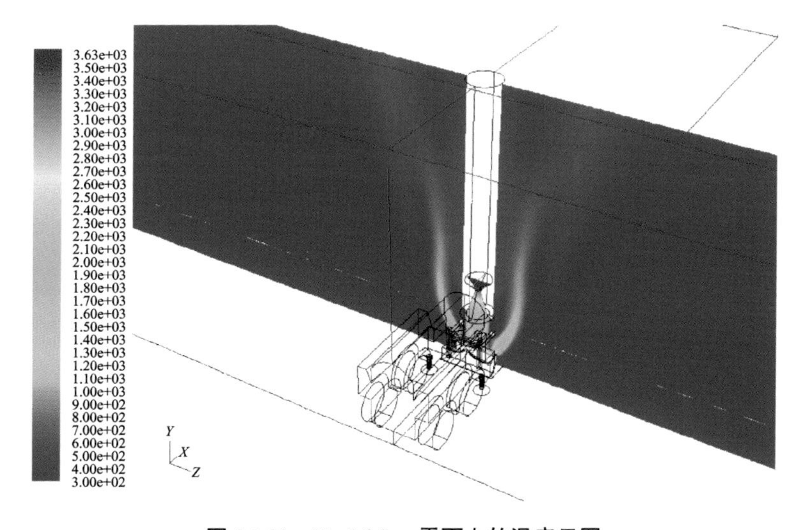

图 5.166　*X*= 1.04 m 平面上的温度云图

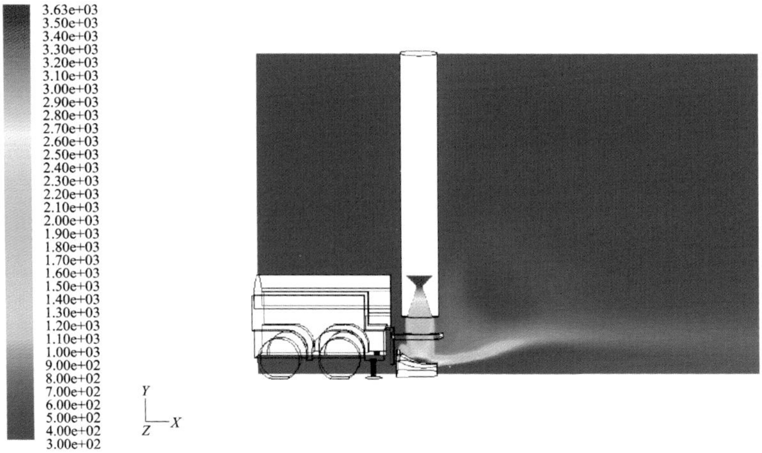

3.63e+03
3.50e+03
3.40e+03
3.30e+03
3.20e+03
3.10e+03
3.00e+03
2.90e+03
2.80e+03
2.70e+03
2.60e+03
2.50e+03
2.40e+03
2.30e+03
2.20e+03
2.10e+03
2.00e+03
1.90e+03
1.80e+03
1.70e+03
1.60e+03
1.50e+03
1.40e+03
1.30e+03
1.20e+03
1.10e+03
1.00e+03
9.00e+02
8.00e+02
7.00e+02
6.00e+02
5.00e+02
4.00e+02
3.00e+02
Y
Z X

图 5.167　Z=0 m 平面上的温度云图

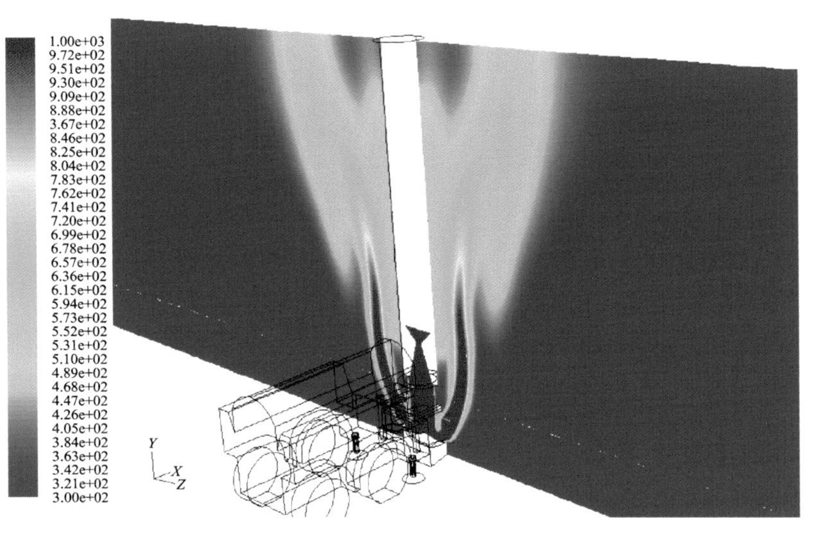

图 5.168　X=1.04 m 平面上的温度云图（300～1 000 K）

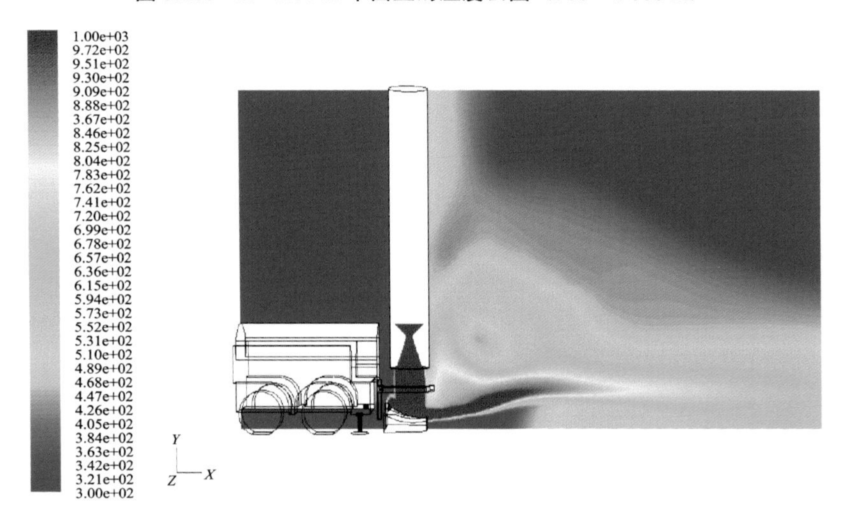

图 5.169　Z=0 m 平面上的温度云图（300～1 000 K）

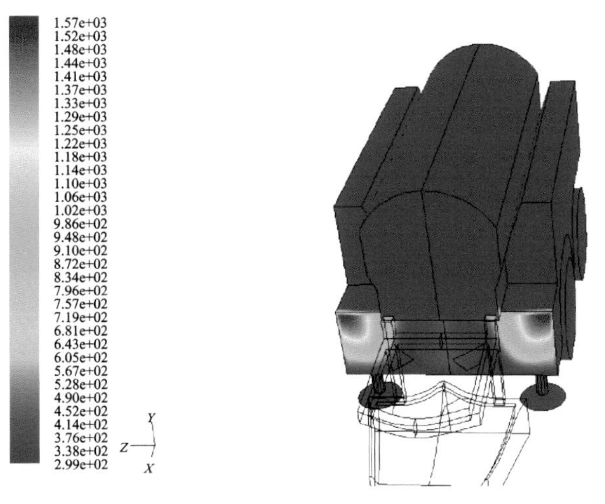

图 5.172　发射车上的温度分布

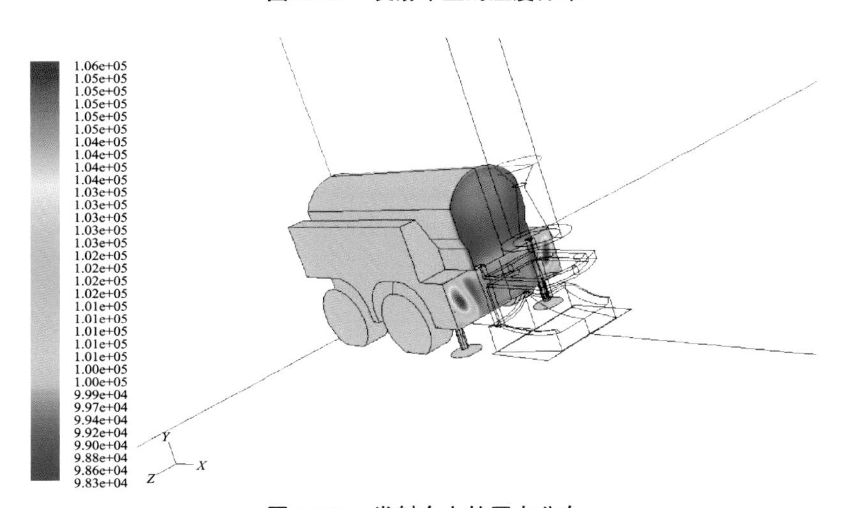

图 5.173　发射车上的压力分布